建設途中の「すばる」ドーム建て屋。開口部のある上部は望遠鏡と共に回転し、円筒状の下部固定部分には工場が入る。

テスト。鏡の重さに相当する鋼材を取り付けてある。

トル主鏡材。凹面を下に伏せた状態にある。

(上)マウナケア山頂の大望遠鏡群。
(下左)「すばる」完成直後にマウナケア山頂に立つ著者夫妻（1999年２月）。
(下右)大望遠鏡計画の構想を練っていた頃の著者（1984年頃）。

「すばる」望遠鏡で著者らが撮影したアンドロメダ銀河の一部。
250万光年彼方の世界の個々の星が[illegible]されて写っている

ハヤカワ文庫NF

〈NF308〉

宇宙の果てまで

すばる大望遠鏡プロジェクト20年の軌跡

小平桂一

早川書房

5867

◎口絵写真提供
1、2頁：国立天文台すばる室
（宮下暁彦氏撮影）
3頁上、4頁：国立天文台
3頁下右、下左：著者

◎各章扉絵：著者

目次

宇宙の果てまで

すばる大望遠鏡プロジェクト20年の軌跡

大望遠鏡の夢

一

一九八〇年の六月、南米チリのアンデス高地に在《あ》るセロ・トロロ汎米《はんべい》天文台の四メートル望遠鏡に、三晩の観測時間が認められた。どうせチリまで行くのならと、さらに一・五メートル望遠鏡、六十センチ望遠鏡などの時間も合わせて、約二週間の割当をもらった。チリは細長い国で、南北に国道が貫いている。北部チリは乾燥している砂漠地帯だ。そのあたりの二千〜三千メートル級のアンデス高地は、太平洋側から見ると、海洋に屹立《きつりつ》した絶壁で、天文観測に適している。空気が乾いている上に、風が乱れていない。

セロ・トロロ山頂には五台ほどの望遠鏡ドームがある。数百メートル離れて、さらにいくつかのドームが在り、ちょっとした丘の陰に、宿舎や食堂、機械室なども立ち並んでいる。平屋の飾りの少ないスペイン風の建物だ。宿舎の内部は木造で、ベランダもあるが、紫外線が強くて、日光浴はする気にならない。あたりは一面の岩山で、人が植えた小さな木が、スプリンクラーの水でちょこちょこと育っている。それ以外はサボテンと苔《こけ》だ。不思議なことにテントウ虫がいる。小さなトカゲも見かけた。湿度が五パーセントという日もあって、ヒゲを剃ると、顔の皮膚がバリバリする。痛いので剃らないことにした。二週間もすると、山男のようになってきた。ここの人たちはほとんどヒゲを生やしているので、来たばかりの頃には、自分だけヒゲがなくて妙だった。

「ヒゲ、伸びて来たね」

と、メキシコ人のコックに冷やかされる。コックはいつもコンドルに残飯をやりに出てくる。アンデスの山脈《やまなみ》の上を、ゆうゆうと舞っていたコンドルの一羽が、コックの手の先にゆっくりと降りた。残飯は羊肉だ。昨日も今日も、羊肉料理だ。コックが一生懸命に木の棒で叩くけれども硬い。食べ残すのは天文学者で、ここに常駐している技術者は、硬い羊肉に慣れている。

アンデスの山脈の夕暮れは壮観だ。何億年か前に、大陸の移動に伴って太平洋の底から隆起して生まれたアンデス高地は、海底化石を多く含むことでも有名だが、硝石《しょうせき》や銀などの鉱石の豊かなことでも知られている。古い地層が夕陽に照らされると、紅や紫、紺、橙、緑、黄と、様々な色に燦然《さんぜん》と輝く。昼間は白茶けた砂漠で、時々登って来るジープが上げる砂埃以外は動きも音もない世界だが、夕暮れの一時《いっとき》は、すべてが躍動しているようだ。山々の陰影が深まると、今度は空の出番になる。雲が在れば、茜《あかね》がかった金銀に彩られて美しいが、天文学者には嬉しくない。雲がなければ、一面の紺青《こんじょう》がうっすらと橙色がかったかと思う間に、潤んだような濃紺に変わり、星々が煌《こう》々《こう》と光り出す。空気が静かなので、天頂付近の星はほとんどまたたかない。天の川が、これでもか、これでもかというように、宙天を限って立ち現れる。暗黒星雲の「石炭袋」がくっきりと天の川を切り取っている。いて座に、天の川の中心がでーんと登場し、南十字星も負けじと光っている。南天には明るい星が多くて、「星明かり」という言葉が身近に感じられる。淡いおぼろ月のような大マゼラン雲が空にかかる。天の川の中心までは光が飛んで三万年、大マゼラン雲までは約十五万年の距離だ。

今回の観測は、南半球から見える球状星団の化学組成を決めるのが目的だ。球状星団は天の川銀河系の中でも古い天体と考えられていて、重い元素は太陽よりも少ない。十万個近い星が球状に密集しているので、個々の星を区別して正確な分光解析をするのが難しい上に、遠方にあって暗い。そのため、大気の状態の良い場所に建てられた大望遠鏡を使わなければ出来ない。厳しい利用申し込み競争の中で割り当ててもらった世界第一級の望遠鏡を自由にできる三晩だ。少しの無駄もなく活用しなければいけない。そこで事前に、六十センチ望遠鏡と合わせて、一・五メートル望遠鏡を使って、星団の中の観測したい星の位置を詳しく決定し、それらの星の明るさや色を確実に測っておく。それが大望遠鏡での観測を効率良くし、また分光解析をするときの助けとなる。普通ならば、こうした事前準備は自分の国でやってから出掛けるのだが、南半球の星団なので現地でするのも致し方ない。

夜毎《よごと》のことだが、ドームを回して望遠鏡を星に向け、ガイド用の視野を覗き込む時には、（今夜はどうだろう）と胸が躍る。新しい星に向ける時はなおさらだが、馴染みの星でも、その星や周囲の星に変化がないかを確かめる。人類が一度だけ見る今夜のこの星だ。目的の星野《せいや》が視界に滑り込んで来ると、まずそれを確認する。そして一心にその青白い光の点を追う。一晩が過ぎると、宿舎に戻り、倒れ込むようにベッドに入る。

今度チリに来たのは観測が主目的だが、実は優れた場所に建設された大望遠鏡というものをじかに経験して、それを支える組織について調べてみたかったのだ。

午前中に起き出してドームに行き、技術陣が望遠鏡や観測装置のチェックをしているのを見てノートをとっていると、ヘルメットをかぶった大男が寄ってきて訊ねた。

「おまえ、何をしに来たのか」

「技術チームの仕事ぶりを拝見したい」

「おまえは天文学者かエンジニアか」

「天文学者だ」

「天文学者なら昼は寝て、夜しっかり観測しろ」

「見てはいけないのか」

「かまわないが、ヘルメットをかぶれ」

と、見学を許してくれた。

昼間の念入りなチェックにもかかわらず、夕方になって不具合の起こることはある。

「比較光源への切替が働かない」

観測者が望遠鏡を操作するオペレーターの男に告げる。

「ボタンをしっかり押したか。どれ、やらしてみろ。……なるほど。働かない」

男は電話をかける。待機しているエンジニアの誰かと話している。

「切替が利かない。ウン、そのランプは点いている。いや、それは点いていない」

計算機エンジニアらしい一人が車で上がって来て、パチパチやっていると思うと電話をかけて、

「モーターらしい。今機械屋が上がって来る」

と下りて行った。ややあって機械エンジニアが現れて直していった。夜間でも山頂に何人かの当番が待機していてくれるのだ。

セロ・トロロ汎米天文台の基地は、麓《ふもと》の街ラ・セレナの海岸に在る。柵を巡らせた広大な敷地の中に研究棟や工場のほかに、住宅、幼稚園、テニスコートなどが立ち並んで

いる。百五十人くらいが暮らしているという。チリの首都サンチャゴからバスで八時間ほどの所で、山頂へは三時間ほどかかる。峠を一つ越えると途中にゲートがあり、道路整備用の大型特殊車輌が石油タンクとともに並んでいる。天文台への入口だ。

チリ北部のアンデス高地には、米国主体のこの「セロ・トロロ汎米天文台」のほかに、やはりアメリカのカーネギー財団が運用する「ラス・カンパナス天文台」、ヨーロッパ連合の「ヨーロッパ南天天文台（ＥＳＯ）」が展開されていて、それぞれ世界一級の望遠鏡を運用している。今回はこれらの天文台も調査して廻った。

ラ・シアに在る「ヨーロッパ南天天文台」は最も大規模で、一ダースを超える望遠鏡群の並ぶ山陰に、ホテル並の大宿泊施設が用意されている。山頂に滞在する人数はすべて合わせると百人を超え、週末には滞在者のために、娯楽映画も上映される。独仏伊が中核となっているこちらは、料理は高級レストラン並だ。麓のラ・セレナの街にも事務所はあるが、主力を山頂に集中している。さらにサンチャゴには立派な連絡事務所兼宿泊施設があって、ラ・セレナに来る専用の航空機も持っている。本部はドイツ、ミュンヘン郊外のガーヒンに在って、全欧の天文学の中枢として賑《にぎ》わっている。そこでは望遠鏡や観測装置の研究も進められ、常に最先端の技術を活かした開発が進められている。機器の制御のためのコンピュータ技術や、観測データの解析用ソフトウェアの研究、そして最終データの蓄積管理も行われている。これらのデータは、利用を希望する全ヨーロッパの研究者に送られる。本国とチリとの往来はかなり頻繁に行われるが、空港での出入国は外交官並だ。僕がサンチャゴ空港に着いた時も、迎えに来てくれたヨーロッパ南天天文台の職員が「ESO」のバッジを付けてくれて、まったくノーチェックで入国し、ESOの車に乗ってしまった。山頂で出した郵便物は、特別な外交嚢に入れられてミュンヘンの本部に運ばれ、そこから世界各地に発送される。

三週間にわたる調査観測の旅を終えてサンチャゴに戻ると、顔中がヒゲに埋まっていた。チリは冬で、サンチャゴの菓子屋のショーウインドウには、クリスマスのクッキーやタルトが並んでいた。薄雪を踏んでドイツ・レストランに行き、ビールを飲んだ。飲みながら考えた。

(チリに大望遠鏡を建設するなんてことが、日本にできるだろうか)

遠い日本を思いやって気が重くなった。

(今の日本では、新しい望遠鏡を国内に造るのさえも難しい。海外に造るのはまず不可能だ)

ビールを飲んでから、市街を見下ろす丘の上に登ってみた。昼を過ぎてスモッグが街を満たし、丘の下にはスラム街がひしめいている。街に戻って映画館に入った。出ると外が騒然としている。剣付き鉄砲を持った兵隊が街角に立っているので、クーデターでも起こったのかと一瞬戸惑った。実はブラジルとのサッカー試合に勝ったからで、翌日の明け方まで街中が騒々しかった。

東京に戻ると、ヒゲもじゃの顔は具合悪かった。妻と娘たちは、「記念に少し残したら」と言った。そこで、口髭を残すことにした。

その年末には、惑星探査機ボイジャー一号が土星に接近した。

二

その頃、日本での次期望遠鏡計画の検討は、なかなか思うように進んでいなかった。

そもそも日本の大学には天文学を学べる大学院のあるところが東京大学、京都大学、東北大学の三つしかなく、その中でも、恒星の本格的な観測的研究を行える望遠鏡を備えていたのは、東京大学東京天文台だけだった。旧帝国大学時代から東京大学の付置研究所の一つだった東京天文台は、三鷹市に本拠を構えていたが、次第に周辺地域も明るくなってきたために、戦後新しく造った望遠鏡はいずれも東京を離れた山の中に設置して、埼玉県、長野県、岡山県などに観測所を展開していた。

当然のことながら、ほかの大学でも何とか研究用の本格的望遠鏡を持ちたいと願って努力をしてきたが、東京天文台への一極集中は依然として変わっていなかった。

その伝統ある東京天文台は、一九七八年十一月に創立百周年の記念日を祝った。この年には、やはり東京天文台に対して、日本の天文学分野の研究者の宿願だった大型電波望遠鏡を野辺山《のべやま》に建設するための予算が認められ、学界としては、いよいよ次期の大型光学望遠鏡の予算要求を具体化する予定になっていた。その準備検討は、東京天文台岡山天体物理観測所長の山下泰正《やすまさ》先生や、同じ天文台の成相《なりあい》恭二君らによって始められ、本郷の東大理学部に勤務していた僕もそれに加わっていた。しかし当初から問題があって、それも簡単に解決できる種類のものではなかった。

宇宙からはいろいろな放射がやってくるが、地球は大気に保護されていて、エックス線や紫外線は途中で吸収されてしまい地表に達しない。大気が通す宇宙からの放射は、波長が〇・五ミクロンあたりの可視光と、波長が一センチあたりの電波だ。それに対応して、天体観測用の地上装置には光学望遠鏡と電波望遠鏡がある。電波望遠鏡は高性能の大型パラボラ・アンテナだ。エックス線や紫外線での天体観測、それに他の波長でも大気の悪影響を完全に避けて観測したい場合には、気球やロケット、人工衛星を使って大気圏外に望遠鏡を上げることになる。

光学望遠鏡といっても、恒星研究用の本格的な大きなものは、レンズではなく鏡を使った反射望遠鏡で、筒の直径が二ないし四メートル、長さが十メートルもある巨大なものだ。それを納めるドームも含めた建設費は、数億円から数十億円もかかる。設置する場所も人里離れた山の上となれば、土地や道路の造成・土木工事も必要となる。

欧米各国はチリなどの好条件の場所に四メートルクラスの望遠鏡を建設して、光学天文学の前線を一挙に押し広げている。日本最大の望遠鏡は、一九六〇年に建設された岡山天体物理観測所の百八十八センチ望遠鏡だ。建設当時は世界でも六番目くらいの口径を誇ったこの望遠鏡も、すでに第三十位に近くなり、暗い天体の観測には力不足なのが明らかだった。最前線の天文学を望めば、四メートル級が欲しかった。

次期望遠鏡計画として、東京天文台では三・五メートル望遠鏡に的を絞って調査を行ってきたが、二つの点で考えがまとまっていなかった。

第一は、従来の厚く重い鏡と赤道儀という組み合わせの古典的なものとするか、薄く軽い鏡や電子計算機制御による経緯儀《けいいぎ》式の、いわゆる「新技術望遠鏡」に挑戦するか、の間の選択だ。第二は、これほどの高価な望遠鏡を、天候や気流条件のいま一つ優れない日本の国内に設置するのか、それとも世界で指折りの海外適地に設置するのか、という選択だった。第一の問題は、日本の天文学研究のアキレス腱の弱さと関係している。暦の編纂《へんさん》や緯度経度の決定といった実学として出発した我が国の天文学は、少しずつ改善されてはきたが、まだ近代的な装置類はもっぱら輸入に頼り、自分たちで造って宇宙を調べよう、という態勢にはなり切れていない。天文台の中には実験室と呼べるような場所は少なく、工場も貧弱なものしかない。したがって、天文台の先生や職員の中に、本格的な工学者のグループは育っていない。だから、技術的にこなれたものの方が安全だという考え方が支配的だった。

海外に設置するのは、もっと多くの困難な課題を抱えているように思えた。個々の研究者が外国に研究のために出掛けるのさえも困難がつきまとう。旅費はどうするのか。国費で出張する方法しかないが、文部省からこの手の外国旅費を貰うことは至難の業《わざ》だった。よしんばお金があるとして、言葉の問題や制度上のことを考えると、気が遠くなるほどにややこしく、実現の可能性は無限に零に近いように思われた。

「国内に三・五メートル級を造るのが実力相当だ」

「いや、国内に二メートル級を複数造って、独創性のある観測研究をやるのがいい。その方が、断然安い」

「何も東京大学の天文台だけが、また望遠鏡を造ることはない。京大や東北大が造るのが順当だ」

などなど、学界での意見にも幅があり、それぞれに一理あった。東京天文台の外にいた僕は、やや中途半端な立場で検討に参加し、こうした議論を聞いていた。

日本の天文学界が数年越しのそんな議論に明け暮れていた一九七九年末に、アインシュタインゆかりの地、プリンストン高等学術研究所で、スペース・テレスコープ（ST、軌道望遠鏡）計画のシンポジウムが開かれた。光学望遠鏡を大気圏外に打ち上げて、地球大気に邪魔されずに、直接に宇宙を見ようというのだ。当時、望遠鏡を気球に積んで上げる成層圏気球望遠鏡実験をやっていた僕は、日本からただ一人招待されて出席した。そこで聞いた口径四メートルのST構想は、実に雄大なものだった。宇宙を詳しく観察したいという熱意のためにあらゆる科学技術を動員し、新しい開発研究に取り組んでいく、その真摯《しんし》で果敢な姿勢に打たれた。シンポジウムでの議論を聞いている僕の心には、十五年前にドイツに留学した頃の感動や、十年前のウィルソン山天文台での熱い想いが甦《よみがえ》ってきた。日本での先の見えない次期望遠鏡計画の議論の中で忘れかけていた、学生上がりの頃の夢が頭をもたげて来た。

三

僕が天文学者になることを夢見始めたのは小学校の五年生の時だった。

「天文台の見学について行かないか」

と担任の先生から言われて、喜んで「うん」と答えた。川崎市立元住吉《もとすみよし》小学校では、理科の先生の見学会に、生徒の僕を出してくれた。その時の引率者が西生田小学校の箕輪敏行先生で、川崎天文同好会の生みの親の一人だ。それが縁で、中学生になると同好会に入り、そして東京天文台の冨田弘一郎先生や下保《かほ》茂《しげる》先生のところに出入りするようになった。

もともとが理科好きの子供だった。一年生の頃に父に連れられて見たプラネタリウムが面白かった。戦時色の濃い時代に、唯一開業していた大阪の電気館での話だ。父が出征して復員するまでの夜空は、サーチライトの中に光るB29や高射砲の閃光、焼夷弾《しょういだん》の雨、そして炎上する市街の夜景などで一杯で、星も月も記憶に残っていない。あとは終戦前後の疎開先でのひもじさの感覚だ。父が引き揚げて来て、一家は東京の立川に移った。進駐軍の兵士と派手な服装の女性たちが一杯の賑やかな基地の街だった。仲のいい二〜三人と、農家の庭先の大木の上に「ターザン小屋」を作り、学校が終わるとそこに集まって時を過ごした。日が暮れて月が輝き始めると、その位置や形を測って遊んだ。

「月は西から東に動くことが判った」

と話したら、担任の先生は首をかしげて、

「もう一度よく観察してみなさい」

と言った。

毎夕同じ頃に測ると、やはり月は日毎《ひごと》に東へ東へと移って行った。

(先生も見て欲しい。僕らが正しいんだ)

と言い張った。しばらく眺めていれば、月も星も一緒に西に動いていくということは、後まで気づかなかった。

それから川崎に移転して、小学校も家も変わると、大きな木がなくなった。川や池があって、魚すくい、ざりがに採り、泳ぎなどが、メンコやベーゴマとともに遊びの中心になった。電力の乏しい頃で、蓄電池を充電する「停電灯」の明かりなどを頼りに早めに終えた夕飯の後は、何をしていたのだろうか。あまり星空を見た記憶がない。テレビもないから、ラジオの子供番組が終われば、遊び疲れて寝込んでしまったのだろう。その頃、どこで買ってもらったのか、ヘヴェリウスの天球図絵の入った星座帳をもっていて、学校の「自由時間」に、その中に現れるギリシャ神話の獣神を描き写したりしていた。それが先生の目にとまって、天文台見学への誘いとなったらしい。

中学生になって川崎天文同好会に入ってからは、獣神の模写はしなくなった。お兄さん株の同好会員の世話でミハイロフ星図を買ったり、観測にかけてはベテランの冨田先生に手伝ってもらって八センチ屈折望遠鏡を作った。色収差の少ない二枚組のレンズは日本光学へ行って分けてもらってきた。青山学院の中等部時代には、これを学校に持って行って、昼休みに好きな友達と太陽黒点を眺めて喜んだ。冨田先生について、川崎市生田での流星観測の手伝いもさせてもらった。「手伝い」と思っていたのは僕だけで、先生の方は厄介なのに面倒をみていてくれたのに違いない。観測を終えた朝は、東京天文台までついて行った。中央線の三鷹の駅前で、ひとまず簡単な食事をし、天文台に着いてから畑で芋を掘って飯盒《はんごう》でふかし、腹を満たした。駅前食堂では先生の「外食券」一枚で、僕も分け前にあずかっていたようだ。

畑の広がる東京天文台の構内には木造の建物があり、彗星発見で知られた下保先生や、その奥に、後に天体力学の大御所と知った広瀬秀雄先生（後に第七代東京天文台長）がおられた。下保先生のお宅は構内のこぢんまりとした木造官舎で、一生懸命に点字訳をなさっている奥さんと二人暮らしだった。何かカビ臭い書籍も並んでいて、

（天文学者の暮らしというのはこういうものか）

と思わせるところがあった。

「何でも聞いてごらん」

下保先生に言われて考えた。

「フーコーの振り子はどうして廻るのですか」

上野の科学博物館で見たのを思い出して、出まかせに尋ねた。これは立派な理科の質問になっているはずだった。ところが下保先生は、

「自分で考えてごらんなさい」

と物静かに言われて、向こうに行かれてしまった。僕はそんな質問しかできなかった

自分が、子供心にも恥ずかしくなった。
当時、どこかの古本屋で買ってきた旧制高校の化学の教本を持っていた。表紙がとれてしまっていたが、それがまた錬金術の虎の巻のような趣《おもむき》があって好きだった。物置の中に実験棚をしつらえて、水の電気分解、硫黄《いおう》のゴム状膜作り、水酸化鉄のコロイド作り、塩素ガスの発生など、できることをやってみた。理屈は分からないが、とにかく色が変わったり、姿形が変わったり、楽しいことこの上なかった。母から呼ばれるまで、よく物置にこもっていたものだ。家の押入の中では写真の現像を始め、ぶどう酒をそっと造ってみた。これはどうやってみても少年の口に美味しいと言えるシロモノにはならなかった。手作りの顕微鏡でミジンコを覗いた。鉄道模型も面白かった。扇風機をこしらえたり、蒸気機関を動かしてみたり、昔流行った「パン蒸し器」をこしらえたりもした。父も母も、そんな僕を勝手にさせてくれた。

小学校一年の時の絵日記には、「陸軍大将になりたい」と書いていたのが、中学生の頃には、いつの間にか「天文学者」に変わっていた。「天文学者になるには、京都大学に行くのがよい」と人に言われた。話を聞いて、父の知人が、京都大学の山本一清《いっせい》博士に伝えて下さった。やがて博士からは、「東京に住んでいるなら、東京大学でも勉強はできる」旨の返事をいただいた。山本博士がどんなに偉い人かは、高校生になってから、博士の『宇宙物理学講座』を古本屋で見て、おぼろげながら理解した。東大に入って勉強するには、まず公立高校で勉強しなくてはならないという。二度ほど「アチーブメント・テスト」の模擬試験を受けてみて、日比谷高校に願書を出した。運良く合格し、長かった頭髪を刈って坊主頭にした。高校生活が始まった頃に、『パロマーの巨人望遠鏡』と『パロマー天体写真集』が続いて出版された。カリフォルニアのパロマー山に建設された直径が五メートルもある大反射望遠鏡の物語と、それで撮った数々の天体写真が収められていた。大望遠鏡の物語は、宇宙の彼方へと想いをかきたて、清楚《せいそ》な美しさに溢れた星や星雲の姿は、まだ柔らかい少年の心をうった。僕は天文学に魅せられて、大学では物理学を専攻し、天文学者を志した。

四

僕が西ドイツの学術交流会（DAAD）留学生としてキール大学理論物理学研究所のアルブレヒト・ウンゼルト教授の下で学んだのは一九六一年夏からの三年半だった。往《い》きに乗ったフランス船がインド洋の荒波を被《かぶ》っていたときに、「東西を隔てるベルリンの壁が造られた」というニュースが飛び込んできたのだから、まさに米ソ冷戦の時代だった。その年の四月にはガガーリンが人類初の宇宙飛行をやってのけ、ソ連の対米優位を印象づけた直後だった。

初めに入ったプロテスタント学生寮の向かいに、白鳥の泳いでいる公園があり、その曲がり角に肉屋があった。そこでソーセージやチーズを買うのが習慣になって一ヵ月ほど経った頃、その店のおやじが訊ねた。

「おまえさん学生だろう。どこから来たのかね。中国かね」

白い仕事着に身を包んだ、赤ら顔の力の強そうな男だ。

「いや日本からです」

おやじは日本と聞いて相好をくずした。

「そうか。で、何を勉強すんのかね」

「……天文学です」

「そうか。俺はおまえさんにこうしてソーセージを作ってやっている。おまえさん、天文学やって、何か面白いことが判ったら、俺にも教えろよ」

この言葉に、店を出た僕の心は弾んでいた。

(ドイツはやっぱり科学の国だ。日本で「天文学」と言うと、まるで仙人のおまじないを聞いたような顔をされるのに。ドイツでは天文学者は肉屋と同じように、れっきとした職業、あたり前の職業の一つなのだ)

そう納得すると、見慣れた公園のポプラの梢《こずえ》や教会の尖塔が、天に向かう理性の力の象徴のように、快く目に映った。

長身のウンゼルト先生は、初対面の印象よりも気難しく厳格だった。高名な物理学者ゾンマーフェルトの高弟で、実験や観測を非常に重視しておられ、それらの大切さを解っていない理論家を厳しく批判される、という話を聞いていた。学期が始まって少したった頃、やっとウンゼルト先生の面会時間が回ってきた。

「日本では何をやったのかね」

「太陽黒点の周りの明るい輪帯《りんたい》のデータ解析をしました。そのお……」

先生は僕の説明はほとんど聞かないで、眼鏡の奥から眼を光らせ、

「ふむ。太陽の研究はもうよろしい。これを測りなさい」

と言うと、書類が山積みの机の引き出しの中から、小型の紙袋を二、三取り出して、

「まずスペクトル線の同定でもしてみなさい」

と大切そうに手渡した。幅三センチ長さ十センチほどのガラス板に、微細な黒白の線模様が写っていた。ミミズがくねったような先生の字で番号などが書いてある。有り難くおしいただいて来て、表書きを解読してみると、それは先生が前年に、カリフォルニアのウィルソン山天文台の百インチ望遠鏡で撮った牡牛座λ《ラムダ》星のスペクトル（分光）乾板だった。

天体観測ではまず星の位置を測る。位置が判れば青色とか赤色とかのフィルターをかけて星空の写真を撮る。最近は写真でなく、電子カメラを使う。虹の七色に相当するくらいに分けて、どんな色で強く輝いているかが判ると、星の温度の見当がつく。青白く輝いている星の表面は三万度、赤っぽく輝いているのは三千度だ。

分光器を使って、虹の七色でなく千色くらいに詳しく分光すると、原子や分子の放つ細かい光の線が見えてくる。ナトリウム原子はいわゆる「橙色」にあたる波長帯を千に分けたうちの一つの領域で光を放つ。水銀は青緑のあたりに何本もの明るい線をもっている。つまり、星の光を千色に分光した分光写真乾板を調べれば、星の表面の化学組成が解る。一万色にも分光すると、それらの原子や分子に固有の線の幅や波長のずれから、物質の密度や運動についても手掛かりが得られる。

そこまでは本で読んでいたし、百色くらいの分光乾板は、かつて東京・麻布にあった東大の天文学教室で測らせてもらったことがある。有り難く受け取って来たものの、一万色レベルの分光乾板、それもウンゼルト先生ご自身が百インチの大望遠鏡で撮ったもののとあって、まず破らないようにと気を遣った。

キール大学理論物理学研究所といっても、七人ほどのスタッフと、学位論文に取り組んでいるらしい学生のような人たちが四〜五人だけだ。ドイツの大学は資格さえあれば何歳になっても学べるし、学年というものはなかった。いやに年をくった学生も出入りしていた。スタッフは一人一部屋で、学生は大部屋、どこも一杯で、僕は張り出しだった。僕の小さな机は図書室の書架の並びの、一番奥の隙間の窓際に与えられて、その上に測定器が載せられた。マイクロメーター付きの顕微鏡で、一ミクロンの精度で位置を測る。

ある日、助手のバシェックさんが、先生から言われたと言ってやって来て、

「どうです。アルバイトやりますか」

と尋ねた。彼は小柄で僕よりも背が低く、モヤシのように長い人の多い北ドイツでは、比較的気安く付き合えた。毛や眼の色は、北ドイツらしく明るく薄い方だ。

「アルバイトは一時間三マルクです。週末に二十時間くらいどうです。電子計算機で原子のイオン化率の表を計算するのですよ。君の勉強にもなると思うんですがね」

迷っているうちに、やることに決められて、説明を受けた。電子計算機は「ツーゼ・X1」という、当時のドイツの新鋭機で、メモリーは四千もあった。僕は日本ではまだ電子計算機というものに触れた経験がなく、メモリーがたった四の「電動計算器」しかさわったことがなかった。バシェックさんが丁寧に教えてくれて、とにかくやることになった。

毎日毎日、図書室の隅で計算機プログラムと睨めっこをし、計算機テープの孔《あな》開けをやった。二週間ほどしてから徹夜の計算を二晩やって結果を持っていくと、

「一回で間違いなしでやった学生は初めてですよ」

と、喜んでくれた。このまぐれ当たりが幸いして僕の研究所での株は上がり、バシェックさんや助教授の先生方が、忙しいウンゼルト先生に代わって面倒を見てくれることになった。半年ほどで分光乾板の測定を終えて結果を提出したが、ウンゼルト先生は何もおっしゃらず、次の乾板を渡された。

五

僕はウンゼルト先生から渡されたその分光乾板を、毎日毎日注意深く測定し続ける傍《かたわ》ら、恒星についての文献を漁《あさ》った。図書室の棚の間の窓際の机は狭かったが、邪魔が入らず、静かに測定に打ち込むには悪くなかった。ただスチームの近くに在るので、乾板の伸び縮みが気になって、必ず前日の測定との違いや、一回毎《ごと》の初めと終わりの違いなどに、気を配らなければならなかった。何しろ一ミクロン間違えると、星の運動の秒速が一キロメートル狂う計算になる。これは太陽のような普通の星なら、大きな誤差になる。

僕が学位論文のために解析することになった星、HD一六一八一七は、太陽に較べて遥かに大きな速度で動いているので、「種族2」に属すると目されていた。天文学者はまず身近にたくさんある太陽のような普通の星を「種族1」、それらとは大いに異なる星を「種族2」と名付けたのだった。「種族1」の星々は、天の川銀河系の中に密度の高いレンズ状の円盤を構成していて、銀河の中心の周りを二億年ほどかかって一巡する。「種族2」の星々は、円盤の中に閉じ込められずに、「ハロー」と呼ばれる球状に広がった希薄な領域を自由に運動している。たまに「種族1」の星と「種族2」の星が擦《す》れ違うことがあると、その時の速度差は毎秒百キロメートルを超すこともある。最新の文献を調べてみると、第一線の天文学者たちは、「種族2」の星々は古い星、つまり天の川銀河系の歴史の中で、初期に誕生した星々だと考えているらしかった。

星が古いか新しいかは何で判るのだろうか。核融合反応で輝いている星はいわば「天然の原子炉」だ。この天然の核融合炉は水素とヘリウムでできていて、炉の燃料と、炉の壁材との区別がない。質量の大きな星は高温で速く燃え、早く燃え尽きる。壁が燃え始めるとバランスを失い、炉の外側が急に膨らみ始めて、赤い巨大な星になる。こうなるともう余命いくばくもない。そこで、生き残っている一番大質量の星を調べれば、その種族の年齢が判る、というわけだ。高速で運動している「種族2」の星には、質量の大きな高温度星はない。とっくの昔に燃え尽きてしまった、と考えられている。

僕の星は、生き残っている「種族2」の星の中でも質量の大きなもので、燃え尽きようとしている珍しい星のようだった。仕事は、分光乾板を測定して、この星の表面の温度や圧力、重力を決定し、化学組成を決めることだ。そしてそれらをもとにして、この「天然の原子炉」の質量や年齢を精密に診断するのである。(果たして推察を決定的に証拠立てることができるだろうか。そしてその古い星の化学組成は、太陽のものとどう違うだろうか)

僕はこの謎解きにのめり込んでいった。古い星は天の川銀河の外側に広がる「ハロー」部分に分布し、若い星はその中に包まれるように円盤を構成している。僕は星々の空間運動のデータを集め、自分なりに分析をしてみた。「これは何か面白いことがあるぞ」と夢中になっていると、ある日ゼミナールで、新しい論文の紹介があった。私たちの天の川銀河系は、初めは丸く広がっていた。それが中心に向かって潰れる途中で「種族2」の星が生まれた。あるところまで潰れると回転が速まって遠心力が利き始め、円盤状になってしまい、「種族1」の星々が生まれた、という作業仮説だった。「種族2」の大質量星が造った重い元素が「種族1」に受け継がれて太陽や地球を生んだのだ、という。自分が思いつく頃には、他人も皆、似たようなことを考えているものだ、と気付いた。

僕はそれまでよりも一層注意深く、顕微鏡の下に現れる鉄やナトリウムやカルシウムスペクトル線の波長を測った。また測定器にかけて、スペクトル線の強度を測定した。一番の大仕事は、こうした測定結果を矛盾なく説明できる、天然の原子炉の壁の理論模型を決めることだった。これにはどうしても大型の電子計算機の力を借りて、大量の計算をしなければならない。後で知ったのだが、これこそが当時キール大学理論物理学研究所で始められていた一連の大研究計画の柱だった。

研究に夢中になっているうちにウンゼルト先生がドイツ学術交流会に手紙を書いて、奨学金の二年目への延長を認めてもらってくれた。僕はといえば、その日その日を生きることに精一杯で、一年先がどうなるかは、ほとんど何も考えていなかった。学費は免除されていたので、少々のアルバイトをして生活費を切り詰めれば、一年くらいは何とか食べていけるだけの預金はしてあり、(どうにかなるさ)と高をくくっていた。

フロイライン・ウタ・シュムプ、つまり後に僕の妻となったウタは、留学生課でアルバイトをしながら社会学を専攻し、カソリック学生寮の女子学生委員長を務めていた。小柄で、短めの栗色の髪に灰緑色の眼をした、明るい性格の女性だった。北ドイツではカソリックはごく少なく、その寮の学生も南ドイツの出身者が多かった。ウタも南の方のマンハイムの出身だ。寮はフィヨルドを行き交う水上バスの桟橋の近くの緑の丘の上に在り、白い三階建の本館に教会が付いていて、プロテスタントの寮よりも陽気な感じだった。カソリックの坊さんが一人と、修道女が三人住んでいて、学生たちの世話を焼いていた。海老茶色の僧服をまとった、小柄で誠実そうな眼をした坊さんは、親身になって学生たちの相談にのっていたが、寮経営は赤字で、その方面の手腕には問題がありそうだった。

ウタとはヨットが縁で知りあった。キール大学には国際友好のために寄贈された三隻のヨットがあって、ツアーには留学生を同伴することが義務づけられていた。日本泳法「神伝流《しんでんりゅう》」の師範を務めたことのある僕は海が好きで、進んでこの同伴役を買って出た。僕のドイツ生活が二年ほどにもなって、ウタの寮に出入りするようになると、尼さんたちは心配して訊ねずにはいられなくなった。

「フロイライン・シュムプ、あの人は中国人ですか」

「日本人よ」

「え、ニッポンジン」

キールの軍港からは、かつて同盟国の日本に向かって潜水艦が出航して行ったことがある。しかし今の日本はいかにも遠く、そのニュースはあまり入って来ない。それもそのはず、日本どころか、ドイツは東西冷戦の異常な緊張のさなかにあったのだ。ベルリンの壁を越えようとして射殺された事件がしばしば報道された。そのうちにアメリカのケネディ大統領が暗殺された。「我らヨーロッパ人は、今や末裔《まつえい》にすぎないか」といった、世紀末を思わせるようなテーマの討論会が開かれたりした。学生運動が活発で、社会民主学生同盟が大学を牛耳っていた。

留学三年目の終わり近くになって僕は学位を取り、ウタと結婚して暫《しばら》くすると、一足先に船で日本に帰ることになった。三鷹の東京天文台に助手の口が決まったのだ。ウタは長女の陽子モニクを産み、社会学の修士号をとって、一年遅れて日本にやってきた。一九六四年の東京オリンピックが終わった翌年のことで、日本での生活は楽ではなかったが、社会人としての出発に、若い僕らの胸は夢で膨らんでいた。

六

ウィルソン山天文台は、ロスアンゼルスの平野を眼下に見渡す、千五百メートルの山脈の背に在る。

その日は夜中過ぎから雲が広がってしまって観測ができず、僕は図書室と称する建物の一室で、スタンドの灯を点けて論文を読んでいた。一九六八年の夏のことだった。蛾がスタンドの灯に誘われて集まって来て、目の前の網戸は虫で一杯になっていた。

ウィルソン山の尾根には、百インチ、六十インチの反射望遠鏡をはじめ、伝統のある大小の太陽望遠鏡のほかに、最新の赤外線望遠鏡も働いていた。カリフォルニア工科大学に客員研究員として来てから、百インチか六十インチかの望遠鏡を、毎月四、五晩は使えるという恵まれた環境にあった。ドイツで解析したウンゼルト先生の分光乾板は、まさしくここの百インチ望遠鏡で撮ったものだった。

日本にも七十四インチの望遠鏡が完成して活動していた。学生の頃には全く知らなかったが、ドイツから戻って東京天文台の助手になった頃には、かなりの頻度でこれを使うことができるようになっていた。戦後日本の天文学を再興した萩原雄祐《ゆうすけ》（第五代東京天文台長、故人）、低温度星の研究で知られる藤田良雄（当時日本学士院院長）、特異星研究の先駆者大沢清輝《きよてる》（後に第九代東京天文台長）、太陽物理学で業績の著名な末元《すえもと》善三郎（後に第十代東京天文台長、故人）などの先達《せんだつ》の努力によって一九六〇年に建造された岡山天体物理観測所の七十四インチ（百八十八センチ）望遠鏡は、日本にも恒星物理学の観測的研究への扉を開き、天文学界は活気づいていた。

キールで恒星のスペクトル分析の新しい方法論を身につけて戻った僕は、大沢先生について、「A型特異星」HD二二一五六八の研究に従事した。太陽の二〜三倍の質量の星で、天の川銀河の中での運動の様子からみると、明らかに太陽と同じ「種族1」に属している。この星も化学組成に異常があった。しかしその異常は、学位論文で扱ったような銀河の進化を反映するものではなく、何かしら星自体の構造の異常によるものと思われた。何しろ百六十日の周期で、明るさも化学組成も規則正しく変化するのだ。一番素直な解釈は、星の表面に地球の大陸のような分布模様があって、自転によって見え方が変わる、と考えることだ。その表面には、シリコンの強い大陸模様や、チタンや、鉄の大陸があるらしく、それぞれの元素のスペクトル線が周期的に大きく変化した。この種の「A型特異星」と呼ばれる一群の星はすでに知られていたが、HD二二一五六八は、その変化の周期が際立って長いのが特徴だ。一回転が百六十日というゆっくりとしたものので、完全なデータを集めるために多くの助手の人たちが協力していた。岡山に完成した七十四インチ望遠鏡を使って、大沢先生が始められた特異星スペクトル探査で、その異常を発見された七等星だった。

岡山の望遠鏡はこのほかにも、藤田良雄、山下泰正両先生とともに、僕より一年下の辻隆君らが展開した低温度星の分類研究の成果を、いち早く生み出した。またその頃、大気圏外からのエックス線観測で、初めての「エックス線星」さそり座X１が発見された。それについても、日本のエックス線天文学の生みの親でアメリカのMITから帰られたばかりの小田稔先生と寿岳潤《じゆがく》さんの連繋プレイで、対応する可視光の星のいち早い同定に寄与した。寿岳さんは当時カリフォルニア工科大学での客員滞在を終えて、僕より一足先に東京天文台に着任され、若い人たちを啓発しつつあった。

エックス線を放つからには、その星の可視光の色もおかしいかも知れない、そう考えて寿岳さんらは、一枚の乾板に、少しずらして青と赤のフィルターでの二回の露光を行った。その結果、目的の場所に、異常に青い星が検出された。寿岳さんは大沢先生と、その青い星の微かな分光写真を手に、

「どう思います。どういう星でしょう」

と、議論に熱中された。結局、正体を見抜くのはアメリカのチームに先を越されてしまったが、それは「古い新星」の仲間だった。

「新星」は、普段暗くて見えないような星が、急に光り輝いて、あたかも新しい星が生まれたように見えるので、そう名付けられた現象だ。実際には高密度の星の表面に新しい水素が降り積もり、一定量に達すると核融合反応に火が点いて、一気に燃え広がるために輝くことが知られている。この高密度の星の多くは、太陽のような星が燃え尽きて老化し、外側が膨張する一方、中心部が重力に負けて極限まで収縮してしまったものだ。これがもう一つの星と連星系を作っていると、その相手方の噴き出す水素雲を引き寄せて、回転する円盤を形作りながら表面に降着《こうちゃく》させる。それが溜まると発火する。だから新星現象は繰り返して起こることが珍しくなく、火山と同じように休止したり死んでしまったりする。そこで、「古い新星」と呼ばれる星々の仲間入りをする。ただちに理論家たちは、どうしてこの「古い新星」が強いエックス線を放射するのか、という謎解きに挑戦した。

「やっぱり僕らには、経験が足りませんね」

わずかにアメリカチームに先を越されて、寿岳さんは残念そうに言った。

そんな雰囲気の中で岡山観測所通いをしながら、僕はHD二一五六八の研究を進めた。岡山観測所の初期から装置開発に携《たずさ》わってきた西村史朗さんらの諸先輩や、一年下の成相恭二君らが活躍していて、観測経験のなかった僕は、彼らから学んだ。

「A型特異星」の一部は「磁気変光星」として知られている。学生時代に、海野和三郎先生の指導で黒点磁場の測定装置を試作し、修士論文で太陽黒点のデータを解析したことのある僕は、この「磁気変光星」に特別の関心を持っていた。これらの星の表面は、全体が黒点になってしまったかのように、千ガウスとか二千ガウスとかいう強烈な磁場で覆われているとしか思えない。南北の磁極以外にも強いところのある複雑な分布模様を示し、それがシリコンの大陸や、チタンや鉄の大陸模様と関係しているらしかった。HD二一五六八の磁場は、星が暗いのでまだ測られていなかったが、磁気変光星の同類と考えられた。

（どうしてそんなに強い磁場があるのだろうか。どうして化学組成異常が起こっているのだろうか。磁場のせいだろうか。明るさの変化と、磁場や化学組成の変化は、どう関連しているのだろうか。地球の磁極も永い年月の間には徐々に移動している。磁気変光星での表面分布も変わっていくのだろうか）

二年間、僕はHD二二一五六八の研究に専念し、日本での学位論文としてまとめることにした。まだその頃は、外国の学位は、公務員の履歴として正式には認められていなかったからだ。

この間の僕の生活は、研究面に限ってみれば恵まれていた。しかし日本では、天文学者という職業は、どちらかと言えば変わり者の選ぶ道で、道楽の一種とみなされるようなところがあった。ドイツやアメリカでは、それは立派な職業であり、学問の源《みなもと》としての天文学の大切さは、市民の誰でもが知っている。そのすがすがしい気持ちは、残念ながら日本では味わえなかった。また、まだ外国人の姿も珍しかった東京でのドイツ人妻との日常生活には、他人に言えない苦労も少なくなかった。ウタはテレビのドイツ語講座に出演したり、ゲーテ協会でドイツ語を教えた。次女の桂子アネットが生まれて、子供たちの世話にも時間を取られるようになると、ウタには日本での生活が、かなりこたえ始めた。そんな様子を察して下さってか、「カリフォルニア工科大学に行かないか」と上司から言ってもらうと、一も二もなく家をたたみ、船に乗り込んでやってきたのだった。博士論文のほうは、カリフォルニアに発つ直前に提出し、出発してしまってから学位を授与された。

カリフォルニア工科大学とウィルソン・パロマー山天文台の本部の在るパサデナ市は、

観測天文学のメッカだ。僕が出ることになったセミナーには、「クェーサー」の発見者マーチン・シュミット、宇宙論の世界的権威マーチン・リース、装置開発の第一人者バブ・オーク、新進気鋭のウォレス・サージェント等が顔を出していた。星のように見えるが大きな赤方偏移《せきほうへんい》を示す謎の天体「クェーサー」や、規則的に電波の閃光を発する「パルサー」の発見が相次いで、セミナーは興奮していた。「パルサー」が発見された時には、リース博士が「誰にも言うな」といいながら、「灯台のように規則正しく電波を出しているものが見つかった。距離は判らない。もしかすると宇宙人が設置した航空灯台かも知れない。さらに探査を進めている」という、イギリスのヒューイッシュ教授からの私信を紹介してくれた。やがて四個目が発見されて、どうやら自然現象であるらしいことが公表された。

パサデナの生活は、二人の娘たちにも、伸び伸びとした環境を恵んでくれた。しかし誰よりもカリフォルニアに来て嬉しがったのは、東京での「外人」生活に疲れ切っていたウタだった。こちらに来て少しして、大学から車で五分くらいの所にある芝庭付きの家に移ると、早速に「天文学者の奥さんクラブ」にも加入して、学生時代の生気を取り戻した。

蛾が羽ばたく網戸を眺めながら、改めてウィルソン山で観測している自分の幸せを考えた。ウンゼルト先生と並ぶ天体物理学の大家グリーンシュタイン先生や装置開発で活躍中のオーク先生と共同の「種族2」の星の観測では、パロマー山の二百インチ望遠鏡も使わせてもらっている。しかし今晩机上に開いている論文は、恒星についてのものではなく、実は「銀河」についてのものだった。少年の日に手にした『パロマー天体写真集』に載っていた、不思議な形をした銀河の姿が忘れられない。光が飛んで何百万年とかかる宇宙の彼方に浮かぶ星の大集団で、太陽のような星が一千億個も集まって渦巻型になったり楕円型になったりする。その差し渡しも、光が飛んで何万年もかかる大きさだという。私たちのいる天の川銀河系は、膨張するこの宇宙に無数に漂うこうした銀河の一つだ。

（キールでの学位論文で研究した「種族2」の星が、私たちの銀河の誕生の歴史を刻んでいるのならば、無数にある他の銀河の歴史や構造は、一体どうなっているのだろうか）

僕は少し前から密かに銀河の観測的研究を志していた。

昔、ハッブル博士らは、このウィルソン山の百インチ望遠鏡で観測し、アンドロメダ星雲が天の川銀河系の外に在る、同じ規模の星の大集団であることを明らかにして、「私たちの天の川銀河系が星の世界の支配者である」という偏見を打ち破った。さらには、「銀河の赤方偏移」を発見して、遠い銀河ほど大きな速さで遠ざかっていることを示し、観測的に「膨張宇宙論」の端緒を開いた。
(僕も銀河の観測をしてみたい。何とかここにいるうちに、銀河の観測を試みよう)
開いた論文を前に、夜が白むまで、そんな想いに耽《ふけ》っていた。

ウィルソン山天文台の宿舎は、「僧坊《そうぼう》」と呼ばれて、実に簡素な板の机とベッド、椅子が一脚、それに不便なストーブの備わった部屋が並んでいた。後に女性天文学者として名を馳せることになったヴァージニア・トリンブルさんやジュディ・コーヘンさんなどが、やはり若い研究者としてウィルソン山に通っていたが、「僧坊」には泊まれないので、カプタイン・コテージと呼ばれる客員棟に別に泊まって観測をしていた。食事は昼と夕方の二回、「グッド・モーニング、ボーイズ」、「グッド・イブニング、ボーイズ」の声とともに定刻に出されて、遅刻は許されなかった。一人で何もかも切り盛りしている食堂のミセスにかかっては、大先生も「ボーイズ」の一人だった。「ガールズ」の方は、やれ定刻に遅れるの、服装がテーブルマナーに合わないのと、難癖をつけられていた。テーブルを囲んでの着席順は、使う望遠鏡で決まっていて、僕が百インチ望遠鏡を使う日には、誰よりも上席だった。六十インチ望遠鏡の観測者は、夜食の缶詰の入った重い籠を、二つのドームの中間に建つ夜食小屋まで持ち運ぶ役と決まっていた。白髪の大先生に、

「持ちましょう」

　と言うと、

「とんでもない、雨が降るよ。半世紀もこうしてきたんだから」

　と言われた。

　ウィルソン山は、十九世紀末から今世紀初頭にかけての開設で、百インチ望遠鏡は一九一七年に建造された。「僧坊」と呼ばれている観測者用宿舎の食堂には、建設当時のアルバムがあって、僕はしばしば定刻十五分前に入室しては、そのページを繰ったものだ。山高帽にフロックコートの男たちが馬に跨《また》がって、険しい山道を登って行く。澄んだ美しい空を求めて東部からこの地に来た天文学者の面構えには、開拓者精神が溢れている。百インチの鏡を馬車に引かせて狭い道を運んでいる。五十年も前に、今の日本最大の岡山のものよりも大きな望遠鏡を建造したのだ。僕は若気の至りで、ウィルソン山天文台から、東京の大沢先生に宛てて手紙を書いた。

「日本ももっと頑張りましょう。僕も日本に戻ったら、岡山観測所に住み込んで、銀河の観測をやりたい。将来はもっと大きな望遠鏡も造りたい」

　そんなことを書いた。東京からは丁寧な便りが返って来た。

「君はまだ若いからそう簡単に考えるが、実際はいろいろと大変です。まず研究成果を挙げることに専心し、学生を教育して下さい」

そんな内容だった。

二年目の夏には、とうとう念願の銀河の観測を始めた。実績のない僕は、暗い「種族2」の星の分光観測をすることにして時間の割当をもらい、密かに準備しておいた銀河の観測を忍びこませた。星は点状だが、普通の銀河は淡く星雲状に広がっている。速い分光器でいくら長時間の露出をやってみても、痕跡すらも写らない。やがて僕の考えはコンパクト（稠密《ちゅうみつ》）な「密小銀河」に行き着いた。同じカリフォルニア工科大学のツヴィッキー大先生が、銀河探査の過程で特別にコンパクトな銀河を発見し、カタログを出版している。その中でも特にコンパクトなものを選んで撮ると、かすかにスペクトルが写った。それには爆発的な活動を示唆する、幅広い水素の輝線スペクトルが写っていた。

丸二年のカリフォルニア滞在の間には、末っ子の愛子ミッシェルも生まれ、一九六九年の末、僕ら一家は、希望を取り戻して、再び日本に向かうことにした。それはまだ、アポロ宇宙飛行士が月に降り立って間もない頃のことだった。

七

僕がチリに観測に行く直前の一九八〇年五月、日本天文学会春季年会では、日本の次期望遠鏡の構想をめぐって激論が戦わされた。特に、「国内設置」か「海外設置」かを巡っては、理想論と現実論のギャップは大きかった。

その頃、大気圏外宇宙観測の先達の一人、名古屋大学の早川幸男先生が、

「大きな科学プロジェクトを実現するのは、科学そのものですよ」

と、言われたことがある。僕は、

(緻密さや継続的な情熱や、ある種の普遍的説得力を必要とするからなのだ)

と一人で合点した。

(どんな問題があるのかをきちんと整理して、一つ一つを潰していかなければいけない。してみると、次期望遠鏡の「海外設置」が駄目なことは、まだ自明ではない。十分に調べ尽くしてから、諦めるなら諦めるべきではないだろうか)

と思えたりもした。

「海外の可能性についても、調査くらいはしておきたいですね」

僕は半ば独り言のように口にした。年会に出席していた岡山観測所の清水実さんと僕は、岡山観測所長の山下先生と会場近くの喫茶店でアイスクリームを食べていた。その時、煙草を静かにふかしていた山下先生が、

「調べてみるか」

と、ポツリと一言おっしゃった。アメリカで開かれる「低温度星」の研究会に出席する帰途、ハワイに寄って調査してみようと言われたのだった。結局ハワイ大学天文研究

所で一週間ほどねばって、標高四千二百メートルのマウナケア観測所にも登ってこられた。とにかく調べて、いろいろなメモを持ち帰られた。望遠鏡を設置しようとすれば、どんな手続きや書類が必要か、イギリスやフランスはどうやっているのか、など。これは堂々巡りをしていた僕らにとっては画期的な一歩だったが、それで物事が変わったとは思えなかった。メモに記された必要な諸手続きは、恐れていたいろいろな困難さを、いよいよ明確に示していた。

この年、望遠鏡問題を契機に、関連研究者の自主組織「光学天文連絡会」が発足した。東京天文台木曾観測所の石田蕙一《けいいち》さんらの発案だった。一九七五年に開設された木曾観測所には、世界でも五指に数えられる口径百五センチの、広い写野を一度に撮れる特殊望遠鏡「シュミット・カメラ」があり、その利点を活かして恒星天文学の研究が活発に始められていた。観測所長の高瀬文志郎《ぶんしろう》先生や京都大学の小暮智一先生を中心とした「木曾グループ」は、毎年のように研究会を開催し、多くの研究者に共同討議の場を提供していた。

「東京天文台上層部からのトップ・ダウンの発想ではいけない。皆の討議の中から優れた考え方を生みだしていこう」

そういう新しい流れだった。京都大学で望遠鏡問題を巡っての大シンポジウムが開催され、その直後の岩手県水沢での天文学会秋季年会は、僕にとって厳しい吊し上げの場となった。僕は、東大の天文学教室の助教授でいながら、東京天文台の保守的な「国内設置」構想に加担しているということで、ひときわ厳しく追及される羽目になった。当時はまだ、三鷹の天文台は本郷の天文学教室の「出先施設」といった感覚も残っていて、両者の間には一種の対抗意識があった。天文台教官が現業的な観測所運営の責任に縛られているのに対して、教育研究が中心の天文学教室の教官は、より自由で柔軟な発想が可能なはずだと期待されていた。

「君が海外に造ろう、と言うべきなんだよ」

と、あからさまに僕を責める人も少なくなかった。しかし現状では、「海外に造ろう」などと、無責任な発言をする気にはまったくなれなかった。

(外国人を妻に持つ僕は、国が違うために起こる文化的・社会的な煩わしさを、身に滲みて知っている。誰よりも「海外設置」を望んでいて、そして同時に、誰よりもその難しさを知っている)

と心の内で思っていた。新技術望遠鏡を強く主張したのは西村史朗さんたちだった。海外適地への設置を主張したのは寿岳潤さんたちだった。この時ばかりは、学会員の一人一人が一家言《いっかげん》を持っていて、議論は尽きなかった。シンポジウムの折に、京都大学の林忠四郎《ちゅうしろう》先生にご意見を訊ねてみた。恒星の内部構造論の分野で世界的な業績を挙げられてきた先生は、

「そりゃあ、君ィ、やらんといかんちゅうなら、そりゃあ、やらにゃあかんのと違いますか」

とおっしゃった。「いかん」「あかん」の主語は一体誰なのか。「他人」ではなくて「自分」ではないか。この禅問答のような言葉で先生は、僕らの不徹底さを指摘されたのだった。

僕はこうした議論に巻き込まれながらも、銀河の研究と大気球望遠鏡による星の観測に取り組み、日本の「紫外線天文衛星計画（UVSAT）」を練っていた。地上の大望遠鏡も大切だけれども、人工衛星を使った軌道望遠鏡も魅力的だった。地球大気の影響を受けずに、直接に宇宙を観測できるのだ。大気を通れない紫外線で、高温度星を観測してみたかった。小田稔先生や田中靖郎《やすお》先生の率いる宇宙科学研究所のエックス線天文学のグループは、小型ながらも特色のある科学衛星を打ち上げて、世界に誇る成果を挙げている。宇宙科学研究所には工学部門もあって、理学部門にも実験物理学者が集まっている。「自分たちの手で造って、自分たちの宇宙を見なければ」という心構えが根づいている。天文学教室で田中済《わたる》君たちとやってきた気球搭載用望遠鏡の実験で、僕にはそれが解るような気がしていた。次期の地上大望遠鏡と軌道紫外線望遠鏡とで、どちらがより身近に感じられていたかと言えば、正直なところ、後者だった。

一九八一年、四十四歳になっていた僕は、「近いうちに宇宙科学研究所に来る気があるか」と聞かれて、「はい」と答えた。これは宇宙研の大学共同利用機関への改組拡充構想の中で打診されたものだった。改組は行われたが、僕の宇宙研行きは実現しなかった。その代わりに、東京天文台への移籍が考えられ始めた。将来の大気圏外天文学(スペース・アストロノミー)の重要性や、学生づき合いの永くなっている僕の身の上を考えてのことだったらしい。

東京工業大学に専任の外国人教師として勤務していたウタは、この話にはあまり乗り気ではなかった。大学の教室の先生夫婦でなら、夏休みも比較的自由に過ごせるが、天文台のような研究所に移ればそうもいかないだろう。僕も、学生の代わりに事務官や技官の人たちと付き合うことになる。おまけに天文台の教授になったりすると、部長としての管理的な責任も生じる。しかし考えてみると、天文学分野の中でも中堅になって、少しずつ責任を担わなくてはならない年頃になったのも事実だった。

(でも……)

と別の僕が、すぐに口を出す。

(できることなら、そんな責任感や名誉は捨てて、どれか一つ、自分のやりたい研究に没頭したらどうだ。今やりたいのは、銀河の研究ではないのか)

日本に帰って来て始めた銀河の定量分類の研究は、何か筋書きが見えてきていて、木曾観測所の岡村定矩《さだのり》君や学生たちと一緒に一心にこれをやれば、新しい纏《まと》まったことが成し遂げられそうな気がしてきていた。そして、ここで一踏ん張りしなければ、学者としてのライフワークといえるような仕事を纏められる機会を逸してしまうのも、明らかなことのようだった。ウタとの日本での生活も軌道に乗り、それなりに安定している。東京の狭い家から息抜きに出掛けられる山小屋も、南アルプスの麓、山梨県の白州に建てることができた。学校に通う三人の娘たちは、みんなしっかりと育ちつつある。この生活も抛《なげう》つ気にはなれなかった。

こうして選択に迷ううちに、僕は様々な仕事を背負い込み、時間的なゆとりも失っていった。時たま吸っていた煙草の量も増えていった。

八

山下先生がハワイ調査をされた翌年の一九八一年、僕は自分でもニューヨークでの研究会の帰りに、私費をはたいてハワイ調査に行くことにした。調査を尽くさないでは、「海外設置」を諦めきれない気がしていたからだ。スペース・シャトルの初飛行が行われた頃、ハワイ大学天文研究所のジョン・ジェフリース所長に手紙を書いて、秋に訪問することになった。

同行したのは、東大天文学教室の気球実験仲間の尾中敬《おなかたかし》君と田辺俊彦君だった。二人はアメリカ本土からの帰りで、ワイキキの浜辺の近く、ホテルのレストランで落ち合った。翌日は天文研究所に出向き、その次の日にマウナケア山に向かった。ホノルルから小さな飛行機に乗って約四十分、最南端の大きな島、ハワイ島の郡都ヒロ市の空港に着く。途中、国際観測所のある四千二百メートルのマウナケア山の東側を迂回するので、山頂に白いドーム群が斑点のように輝いて見えた。山裾は深い緑の谷の走る熱帯雨林のような景観だ。

ヒロは小雨だった。雨の多いところで、昔から砂糖キビの栽培が盛んな地域である。そのためにたくさんの日本人が移住して働いた。ヒロの飛行場は広々として、いかにも南の島に来た、という気分になってきた。飛行場の駐車場にハワイ大学の車が停めてあって、それを使えという。「キーは開けっ放しの車の中の灰皿に入れてある」と手紙にあった。ハワイ大学（UH）のマークをつけた車は、すぐに見つかって、指示通りにキーが灰皿にあった。

海辺に広がるヒロの市街を抜けて、次第に山の方に向かう。市街とは言っても、人口三万くらいの町だ。ハワイ州の州都ホノルルは百万都市だが、第二の町ヒロは、いささか物寂しい。ホノルルにお株を奪われる前は、砂糖キビの大量生産地域の郡都として、たくさんの移民で賑わった町なのだろう。木造平屋か二階屋の町並みに、まれにコンクリートの三階建が混じる。官庁の建物だ。草花に囲まれた住宅がまばらになって、緑の木々の中の山道になる。狭い道は舗装が剥がれて、凸凹が激しい。それに、上下左右にうねっていて、田辺君のハンドルさばきも、時々おぼつかない。

小一時間も走ると、蒸し暑かった空気が爽やかになり始め、樹海が途切れて溶岩地帯に入る。島全体が溶岩でできているのだが、古い所には草木が生い茂っている。まだ小雨模様だったのが、時々雲の中に入るのか、霧に包まれて視界が妨げられる。晴れ間に見渡すと、一面の溶岩の海だ。この峠道「サドル・ロード」は、北のマウナケア山と南のマウナロア山の、二つの四千メートル級の山の間を東西に抜けている。日本の山道の峠とは違って、最高地点は真っ平らな広い溶岩の原っぱの中ほどに在る。その向こうには青空が覗いている。二つの高山が立ちはだかって、貿易風の運ぶ水分をヒロ側に降らせてしまうからだ。最高地点の近くに簡単な狩猟小屋が在り、そこから右折していよいよマウナケア山への登りにかかる。その辺には水源があるらしく牧場になっている。牛の群の近くを、道はぐんぐん高度を上げて直線的に登り始める。そして折れ曲がりの多い山道になった。岩石がゴロゴロした道で、四輪駆動車も時にはロー・ギヤでも苦労する。山下先生が前年調査に来られたときのメモに、「この山道の揺れで輸送中の観測装置が狂うこともしばしば」とあった。若い二人は楽しんでいるようだが、どうなることかと心細くなりかけた頃に雲の上に出て、「ハレポハク」と呼ばれているマウナケア観測所の中間宿泊施設が目の前に現れた。

標高二千八百メートルの地点だ。山頂で観測したり仕事をする人たちは、普段はここで寝泊まりし、食事をする。空気が平地の六割しかない山頂は、寝たりするのには適さないのだ。木造平屋の建物で、小さな一人部屋が十五室ほどある。食堂やシャワー、トイレなどの共用施設もついている。周囲は灌木がまばらに生えていて、砂漠のような景観だ。赤茶けた岩土の斜面が続いている。宿泊棟の上側には工事用車輛や機械工場、発電室、石油タンクなどが並ぶ。車から降り立つと、海抜零メートルから一気に三千メートル近くまで登って来たせいか、フラフラする。歩くと息切れがする。山下先生の注意メモを思い出して、できるだけゆっくりと足を動かす。手前の丘に阻《はば》まれて、そこからは山頂は見えない。下は雲の海だ。

「ウェルカム。所長から聞いてます」

大きな軀《からだ》をゆすって中間宿泊施設の責任者が迎えてくれた。

少し休んで、今度はマウナケア観測所の職員が運転するジープで山頂に向かう。この山道はもっと嶮《けわ》しく荒れている。砂埃が舞い上がり、振動で息苦しくなるのを、じっと耐える。運転手は防塵マスクをかぶる。登りは、まだかまだか、と終わりが待ち遠しくなるほど続く。火山礫《れき》の墳丘が次々に現れて、月世界さながらの眺めだ。

「これが氷河の跡です。あそこの岩は丸みがあって、他所《よそ》のとは違うでしょう」

「この左先に、昔の現地人が斧のために硬い石を採取した跡があります」

「ここを折れて左に行くと、湖に出ます」

と、運転手はマスクの下から親切に説明をしてくれる。こちらは車酔いを堪《こら》えているので、聞き流す。うっかり口を利くと舌を噛みそうだ。

最後の猛烈なヘヤピン・カーブを登り詰めると、開《ひら》けた尾根に出て、まばゆいばかりのドーム群が目にとび込んで来た。大きいのが三つ、小さいのが二つある。大きいのは、手前からイギリスの赤外線望遠鏡（UKIRT、口径四メートル）、ハワイ大学の二・二メートル望遠鏡、大きな白亜の丸屋根はカナダ・フランス・ハワイ望遠鏡（CFHT、三・六メートル）だ。小さいドームには六十センチ望遠鏡が入っている。一面の雲海から入道雲が立ち昇っているが、上空には吸い込まれるように深い青空が広がっている。北の方には雲の上に隣の島、マウイ島のハレアカラ山が頂《いただき》を覗かせている。

「ハレアカラの天文台から見ると、このマウナケアがいつもあんなふうに見える。それで一九六〇年代に、ここに天文台を造れば、と……」

運転手の説明を聞く。ヒロと反対側のコナ側は晴れていて、海岸線が白く浮かび上がっている。海には掃いたように筋模様がある。南側には雲海を隔てて、マウナロア山が雄大な裾を引いている。マウナロアでは、まだ肩のあたりの火口が活動している。活発なキラウェア火山はその向こう側だ。

ハワイ大学の二・二メートル望遠鏡を見学する。このサイズには珍しく、望遠鏡の胴が筒になっていて堅固な感じだ。見慣れた望遠鏡と較べると、少しずんぐりむっくりという感じだ。広い分光器室、階下のエレクトロニック・ショップ、機械工作室、暗室、油圧室、それに年に一度、鏡にアルミの薄膜をつけ直す真空蒸着《じょうちゃく》装置を見て回る。息が切れて、少し頭痛がする。

「ゆっくりして下さい。苦しかったら言って下さい。高山病になるといけません。酸素ボンベは用意してありますが」

と言いながら、男は次々に案内する。エレベーターはあるが、ちょっとしたところで階段を登ると、すぐにこたえる。CFHTやUKIRTも簡単に見て回った。古典的な赤道儀《せきどうぎ》式の粋《すい》を集めたCFHTは、さすがに巨大だ。適当なところで切り上げてもらう。二時間も経ったろうか。ドームの中は寒いので余計にこたえたようだ。戸外に出て陽の光を見てホッとする。風はあるが、風陰に入ると日向ぼっこをしているように暖かい。とても四千メートル級の山の頂とは思えない。

「海底から計れば世界一の高山ですよ」

案内者は、もう慣れていて少しも疲れないらしく、元気良く威張ったゼスチャーをして両腕を広げた。

「あそこに見えるのが本当の山頂です。神聖な峰として、手をつけないのです。でも歩いて登るのは許されていますので、行ってみますか」

「いや、またの時にします」

そこで下りることにした。高度が下がるにつれて、急速に体が楽になるのが判った。

ハレポハクは、雨が上がっていた。

「石室を見ますか。ハレポハクはハワイ語で『石の家』です。昔の狩猟小屋です。あの裏手の石を積んだ入口の見える所がそうです」

「こんな所で何を撃つんですか」

「いるんですよ。カモシカとか山鳥とか。猟期が限られてますがね。何しろここは保護地域だから」

見渡したところ、動物などいそうには見えなかった。

「カム・アゲイン。観測者が一人下りるから、帰りは同乗して行って下さい」

それは若いアメリカ本土の東海岸から来た学生風の人だった。彼の運転も、田辺君に較べて上手というほどではない。我々を海辺のホテルまで送ってくれた。

その夜は、マウナケア山行きが済んで、ビールを飲んでもよいことになった。ホテルのレストランは高級すぎるといけないので、ピザを食べに出た。

「日本がマウナケアに望遠鏡を造れるかな」

　僕は若い二人に感想を求めた。

「こりゃ先生、やっぱり大変ですよ。今の日本じゃ絶対無理ですよ」

と一番若い田辺君が言う。彼には議論を混乱させる趣味がある。

「だろうね」

　僕は支持をとりつけたような、一方では馬鹿にされたような、面白くない気がする。

「尾中君もそう思うかい」

「まァ、やり方次第でしょう。頑張れば何とかなるんじゃないですか」

　これも彼一流の返事だ。この「頑張れば何とかなる」が曲者《くせもの》なのだ。

「頑張って死んだ人もいるからなァ。甘いんじゃないか」

「そうですよ。そんなの甘いですよ」

と田辺君が面白がって加勢をする。

「で、先生、造るんですか」

　田辺君がたたみかける。ビールをまた注文する。

「それを考えてるんだよ。だから訊ねたのさ」

　その晩の僕には、本当に判らなかった。

　天文研究所のジョン・ジェフリース所長と副所長のシドニィ・ウォルフ女史、それにマウナケア担当秘書のジンジャ・ブラッシュ嬢は、我慢強く僕の質問に答え、必要書類や資料のコピーを作ってくれた。

日本を含め、外国が希望するなら、ハワイ側としては建設を受け入れる用意はある。そのためには、まず覚え書き（MOU）を取り交わす。そして実際の用地開発と望遠鏡の建設・運用についての協定書（OSDA）の案を作る。それと並行して場所を選定する。マウナケア山頂一帯はハワイの州有地だが、科学保護地区として特別立法によってハワイ大学に貸与されている。それをハワイ大学が外国に再貸与する形になる。地代は年一ドルだが、望遠鏡時間の一部を割り当ててもらって、学術的に貢献してもらう。保護地区に建てるので、厳しい公聴会を経た上で、土地資源局の審査がある。そのために事前に環境アセスメントをする。埋蔵物調査、植生調査、動物調査、排水汚染調査、等等。電力は山頂のディーゼル発電で、これも度を越すと環境を汚染する。水はすべて下からタンクローリーで上げる。中間宿泊施設運用や道路保守などのための共通経費は分担制である。今までに州や大学、マウナケア観測所の参加国が相当な投資をして来たので、相応の加入分担金は別途払ってもらうことになる。手続きがすべて終わって建設にかかる前に、協定書にサインをする。その頃には建設作業員の宿舎をハレポハクに建ててもらうが、保護地区なので、使い捨て式の普通の仮宿舎ではいけない。これも環境アセスメントを通らなくてはならない。

「あとは、また、いずれ。話した部分で解らないことがあったら訊ねて下さい」

と言われても、どこが解らないかが判らない。解らないと言えばすべてが解らなかった。山ほどの英文の書類をトランクに詰めて、僕らは帰途についた。最後の大きな図面のコピーは、ホノルル空港の出発ロビーで受け取った。

国境を越えて

一

一九八二年の夏休みに、ドイツ学術交流会（DAAD）に、「再訪問プログラム」を申請して認められ、約三カ月間のウタと一緒のドイツ滞在が実現した。DAADでは、昔面倒をみた留学生のうち、その後その分野で育った人々を、再度ドイツに招く制度をもっている。僕はこのチャンスを活かして、ハイデルベルクのマックス・プランク光学天文研究所に滞在し、その間に、イタリアのシシリー島で開かれた研究会に出席し、続いてギリシャのパトラスで開催された国際天文学連合の総会にも行った。シシリー島カタニアでの研究会も、パトラスの国際天文学連合の総会も、行事続きで疲れたが、地中海のキラキラとした海辺の集まりで楽しかった。エトナ火山や、タオルミナの古代劇場や、オリンピアの遺跡等々も見る機会に恵まれた。

今回の国際天文学連合総会の直前に、会長のバップさんが急死された。インドを代表する天文学者で、アジア初の会長だったので、本当に残念なことだった。日本人でも分科会の組織委員や委員長を務める人は少なくないが、会長や、何人かいる副会長などの上級役員を務めたのは、故萩原雄祐先生の副会長の例だけだった。「日本に国際天文学連合の総会を誘致しよう」という動きがあったが、そのためには、誰かを会長周辺の役員に送りこまなければならないと思われた。「力を合わせてロビー活動をやって実現しよう。今年から末元先生の後を受けて東京天文台長になられた古在由秀《こざいよしひで》先生を推そう」と一部の者たちで相談し、パトラスでは、総会の日本誘致へ向けての打診を始めた。打診をしながらも、

(天文学者は質素だから贅沢な会議でなくてもよい。でも、「文化の源《みなもと》としての天文学」の国際会議を、今の日本がやりおおせるだろうか)

と少し心配になった。ギリシャは天文学発祥の地だ。クーラーのない暑い大学のホールでも、何だかその企画には底力があるように感じられた。この総会で、僕は第三十六分科会「恒星大気理論」の副委員長に選出された。

このとき僕が滞在先としてハイデルベルクのマックス・プランク研究所を選んだのは、その頃病気がちだったウタの母親ヨハナの住むマンハイム市に近いこともあり、また十年前にハイデルベルク大学の客員教授として一年間を過ごしたこともあったからだが、何よりも、この新しい研究所が、ドイツの大望遠鏡計画に伴って新設されたからだった。

西ドイツは、ヨーロッパ南天天文台（ＥＳＯ）に加盟して南米チリに望遠鏡を置いたほか、独自に北半球の適地を求めて、早くからスペインのシエラネバダ山系の高地、カラ・アルトに、三・五メートル望遠鏡を主力とする天文台を開設する計画を進めていた。三カ月この研究所に滞在する間、シシリー島での「フレア星」に関する招待講演の準備をしながら、所長のエルゼッサー教授に話を訊《き》いた。

「何故カラ・アルトに決めたのですか」

チリでもハワイでもない、スペインだ。同じスペイン領でもイギリスは、大西洋に浮かぶカナリー諸島の一つに、すでに中型望遠鏡を移設したが、さらに四・五メートルのハーシェル大望遠鏡の建設計画をもっている。カナリー諸島はハワイ諸島に似て、大洋に浮かぶ火山島だ。三千メートルの山頂は相当に良い条件を備えているが、山が痩せているせいか、道はハワイやチリよりも嶮《けわ》しい。また東にアフリカ大陸の広大なサハラ砂漠を控えて、砂塵のために日暮れには低い空が赤く染まるという。

「陸続きだからですよ」

大柄なエルゼッサー教授は、ゆったりと言ってニコニコと笑った。

「何しろここからトレーラーで走っていけるのでねえ。大きな望遠鏡は、造るのも大変ですが、それ以上に維持運用が大変ですよ。建造は企業と一緒ですが、維持運用はこちらの責任ですからね」

三・五メートル望遠鏡はドイツのカール・ツァイス社で製作中で、カラ・アルトには既にそのためのドームが出来上がっているという。今、動いているのは対をなす一・五メートル望遠鏡だ。

ハイデルベルクの山の上に在るマックス・プランク研究所の一階と地階は、まるで工場になっている。とりわけ地階の機械工場は立派で、ここで相当な大物機器の製作も可能と見受けられた。そこで働く技術者や工学者の意気込みもなかなかのもので、ちょっとやそっとの天文学者は弾き飛ばされそうだ。もともとドイツは職人の優れた伝統をもつ国だ。物造りがすべての基本だ。この工場では、人工衛星に搭載する赤外線望遠鏡の製作も手がけている。工学・技術陣が職員の半数くらいを占めていると見えた。

「カラ・アルトで観測させてもらえませんか」

東京からの手紙で触れておいた願いごとを、懼《おそ》る懼る訊ねてみた。

「よいでしょう。来月初めに所長預かりの時間が少しある。何をしたいのですか」

「SS433の近赤外測光をしたいのです」

「よいでしょう。誰かのプログラムに付け加えさせましょう」

日本でも次期望遠鏡計画を検討しているのを知って、僕の願いを叶《かな》えてくれることになった。

バルセロナで小型機に乗り継ぐと、次はイベリア半島南部の海岸の砂原に降り立った。タクシーで地元の机一つの連絡事務所に行くと、運転手がジープで天文台まで運んでくれた。白土の山肌にへばり付くように建っている山村を次々と縫って、開《ひら》けた丘陵の頂《いただき》に出た。這《は》い松などが茂っている。そこがカラ・アルト天文台だった。チリやハワイに較べて、まだ植物が育つ環境にあることが、一目で判った。天文台の建物や人々の生活も、本格的な高山とは違って、ややゆとりが感じられた。

僕に時間をさいてくれたのは、助手のレンツェン博士だった。彼は若い星が誕生しつつある暗黒星雲の構造を研究している。何によらず「誕生の過程」は神秘に満ちているが、星だってそうだ。どんな質量の星がどれだけ生まれるのか。星間物質が濃く集まっている暗黒星雲の中では、たくさんの星が一時に生まれている。眼に見える可視光を通さない暗黒星雲も、波長がより長い赤外線でなら見通すことができる。赤外線測光器を一・五メートル望遠鏡に付け、望遠鏡を少しずつズラして測り、暗黒星雲の中心部分の赤外線強度分布図を作る。

同じ装置で、僕は「SS433」をじっと測り続けて、その赤外線強度の時間変化を探りたい。「SS433」というカタログ番号の星は、水素のアルファ輝線を放っていて、何か星の周りに輝く雲を持っている天体の候補となっていた。ところが最近の分光観測から、この水素の輝線の波長が大きく変化していることが発見された。この変化が発光体の運動によるものだとすれば、水素雲の速度は光の速度の数分の一という驚くべき結果になる。輝線は二つの波長に現れて、これが相反する二方向に放出される双対《そうつい》ジェット流のようなものであることを示唆していた。

銀河の世界では、その中心核から巨大な高エネルギーの双対ジェット流が放出されている例がたくさん見つかっている。しかし、身近な恒星の世界に、そんな超高速のジェット流が存在するとは、誰も想像していなかった。SS433は電波もエックス線も出している。光の望遠鏡を使った分光観測や測光観測から、これが連星系であることも知られていた。一方の星から物質が剝ぎ取られて、もう一つの中性子星かブラックホールのような高密度の天体に引き込まれ、そして何かの物理機構で、双対ジェット流として再び撃ち出される。星が誕生する際にも、集まって来た星間物質が星に向かって降着《こうちゃく》していくが、そこでも双対ジェット流現象が次々に発見されている。先輩の内田豊さんは、「磁場の捻《ねじ》れが源だ」という理論を提唱している。僕はこの星を赤外線で見てみたかった。相手の星から引き出されて高密度星に降着していく物質は、円盤状になっていて、外周部分は、比較的に温度が低いかも知れない。またジェット流として放出された物質は、星の周りを雲や塵として包んでいるかも知れない。それならば赤外線でも光っているはずだ。とにかく見てみたいと思った。

カラ・アルトはグリニッジよりも西に位置している。それなのに、陸続きということで、ヨーロッパ中央標準時を採用している。夏には夏時間もある。だから、太陽の位置と時計が二時間近くズレた感じだ。昼間のチームが五時に引き上げて、夕食になる。まだ陽は高い。観測ができるようになるのは夜の十時近くだ。レンツェンさんと夜番の職員と、食堂の隣の娯楽室のテレビの前に座って待つ。測光器は十分に冷え、ドームは東に向けて半開きにしてきた。テレビでは闘牛の中継が始まって、三回か四回やったところで、薄暗くなった。外に出てみたら、アフリカ大陸の方角の低い空が赤かった。その日の夜空は、よく安定していた。結局この時の観測は、いわゆるネガチブ・リザルトで、特に面白い事実は見つからなかったが、結果はレンツェンさんとの連名で学術誌に報告した。

カラ・アルトからドイツに帰った僕に、

「やっぱり望遠鏡は自分たちで造って、良い場所に置くべきよ」

と、ウタはいつものように持論を言った。

「そう言っても、いろいろと難しいことがあるのさ。そう簡単な話じゃないよ」

僕の気持ちは相変わらず「国内設置」と「海外設置」との間で揺れていた。

「スペインには造れないの」

「いずれにしても、日本から遠すぎるだろうね」

エルゼッサー所長の話と考え合わせると、スペインのような遠いヨーロッパの懐《ふところ》に日本の望遠鏡を置けば、その運用はまず不可能のように思えた。

日本への帰途は、ハイデルベルクから夜行寝台車でローマに行き、ローマ見物をしてから飛行機に乗り継ぐ予定にしていた。揺れる寝台車の中で、僕は眠れないままに思案した。

（軌道望遠鏡をやるか、地上望遠鏡をやるか、それとも両方とも誰かに任せて銀河の研究に専念するか。いろいろな行き掛かりや立場はあるけれども、詰まるところは自分次第だ。停年までは、あと十五年だ。とにかくこれから先は、どれか一つに絞らなければ、納得のいく仕事はできない。体ももたない。その中で、僕を一番必要とするのはどれだろうか。僕でなければできないのはどれだろうか）

強いてそう考えていくと、行き着く先は「大望遠鏡の海外設置」だった。

少なくとも「海外」の難しさを解る人でなくては、これはできない。僕はたまたま国際結婚をしている。ウタも僕も、国家や国境というものが持つ意味合いとその複雑さを、他の人たちよりもずっとよく知っている。そしてそれだけに、異なる文化の掛け橋となって「国境を越えたい」という思いも強かった。

（天文学のためと言うよりも、自分たちのためにやってみようか。国境の壁を越えて、国籍にこだわらない仲間の世界を広げるために）

と、思いを巡らすうちに、次第にそうした気持ちが強くなってきた。自分のやりたい「海外設置」への想いが、理性には受け入れられないのに、業のように断ち切れない。心の奥では、そこに無理やりに理屈を付けているようにも感じられた。

(今日はこれ以上は考えまい)

思考を中断して、夜汽車の揺れに身を任せた。

二

日本の次期大型望遠鏡計画の行く手は依然として混沌としていた。この年、一九八二年には、長野県野辺山《のべやま》に大型の電波望遠鏡も完成し、試験観測を開始した。世界各国の三～四メートル級の光学用あるいは赤外線用の望遠鏡は、着々と成果を挙げ始めている。それなのに、光学天文連絡会を軸とする次期光学望遠鏡の議論は、苦渋に満ちたものだった。

まず国内に、東京天文台が新技術の三メートル望遠鏡を造る。三メートル以下でなくてはならない。それより大きくては、日本の空では過剰投資だ。それにあまり多大の経費をかけると、東大以外の、京大などで計画している二メートル程度の望遠鏡の予算要求と両立しない。まずこの二つの望遠鏡の実現が先決だろう、という筋書きだ。

こうした議論はそれなりに日本の現状を反映していたが、誰もが納得して晴れ晴れとした気分になれるようなものではなかった。

そんな頃、刘彩品《リユウサイヒン》さんから、「中国を訪問しないか」と話があった。「大望遠鏡の建設候補地を訪ねてみて下さい」という。

東京大学大学院天文学科の女子学生だった刘さんが、理不尽にも不法滞在を理由に日本から国外追放になり大陸に渡ったのは、大学紛争の余波がくすぶっていた十年も前のことだ。運悪く遭遇した文化大革命の嵐が通り過ぎて、彼女は今、南京の紫金山天文台の副台長格、そして全国人民代表の一人だ。日本人の夫との間に二人の子供がいる彼女は、数年前から日本の天文関係者を中国に招いて交流を図っていた。久しぶりに会った小柄な刘さんは、昔と変わらぬ優しい少女のような顔立ちながら、その双眼には闘志のようなものが輝いていた。

今回は、京都大学宇宙物理学教室主任教授の小暮智一さん、東京天文台岡山観測所の清水実さんと僕の三人に、三週間にわたって、中国の大望遠鏡建設候補地を見て欲しい、ということだった。中国では一メートル級の望遠鏡がいくつか動いている。太陽の望遠鏡には優れたものもあって、成果を挙げている。今度は十三メートルのミリ波電波望遠鏡が建設されるという。目下二・二メートルの光学望遠鏡を、自力更生策の下に、上海の天文技器工廠《こうしょう》で製造している。その次の四メートル級反射望遠鏡の計画も途中まで進んで、工場まで用意し、建設地調査も始めたが、文革の余波で完全に止まったままだという。日本が次期光学望遠鏡計画を検討しているのなら、共同計画も念頭に置いて、中国の観測所や建設候補地を見てみたら、ということだった。もともと中国に行きたかった僕は二つ返事で、是非《ぜひ》行かせて下さいとお願いした。

中国科学院からきた旅程は、北京に入って香港から出ることになっていた。北京では師範学校や天文台本部を訪ねる。泊まりがけで北京天文台興隆観測所まで足をのばし、観測もする。南京に移って紫金山天文台の六十センチ望遠鏡で四晩観測をする。汽車で上海に移動し、一泊して雲南省の省都、昆明に飛ぶ。そこの雲南天文台を訪れる。それからが本番で、中越国境に近い高地にある少数民族の町、ピンチョワンに行く。ピンチョワンから入った三千メートル級の山岳地帯に、中国の四メートル望遠鏡の、かつての建設候補地は在った。

十月の北京は快晴で、昔から双十節の頃の中国について懐《いだ》いていたイメージにぴったりだった。外国人専用の友誼賓館に宿をとり、天文台や大学を訪れ、万里の長城と明の十三陵に招かれた。北京の街並みは、いつか祖父のアルバムで見たものに似ていた。表通りは広く、並木は高く、天までが高い。大陸的なところは、今も昔も同じなのだろう。

日本よりもヨーロッパに似ている。観測所で夜空を見上げると、星がまたたいていた。乾燥はしているが北緯が高いので、上空の気流が乱れているのだろう。

「日本軍が木を伐ってしまって山が裸なんでね」

と主任の胡さんが言う。日本から送った観測装置は、どこかが故障してしまい、うまく働かない。何とも手の下しようがないので、観測は諦めた。

南京の風は北京のよりも柔らかく心地よかった。あの天安門広場が豪壮だけれどもどことなく空々しいのに較べると、街並みも人間臭さがあるし、ある種の自由さが感じられる。緑も多い。紫金山天文台は名所旧跡に数えられそうな雰囲気で、装置も古い。「渾天儀《こんてんぎ》」のような歴史的貴重品も保存されている。刘さんの命令を受けて三〜四人の人たちが、日本から持ち込んだ装置の故障をなおす努力をしてくれるが、思うようにはいかない。同軸ケーブルやコネクター一つにしても、天文台中探して見つからないこともある。大変な苦労だ。観光の時間を潰していろいろと試みたが、装置の調子は以前よりも悪くなってしまった。（天文台に行くからには何か一緒に観測したい）と考えて持って来たのだが、（やっぱり、やっつけ仕事だった）と反省する。ああでもない、こうでもない、と言いながら、中国側のスタッフと一緒に修理作業をして、お互いを知り合えるのが唯一の取柄だ。いい加減に修理は切り上げて、仏閣や孫文の墓陵詣でに出掛けた。揚子江は刘さん自身に案内してもらった。さすがに広い。空は曇って、灰褐色の水が、尽きることを知らず流れていく。岸辺からスケッチをする。

上海では毛主席の定宿といわれる「西郊賓館」に泊まった。その建物は地下トンネルでどこそこに繋《つな》がっているのだ、と教えてもらった。上海はダイナミックな街だ。黄浦江の岸を埋めて港湾に並ぶ船のクレーンが忙しく働いている。かつての列強の租界の建物が、今では人民政府の役所になっている。北京や南京よりも、東京に似た都会の匂いが感じられた。街で印材《いんざい》を買い、明日の長旅に備えて早めに部屋に戻った。


翌日飛行便を乗り継いで行き、宿舎の「昆明飯店」に着くと、週末の夕方で賑わっていた。少数民族の舞踊ショーがある。ホテルの入口には宿泊客向けのダンスパーティーの案内もかかっていた。

雲南天文台は郊外に在って広かった。望遠鏡のまだ入っていないドームがあちらこちらに建ち、研究棟も大きい。建てかけのドームには男女の作業員たちが蟻のようにたかって、資材を手渡しで組み上げている。ここは東独製の一メートルのシュミット望遠鏡が主力だ。主任は気象学者で、科学院に言われてここに配属されたのだが、

「まだ天文観測には馴れていないのです」

と言った。技術者が交代で説明をしてくれる。米国で作って持ち帰ったという半導体カメラがあるのには驚いた。日本ではその導入が、まだ思うようには進んでいないのだ。

「どんな観測をすればよいでしょうか」

と、主任は頼りなげに我々に訊ねた。

四メートル望遠鏡の候補地、ピンチョワンへの旅程は、土の凸凹道をマイクロバスで十時間かかった。車の振動もあって、疲れが出て居眠りをする。同行の僕より年輩の小暮、清水両氏も眠っている。ところが中国の連中ときたら、休みなく話をしている。大声で議論をしているようでもあり、時々は言い争う声で眼を覚ます。途中でガソリン・ステーションに給油に寄る。厳重な壁に囲まれた道沿いの一軒家で、兵隊が守っていた。

赤土を巻き込んで流れる谷川を崖下に見下ろしながら、マイクロバスは雄大な丘陵地帯を這っていく。土饅頭《どまんじゅう》のような百姓家と墓が、視界を横切る。点々と耕作をしている人影が見える。貧しい。（ここの人々にも恋はあるのだろうか）と訝《いぶか》る。

ピンチョワンのVIP宿泊所に入った時には夕暮時になっていた。中国農村の大きな平屋で、囲いの中の母屋の一室が各自に割り当てられた。軋《きし》む木の床を踏んで、建て付けの狂った木戸を開けると、室内はヴェトナム風の蚊帳《かや》つきのベッドが、仄《ほの》かな灯に照らされている。洗面器一つとトイレットペーパー一巻が各室に配られる。水は庭の水道を使う。便所は離れを裏に回り込んだ所に在る。野原のような所に溝が切ってあって水が流れている。低い板仕切はしてあるけれども、四方山話をしながら用を足せるようになっていて、風通しは至極よろしい。

歓迎会には鯉の丸煮が山のように出た。唐辛子を使って煮込んであって、相当に辛い。「食べなさい。食べなさい」と言われて躊躇《ちゅうちょ》していると、取り分けてくれる。それに強い酒がつく。「乾杯（カンペイ）」だけが中国語で、あとは英語だ。代わる代わるに何かの主任の方々が、乾杯をして挨拶の話をする。そのたびに飲み干して、新しく注ぐ。主任格の人々は英語が曲がりなりにも話せるが、歓迎会に同席した多くの地元の人たちは、英語が苦手のようで、お国の言葉で賑やかにやっていた。囲いの外のピンチョワンの村は、ミャオ族が素朴な農耕牧畜で暮らしを立てているらしい。露天の市場も、野菜を除けば古物市のようだ。土の家が並ぶなかに、一角だけ大きなコンクリートの建物が建設中だった。労働者の横顔にスローガンの漢字の躍る大きな看板が、入口正面に掛かっている。地区の集会所ができるのだという。映画も掛かるのだそうだ。

四メートル望遠鏡の建設候補地は、村からジープで一時間ほど急斜面を巻いて登り、あとは三十分ほど徒歩で行った地点に在った。調査地点には、名残りのコンクリート台や、多少の機材の残骸が転がっていた。ここで二年間、雲量、風速、風向、湿度などの測定をやったのだそうだ。肝心の星像測定がやられていないので、日本から持参の小望遠鏡で覗いてみたかったが、夜は危険だと言われた。この一帯は遊牧民の耕地で、陸の孤島のような所だった。僕らが登って来た時には、年長の人たちを気遣って、ミャオ族の人たちが驢馬《ろば》を用意してくれ、娘たちも着飾って、一緒に写真に納まった。結局星像観測は麓《ふもと》で試みたが、雲に邪魔されて思うようには出来なかった。

最終日に会議が開かれて、候補地の評価をやった。湿度の高いのが、やはり気になった。赤外線観測には水蒸気が少ないほどよい。ここはモンスーン地帯にかかっている。そして何よりも、交通の便が悪く、地元に技術支援のできる町がない。簡単な町工場、自動車屋といった類《たぐい》がない。中国の人たちはそれを余り意に介さないようだったが、日本が大望遠鏡を置くとすれば、致命的な欠陥に思われた。先端的な大望遠鏡の建設と観測事業を支える基盤施設の整備が、とても大変なように思えた。中国科学院が命令を下せば、たちまちに整備されないとも限らないが、日本と中国のかかわりを考えると、複雑な想いにかられた。


雲南を離れる前に、楚雄で昼食をとり安寧で一泊した。安寧では周恩来もしばしば使ったという昔の別荘に泊まった。僕に割り当てられた部屋は書斎風の二部屋で、奥の部屋が天蓋のついたベッドのある寝室になっている。普段は使っていないのだろうか、黴《かび》臭かった。部屋に入ると、鼠が何匹か急いでベッドから駆け下りて行った。

渡り廊下を行った先に、温泉の浴室があった。白いペンキ塗り木造の瀟洒《しょうしゃ》な建物で、入口に白バラが一輪、夕風に揺れている。「ここが着替所です」と案内してくれた少女の赤い頬が、鮮やかだった。鼠のことや、赤茶けた埃まみれの道や、ピンチョワンでの不便な想いが、一度に拭われたような、洗われた心地で浴室に入った。浴槽は真四角で、緑がかった大理石で造られていた。湯は透明で、浴槽の底から湧き出ては縁から溢れ出ている。木造の浴室の内部も真っ白なペンキ塗りで、湯気を抜く高窓も直線的に切ってあった。中国の風物のもつ壮大な曲線に馴れた眼には、単純なこの直線の構図が懐かしかった。

南京に戻る刘さんと別れ、最後の日には桂林を訪れた。石の山から山に渡りながら、日本とウタが恋しくなり始めていた。帰京して、翌十一月から東京天文台に籍を移し、三月末まで理学部教授を併任することになった。

三

うちの三人の娘たちは、欧亜系混血特有の可愛らしさがあって、年頃になると急にもてはやされて戸惑っていた。「ハーフ、ハーフ」といじめられてきたのが、いつの間にか「ダブル」の希少価値が認められるようになった。僕もウタも、これには悪い気はしなかった。正月にあり合わせの着物でも着せると、とてもよく似合った。しかし、そんな感慨に浸ることのできる正月は、この年が最後となった。

三月末でいよいよ本郷の東大天文学教室の部屋を引き払うことになった。十二年前にその部屋に入った時に、根津の花屋で買ってきた鉢植えのポトスが伸びて、物置き机の上一面に這っているのを片づけると、それが最後だった。僕の学生時代からを知っていて、ずっと世話をしてきて下さった事務の本木たい子さんと磯田幸子さんは、僕のようなズボラな男が天文台に移ってやっていけるかどうか、心配していた。

「先生、大丈夫ですか。身体にお気をつけて下さいね。それでなくても忙しい方だから」

本木さんも、天文台の方が気疲れするに違いない、と踏んでいるらしかった。

その予感は的中して、四月からは天文台の教授が担う雑務に追われる羽目になった。天文台は学生と一緒の教室と違って、いわば現業の事業所だ。自分よりも年上の人たちが、天文台に根が生えたように暮らしていて、僕よりもよく物事のいわれを知っている。三鷹市の東京天文台の構内には、夜間業務のための古い官舎があって、かなりの職員がそこに住んでいた。今度初めて分かったことだが、かつて少年の日に通い、後に二〜三年間助手を務めた天文台の「三鷹村」には、僕の知らなかった多くのしきたりが受け継がれていた。それには勿論《もちろん》良いものも少なくなかった。けれども僕が一番苦にしたのは、欧米の天文台がもっている知的な研究所の雰囲気がどこか乏しく、天文事業をやっているお役所という性格のあることだった。

杉並の家からは、本郷の教室へも三鷹の天文台へも、行くのに同じくらいの時間がかかった。教室は十時に顔を出せばよかったのに、天文台は九時前には出勤していないといけない。五時を過ぎると事務官や技官の大勢は「退庁」する。特別なことがない限り朝食と夕食は家族揃って食べる習慣を守っていた我が家では、いずれにせよ娘たちに合わせて早起きしていたので問題はなかったが、その業務主体の雰囲気には、なかなか馴染めなかった。

僕は分光部に配属されて、教授会の下に置かれた将来計画委員会にも顔を出すことになった。分光部は、宇宙空間から太陽や星を観測する分野を担当していて、真空紫外線用の実験室を持っていた。天文台の中で実験室らしい実験室というとここしかない。僕は相変わらず銀河の研究をしながら、引き続き本郷の天文学教室の田中済君らと一緒に、成層圏気球望遠鏡や紫外線望遠鏡をロケットに搭載する実験をやっていた。それらの開発実験の目標である「紫外線天文衛星計画（UVSAT）」をできるだけ早く実現することが、分光部教授としての僕に課せられた役割だったが、こちらは遅々として進まなかった。地上からの観測の予算は東京天文台が中心となって担当しているが、大気圏外からの観測は、予算上は宇宙科学研究所の担当だ。そのせいもあってか、東京天文台の将来計画委員会では、次期大型光学望遠鏡計画の予算要求の具体化が急務となってきて、主要観測部門の教授の一人である僕も次第に後には引けない状況になっていった。

それまでに光学天文連絡会がまとめた「国内三メートル」案は、多くの人に「妥協の産物」と受け止められていた。まず口径三メートル以下の新型望遠鏡を国内に造り、次に海外適地に二メートルクラスのものを造る。その上で大望遠鏡を考える、というものだ。僕は密かに、大望遠鏡海外設置の可能性を、とことん調べてみようと決心していた。

（調べた上で駄目なら仕方ないではないか。しかし、調べもしないで諦めてはいけない）

そんな理屈を並べていたが、僕の頭にはいつも、ローマ行きの夜汽車の中での想いがつきまとっていた。

（僕にとって一番やり甲斐のあることをやろう。それで倒れても仕方がない）

ある日思い切って、天文台の将来計画委員会の人たちに訊ねてみた。

「予算や制度の条件を度外視して、学問的に考えたら、やはり海外に設置すべきだ、と思いませんか」

「それはそうです」

かなりの人数が積極的に答えた。僕はやっぱり徹底的に調べてみようと決心した。

その頃偶然に、文部省の高官と隣り合わせに座る機会があった。それはドイツ学術交流会の賓客の来日を機に、ドイツ大使が内輪の昼食会を開いて、東山魁夷《かいい》画伯や文部省

関係者を招いた席だった。食事も済んで座が寛《くつろ》いだのを見計らって、

「ハワイかどこか、海外に大望遠鏡を造れないものでしょうか」

と、水を向けてみた。すると、

「天文台が国立の研究所にでもなればですね」

と、意外に素直な答えが返って来た。臨時行政改革委員会が設置されて、行政の簡素化が検討される枠組みの中で、文部省は大学から付置研究所を切り離して、直轄の国立研究所として整備する方針を打ち出していた。直轄にして、一大学に付置せずに、全国の大学の共通の研究所、いわゆる「大学共同利用機関」にする。これならばナショナル・プロジェクトを担うこともできる。すでに「高エネルギー物理学研究所」が筑波学園都市に設立され、「トリスタン」と呼ばれる加速器計画が進められていた。加速された粒子同士が衝突する際には、宇宙初期と同じくらいの高密度・高エネルギーの時空が瞬間的に再現される。物質の本質を探る素粒子物理学と天文学の宇宙論は、密接な関係にあった。隣席の文部省高官は、同じようなイメージで、天文台と望遠鏡について答えたのだった。文部省の直轄研究所や国立大学の付置研究所が採点され、「東京天文台は存続の方に点がついているらしい。しかし近い仕事をしている緯度観測所は危ない」という噂も耳に入っていた。

「水沢の緯度観測所とも合併して」

と、高官はこともなげに、そう付け加えた。

(そうか、東京天文台という枠組みで考えていたけれども、国立の研究所としてなら、海外大望遠鏡も少しは実現しやすそうだ)

何処か僕たちの知らない所で、知恵者が相談をしているようにも思えた。後になって、「学術審議会」というものがあって、そこで偉い先生方が決めているらしいことを知った。

「まあ、いろいろな考えの方々がおられますからね。国立論者と大学論者と……。文部省の中にも」

その高官はこう付け加えるのを忘れなかった。

またその頃から、国会議員さんとお付き合いをすることになった。僕にとっては偶然だったが、東京天文台の磯部琇三《しゅうぞう》さんが、大学での運動部仲間だった議員さんに望遠鏡の話をしたのが契機だったらしい。それは自民党の与謝野馨《かおる》さんで、ご自分もアマチュア天文家、二十センチの反射望遠鏡を持っている。与謝野さんは加藤紘一《こういち》さんを表に立てて、「大望遠鏡計画推進議員連盟」というものを発足させた。椎名素夫《もとお》、船田元《はじめ》、保利《ほ り》耕輔、笹山登生《たつお》、林寛子《ひろこ》(扇千景)氏らが名を連ねていた。

磯部さんは新技術望遠鏡の推進に熱心で、当時アメリカのアリゾナ大学で開発を進めていた「ハニカム鏡」の研究に取り組んでいた。日本からもアリゾナにチームを送って実験の手伝いをし、また日本のガラス会社と共同で実験試作を繰り返していた。「ハニカム鏡」というのは、ハニカム、つまり蜂の巣のように縦穴が並んだ構造の鏡で、力学的には無垢《むく》の鏡と同じくらいに強いが、格段に軽い。大望遠鏡の大型の鏡となると、自分の重さによる歪《ひず》みが無視できない。大望遠鏡への鏡の歴史は、この自重歪みの克服と、温度変化に伴う熱変形との闘いであった。少年時代に手にした『パロマーの巨人望遠鏡』には、その生みの親ヘール博士の闘いの記録が記されている。パロマーの二百インチ鏡は、軽くするために裏面にいくつもの六角形の穴が鋳込まれた。ハニカム鏡はそれを一歩進めて、鋳造の際に細かい六角形の縦穴を内部に造ろうというのである。複雑な鋳型に溶けたガラスを流し込み、冷えてから内部の六角形のコアを砕いて取り出す方法が研究されていた。この細かな鋳型にうまく流し込むには、粘性の低いガラスが適していて、それには日本製のガラスに良いものがあった。

(このハニカム法が良いのか、それとも薄い軽い鏡をロボットの腕で支えて、歪みや熱変形をとるようにコンピュータ制御をするのが良いのだろうか)

僕はむしろ、今までの硬い構造を捨てて、薄い柔構造に発想の転換をしてはどうか、と考えていた。それは銀河の研究を通じて、大型の電子計算機が使えるようになってからは、それまで全く想像できなかったことができるようになったのを経験していたからだった。また、銀河の円盤の振動の問題は、そのまま円い薄い鏡の力学解析に応用できそうに思えた。どちらがよいか、それもきちんと調査研究してみないと判らない。磯部さんは、ハニカム方式について、熱心に研究を始めていた。

僕らはそんな共通の問題を抱えて、「大望遠鏡計画推進議員連盟」の朝食会に出席した。そこでは欧米の技術者が新しい大型と目している十六メートルとか二十五メートルの鏡の話が出て、意識の差が感じられた。しかし議員さんたちの話しぶりから、大望遠鏡の予算をつけてもらうためには、学者だけで話しているのでは到底駄目で、何かもっと国政の仕組みに絡んだ手順が要りそうなことが窺《うかが》えた。「文教族」という議員さんたちがいることを知ったのは、それから間もなくのことだった。朝食会は何度か催されたが、その議員連盟が何らかの政治的活動を始めるということはなかった。それでも、新聞のゴシップ欄で取り上げられたりすると、天文台長からはお叱りを受けた。「学者として上滑りにすぎる」という批判を免れ得ないからだった。しかしこの議員連盟の一部のメンバーの方々には、これが縁で後々までお世話になることになった。

四

東京天文台に完全に職場を移した一九八三年の夏に、ハワイで観測をしたいという念願が叶《かな》えられることになった。東大が創立百周年を記念してこしらえた基金に申請して、十日間ほどのハワイ行きが実現したのである。ウタが病気の母親、ヨハナを助けるために休みのたびにドイツに行くことや、僕が望遠鏡の調査を兼ねて方々の国に出掛けることが重なって、家計はかなり圧迫された状態だったので、東大からの補助は大変に有り難かった。ちなみにこの年には、まとまったものだけでも、僕がハワイ、イタリア、イギリス、フランス、アリゾナと五回、ウタはドイツに三回出掛けている。

ハワイでの観測は、スペインのカラ・アルトで試みたのと同じように、超高速ジェット流を放つ「SS433」という恒星の近赤外測光だった。ハワイ大学の二・二メートル望遠鏡が一週間、それと並行して六十センチの可視光の測光望遠鏡が十日間割り当てられた。本郷の東大天文学教室の気球仲間中田好一君がちょうどその頃アメリカ本土からの帰途にあるというので、彼とペアを組んで、可視光と赤外線の同時測光を行うことにした。観測と同じかそれ以上に重要な目的は、マウナケア山頂の観測条件や、国際観測所の設置条件を調査することだった。

初日はホノルルのハワイ大学天文研究所に寄って、ジェフリース所長に、望遠鏡建設の条件などについてお訊ねし、日本の議論の状況などを報告した。僕が海外調査を重ねているにもかかわらず「海外設置」に対しては依然慎重な姿勢を崩さないので、出発前には、日本国内の意見の対立する人たちから、「おまえが悪いからハワイ設置が実現しないのだ、とハワイ側にも伝えてある」とさえ言われてきた。しかしジェフリース所長は懇切丁寧に重ねて条件を説明し、特に注意すべき点、目下貸せる山頂の候補地点などを教えてくれた。いつしか日本での窮屈な議論を忘れて、大きな天文学の世界に溶け込んでしまい、何とはなしに、日本だって仲間に入れそうな気分になって、翌日マウナケア山にやって来た。

二年前に見学に来た時にはなかったが、二千八百メートル地点のハレポハクに、今では立派な国際共同の宿泊所が完成していた。木造の二階建が四棟ほど、斜面に沿った渡り廊下でつながっている。自然と調和した美しいデザインだ。入ると明るい大きな食堂ホールで、その南にひらけたベランダが雄大なマウナロア山に向かっている。反対側の壁には、参加国のイギリス、アメリカ、フランス、カナダの地図が額に入れて掛けてある。ボサボサの髪の女性が一人、遅い朝食をとっていた。読み散らかした新聞がテーブルに広がっている。調理場の窓は既に閉まっていた。

ハレポハクに泊まっている観測者たちは、日本が次期望遠鏡の計画を検討していることを知ると、自分たちのことのように真剣に一緒に考えてくれた。実際、マウナケア山頂の望遠鏡は大小あっても、場所が良いだけに、「どれもが一流」と言ってよかった。ここに来る誰もが一つの仲間だった。食堂では昨晩の興奮するような観測結果が飛び交い、「それじゃ今晩、こちらでチェックしてみよう」とか、「来月、こちらの装置で分光観測をしてみよう」という話に発展した。

　七月のことで、日本の服装のままでハワイ島まで渡れたが、山頂の夜はさすがに寒く、特に小さくて風が吹き抜ける六十センチ望遠鏡のドームでの観測準備では、寒さが身にこたえた。ハワイに着いた日から少し頭痛を訴えていた相棒の中田君の容態が明らかに悪くなったのは、四日目のことだった。最初の日は準備だけをしておいて、二晩目から観測に入ったのだが、いつもの中田君らしくなく元気がなかった。アスピリンを飲んだけれども効かなかったらしい。三日目になると食欲がなく、その夜はハレポハクで休むように、と言っても僕につき合って山頂のドームに登ったものの、観測室の床に横になってみたり、酸素吸入器をつけてみたりしていた。そして翌四日目の昼食時には、全く食べないばかりか、「胸の中でゴロゴロする」と言い出して、青い顔をしている。

(これはいけない、肺水腫の怖れがある。高山病がひどくなったのではないか)

　僕は彼を説得してただちに車に乗せ、麓のヒロ病院に運び込んだ。やはり高山病が進んでいるらしく、そのまま入院と決まった。高山病は難しい。特に山男とかテスト・パイロットとか、皆頑張り屋の男たちのことが多い。早期に気づけば、低地に降りると何でもないのだが、少し頑張ってしまうといけないのだ。

　その日からは、夜観測して、翌日の昼食後に病院に見舞いに降りて戻り、夕食、観測、という厳しい日課となった。六十センチ望遠鏡での同時観測は中止して、二・二メートル望遠鏡での近赤外測光に集中することにした。

中田君は一昼夜経つとケロリと治って、食欲も出た様子だった。

「もう何ともないんだよ。入院費もかさむし、出たいんだけど、先生がOK出してくれないんだ。もっとも看護婦さんたちはとても親切で居心地は悪くないね」

と負け惜しみを言った。結局今回は、残りの観測は一人でやることになった。


「何やってるんです」

六日目の夜半に、ハワイ大学学長のフジオ・マツダ博士が視察にやって来た。フジオ・マツダ氏は工学博士で、日系人初のハワイ大学学長だった。小柄な好々爺《こうこうや》といった感じの人だ。

「光速度に近いジェットを放出している恒星の赤外線の強さの変動を測っているのです」

「どれ、どれ」

氏は案内鏡の中で躍っている白い光点を眺めた。

「こんなものですか」

「はい」

「これを調べて何になるんです」

「どうして光速度に近いジェットを放出できるのか、その手掛かりを探りたいのです」

「何か役に立ちますか」

「うーん。すぐにはどうですか」

マツダ学長は少しつまらなそうな顔をした。

「日本でもここに望遠鏡を造りますか」

「いろいろ検討中です。ジェフリース所長にもお世話になって調べています」

その時になって、学長の後ろに立っている案内者が、ジェフリース所長のマウナケア担当秘書のジンジャ・ブラッシュ嬢なのに気がついた。彼女はこの夜道を車を運転して学長を案内して来たのだ。ジェフリース所長の心遣いかも知れないと思った。

「だいぶ前に、私も日本でお訊ねしたことがあるんです。マウナケアに関心をお持ちかと。その当時は、ない、というお返事でした」

「僕は是非ここに造りたいと願っているのです。今後は何かと宜《よろ》しくお願いします」

僕は一気に言った。

「どうぞ、何かお役に立つならば」

アノラックのフードの中から、日系人訛りの少し残る英語で、氏はゆっくりと、しかしはっきりと答えて、ドームの階段を下りて行った。

その晩はよく晴れて、明け方近くにはＳＳ４３３以外にも観測してみようという気になった。せっかくハワイで観測できるのだからと、日本を出発する前に、日本のエックス線観測衛星で発見された銀河中心方向の「エックス線バースター」のおおよその位置を教えてもらってきていた。「エックス線バースター」は、時々爆発（バースト）的にエックス線の強くなる「エックス線星」だ。一般的に言って、光では目立たないのにエックス線放射の強い天体が「エックス線星」として発見される。ところが「バースター」のエックス線は、普段は弱くて観測にかからないので、位置も測りにくい。光学観測の歴史は永いので、光学天体を同定できると、一挙にいろいろな情報が増える。けれども、エックス線望遠鏡は光学望遠鏡ほどの解像力がないので、その位置情報からだけでは、すぐには対応する光学天体を見つけることはできない。天の川の中心方向の「バースター」の多くは、球状星団の中に在ることが知られていた。球状星団の中は星の密度が高いので、それだけ珍しい天体の存在確率も高い。

（天の川に近いので、星間塵《せいかんじん》の吸収が強く、見えないのかも知れない。塵の吸収で隠されている球状星団ならば、吸収を受けにくい赤外線で探せば見つかるのではないか）

そう思ってデータを貰って来たのだった。

その頃の赤外線観測は、天空の一点ごとにしか測れなかった。望遠鏡を少しずつ動かして、一点一点の測定をしながら、強度分布の地図に当たるものを作らないと、見えな

い エックス線星を探り当てることはできない。一点一点をあまりこまかくとると、広い範囲を探すことはできない。エックス線衛星の観測は、小田稔先生の考案になる「すだれコリメーター」を使ったもので、エックス線星の存在すると予想される天空上の領域は、僕の手元の星図の上で、かなり広がった菱形《ひしがた》の「エラー・ボックス」として描かれていた。明日も観測できるかどうかは判らないので、事前に検討しておいたとおり、比較的大きな升目《ますめ》で、まず粗《あら》く広い範囲を探査することにした。

一点一点の四波長でのデータが打ち出されるごとに、固唾《かたず》を飲んでプリンターの数字を待った。星図に載っている星のところでは、大きな値がちゃんと出る。そのうちに予定の半分を過ぎた頃、星図には星のない所で大きな振れが検出された。別々の四つの波長でいずれも大きく振れているので、これは確かだ。そこをさらに詳しく観測するか、計画どおり広域の探査を続けるか。迷いながらもその赤外線天体の位置を概算する。確かにエラー・ボックスには入っている。エックス線観測で使った天空の座標系は一九五〇・〇年原点のものだったはずだが、間違っていないか。今の望遠鏡の位置は、エラー・ボックス付近の位置基準星を起点として測ったものだ。

（明日もう一度計算し直して確かめてみよう）

あと二〜三のずっと弱い赤外線天体がかかっただけで、予定の領域の探査は終了した。もう一度近くの位置基準星に戻って望遠鏡の赤経・赤緯を記録する。夜明けが近づいて少し薄明が始まったらしい。月も結構明るい。しかし赤外線観測は、月や太陽の光の大気中の散乱光の影響を受けにくいので、もう少し頑張ることにして、例の明るい赤外線天体に戻って、注意深く周囲を測る。どうも広がりがある様子だ。しかしもう高度が低く、大気の状態も良くないので、広がりは単なる星像のボケかも知れない。思い切れないのをやっと断念して、明るさの基準星に向けてデータをとる。ざっと見積もって、候補天体の明るさは波長二・二ミクロン帯で八等級相当だ。

未知天体の観測の場合、近くの基準星に準拠して位置と明るさを複数回測っておくことが鉄則だ。位置や明るさを特に精密に測ってある基準星は数が限られていて、空のどの方角にでも在るわけではないので、観測計画を立てる時に、あらかじめ利用する星を選んでおく。

翌朝は早起きした。今日が二・二メートル望遠鏡に割り当てられた最後の晩だ。中間宿泊施設の個室の小さな机の上に記録帳を広げる。昨晩のエックス線星探査のデータを取り出して、各波長帯での明るさ、基準星との相対位置などを、ポケット電卓で計算する。単純な足し引きなのだが、引くのと足すのとを間違えたり、高地のせいか、寝不足のせいか、興奮しているせいか、やるたびに結果が違う。自分に腹が立ってきた。明るさの波長による変化は、球状星団が星間塵の吸収を受けているとして説明できなくはない。しかし明るさの絶対値は、その程度の吸収ならば暗すぎないか。位置は昨晩概算したのよりも、エラー・ボックスの端に寄っている。この赤外線天体がエックス線源と同じかどうかは断定できない。球状星団ならば、中心の明るい部分しか見えないとしても、一個の恒星よりは広がって見えるはずだ。その広がりが、いま一つはっきりしない。

(今夜は広がりがあるかないかを追求してみよう)

最後の晩も晴れた測光夜だった。明け方近くに昨晩の場所に望遠鏡を向けてみると、赤外線天体がかかった。可視域では全く認められない。測光器の入射孔をできるだけ小さく絞って、縦横《たてよこ》にスキャンしてみると、他の星よりもわずかに広がっているが、その定量的な確認はなかなかできない。可視光でみる他の星の像は昨晩より少し悪く、膨らんで踊っている。高度が低いので、地球の大気がプリズムの働きをして、星は小さな虹に映る。あれこれ繰り返すうちに夜が明けてしまった。

翌朝また早起きをして、計算をし直してみた。エックス線源と同じ天体かどうか確証はなかった。広がった天体と断言することもできなかった。その日は山を下りて、ワイミア市に在るカナダ・フランス・ハワイ合同の天文台に行って調査をする予定だった。観測野帳のコピーをとってから、とにかく、他の観測者に、何らかの方法で知らせるべきだと考えた。食堂のホールに下山の準備をして行ってみると、フランスの観測者がちょうど上がって来たところで、

「麓の基地からテレックスを打って、国際天文学連合の速報に載せてもらったら」

と教えてくれた。

ワイミア市は、熱帯雨林的なヒロ側と砂漠的なコナ側の中間にあって、海寄りの道の峠に当たり、涼しい霧雨に閉ざされていた。カナダ・フランス・ハワイ望遠鏡（CFHT）の基地は、貧弱だった借家から、フランスらしい垢抜けしたデザインの新築のオフィスに移っていた。周囲を明るいハワイの花々と緑に囲まれて、通りから曲がる入口に出された「CFHT」の表示も誇らしげに、その一帯が輝いて見える。オフィスでは、所長が早速に手伝ってくれた。「エックス線源の近くに赤外線天体を検出。球状星団中心部分の可能性も。位置は……、明るさは……」などなど。テレックスを打ってしまうと、やや後悔した。十分な観測時間をかけた、もっとしっかりしたデータでないのが残念だった。

CFHTのロバート・マクラーレン所長は、この天文台は関係三国の共同出資で、ハワイ州の特殊法人として設立・運用されていること、所長と副所長はカナダとフランスから交代で任命され、両国から派遣される天文学者以外は、ハワイ大学を通じて現地で雇っていることなど、こまごまと教えてくれた。また望遠鏡の建設については、やはり大望遠鏡は空の状態の良い場所に造らないと活きないこと、観測装置は一度にたくさん造りすぎないように注意することなど、自分たちの経験を話してくれた。一年間の夜の数は限られている。観測装置が多すぎると、どれも十分には使いこなせない。結局二つ三つだけがよく使われることになり、あとの装置は倉庫に眠ることになる。

「運んで来たけれど、まだ使われてないものもあるんです。フランスとカナダの天文学者たちが希望して製作したものの、なかなか使えるところまでは持ってゆけないのです」

と言った。

「マウナケア山のような観測地になると、半ば大気圏外に打ち上げるつもりで、しっかりした、限られた数の装置を用意するべきです」

とも言った。ハワイ島にいる僕は、もうすっかり、いつかここに日本のオフィスが開設されるような夢に浸っていた。

中田君は嘘のように元気になって東京に帰ってきた。東京に帰ると、国際天文学連合の速報を見たと言って、アメリカのエックス線天文学者からテレックスが入っていた。

「例の赤外線天体の位置の誤差範囲を確かめたい。もう一つ別のエックス線星の位置に近いのだが」

とあった。しかし、どうしても一致しないようだった。

五

同じ年の十一月には、アリゾナの天文台の調査に出掛けた。アリゾナ大学のローエル天文台のロジャー・エンジェル博士は、ハニカム鏡の大々的な開発実験を進めている。アリゾナ大学の光学研究センターと協力して、フットボール競技場の観覧席の下の空間に、大きな鋳造工場を建設していた。彼は、将来の大望遠鏡の大型鏡には、ハニカム方式が一番適していると信じていた。何よりも製造コストの安いことが特徴で、しかもハニカム空洞に空気を流すことによって、鏡全体の温度をコントロールできると考えていた。物理学者のエンジェル氏の着想は優れていて、計画は順調に進みそうだった。しかし工場の建設などの初期投資が要る。日本も共同開発に参加しないか、という誘いもあった。これは残念ながら受けることはできなかった。

欧米の大プロジェクトでは、まず開発研究をやって、いろいろな可能性を試す。これにかなりのお金を注ぎこむ。時には本当の装置の製作費の三割にも及ぶこともある。それによって技術面でもコスト面でも最適化が図られて、良い物が安くできる。それに較べて、日本の現状では、本体の製造計画が認められない間は、ほんのわずかの経費しか調達できないのが普通だ。先行きの確かでない計画にはお金が出ない。

アリゾナでは、大学の構内にあるキットピーク国立天文台本部を訪ねて、アメリカの大望遠鏡計画の現状と、チリにあるセロ・トロロ汎米天文台の運用上の問題点を調査し

条件は、アリゾナに較べるといろいろな面で厳しい。二年を単位に交代制でやっている。そんな話を聞いた。
りに派遣するには工夫が要るとのことだった。チリの生活、とりわけラ・セレナの生活
なか思うようには直せず、結局は送り返すことになる。また、米国立天文台の職員をチ
国立天文台で使い込んでから送ることにしている。向こうで不具合が起こっても、なか
た。セロ・トロロで使う観測装置は、すべてアリゾナで製作チェックし、キットピーク

この国立天文台の中には、データ解析の部門があってたくさんの部屋を専有していた。計算機プログラムを作る専門家が、画像データを処理する仕事に取り組んでいる。これから半導体の光検出器を使った電子カメラが主流になると、大量の電子情報がコンピュータに蓄えられる。

（その処理の速さと善《よ》し悪《あ》しが研究の急所になるに違いない。日本は完全に遅れている）

と途方に暮れる思いだった。

（開発研究の経費すら出なければ、大望遠鏡なんかできっこない）

アメリカで一九七〇年代に三〜四メートル級を製作するのに携《たずさ》わった工学者たちは、十六メートル望遠鏡を構想していた。それは直径八メートルのハニカム鏡を使った望遠鏡を四つ束《たば》にして一つの台に載せた、「マルチミラー・テレスコープ方式」のものだっ

た。また並行して、カリフォルニア工科大学の天文学者を中心に、「分割鏡方式」も追求されていた。これは一・五メートル程度の六角形の部分鏡を敷き詰めて、十メートル鏡相当にしようというもので、個々の部分鏡が小さくて扱いやすく、コストは格段に安そうであった。しかし、軸対称でない部分鏡を研磨する技術や、分割鏡を敷き詰めてお互いの位置を制御する技術に、突破しなくてはならない難関が立ちはだかっていた。一方、マルチミラー方式では、四本の望遠鏡からの光を結合するところに特別な工夫が必要だった。しかしアリゾナのホイップル山天文台には、スミソニアン協会が支援して試作した「マルチミラー・テレスコープ（MMT）」がすでに稼働している。一・五メートル鏡六個を同架したもので、鏡は空軍からのお下がりと聞いた。自費でアリゾナに調査にやって来た最大の目標は、このMMTの観測に付き合うことだった。

出発の少し前になって、宇宙科学研究所の田中靖郎先生から電話があって、「エックス線衛星が新しい天体を発見した、早く対応する光学天体を同定して欲しい」という。これは折良く、岡山天体物理観測所の百八十八センチ望遠鏡で写真を撮り、エックス線源と同じ場所に青い星の存在を突きとめることができた。MMTを使わせてもらえるなら、その分光観測をやって、正体を明らかにしたかった。相手が何分《なにぶん》にも暗いので、MMTのような望遠鏡ならば、多少星像の質は甘くても、光量は集められるので向いている。しかしスケジュール調整がうまくいかず、結局その観測自体は僕の滞在中には出来なくて共同研究者が引き継いでくれ、帰国後にデータを一緒に解析した。その星は連星系で、ガスを噴き出す主星の周囲を、高密度星が長楕円軌道を描いて回っている。二つの星がお互いに近づくと、ガスが高密度星に降着してエックス線を放つことが解った。

自分の観測時間は滞在中には取れなかったが、所長のジャック・ベッカー氏が「スペックル観測」をするというのに付き合った。細かい凹凸のある面で光の波が散らされると、それが干渉して細かい模様ができる。その模様を「スペックル・パターン」と呼び、解析すると面の凹凸の様子が逆に判る。金属表面の検査などにも使われる。星から来る光の波が、大気中の空気の乱れで散らされると、同じような現象が起こる。空気の乱れは時間的に変化するので、瞬間瞬間のスペックル・パターンを観測しなければならない。大口径のMMTはその能力を持っている。大気の揺らぎが特定できると、逆にやってくる光の波の性質、特に光源の強度分布についての情報が得られる。単独星か二重星かが判別できる。また単独星でも比較的近い超巨星の場合には、その表面の一様性やムラについても知ることができる。

MMTは、ホイップル山の突き出た断崖の上に、宇宙基地のように輝いていた。ツーソンの市街からしばらく走り、麓の連絡事務所で手続きを済ませ、山道を登る。六本の望遠鏡を束ねたMMTは、口径に比して筒は極端に短く、そのドームは丸くはない。アメリカの若い女流建築デザイナーによるその設計は、広い開口部をもつ箱型で、建物全体が望遠鏡と一緒に回転するという、斬新なものだった。いかにも未来を見据えた意気込みがこもっている。望遠鏡を使わない人でも、この岩山の上の建物を見るだけで、観測者が挑もうとしている宇宙の深さと大きさに打たれることだろうと思われた。

ベッカー所長は、

「開口部が大きいので風当たりが強いのです。今夜は新しく付けた風止めの効果をテストする予定です」

と言って、わざと風上に望遠鏡を向けた。望遠鏡の右側の二階の壁の中に在る制御室のパネルには風向、風速の表示と並んで、六個の望遠鏡から来る星像が分離して映し出されていた。これがボタンを一つ押すと、合成用の光路に特殊な鏡が挿入されて、まとまった星像になる。風の息でまだ少し揺らいでいるのが認められた。

「そのうちに、この箱型の建物の後方にも風抜き窓を作ろうと考えています。望遠鏡の両側の部屋から熱が洩れるものですから、陽炎《かげろう》が立つのです。熱放射の影響は、望遠鏡の金属構造をアルミ箔で覆って改善したのですが」

実験機なので、いろいろなデータを採りながら改良が続けられているのが判った。

「建物ごと回転して困ることはありませんか」

「慣れると何でもありません。ただ、住みついている猫が戸惑っているようで。鼠がいるので猫を飼ってるんですよ。そうですね、水洗トイレを使っている時に回ると、変な気がしますがね」

ベッカー所長は気さくな人で、一晩中話しながらデータ取りを続けた。所長一人の「エンジニアリング・ナイト（工学実験夜）」だ。

心配していた歯痛がひどくなってきて、アスピリンと抗生物質を飲む。この頃は、多少体に無理をしているのか、歯の神経が過敏になるので、薬を持ち歩くことにしている。MMTの宿舎は山小屋風で、食堂も自炊に近い。ベッカー所長と二人だけの食事は、ちょっと侘《わび》しかった。

ここホイップル山天文台には、宇宙線が地球大気に飛び込んだ時に出す微かな光を捉えるための、「フライ・アイ（蠅の目）」と呼ばれる大望遠鏡が在る。すごい数の分割鏡方式で集光力を稼ごうというのだ。ホイップル山天文台は伝統はあるが、決して大きい天文台ではない。けれども次々にこうした実験機を据え付けて、天文学、物理学、そして光学技術分野でも先端分野に挑戦している。それは一つには、スミソニアン協会という、米国大統領直属の特殊組織に支えられていることにもよるように思えた。ワシントンのスミソニアン博物館の、素晴らしい展示も想い起こされた。アメリカには国立天文台もあり、カーネギー財団によるカリフォルニア工科大学の天文台もある。そしてスミソニアン協会の天体物理研究所もある。数えだすと、そのほかにもたくさんある。その層の厚さは、日本と比較すると、ますます際立っていると思えた。

(やっぱり日本は、まず各大学に一~二メートル級の望遠鏡を造らないといけないな)

とつくづく考えたりもする。

「若い人たちが自由に実験できるような望遠鏡がないと、良い人が育ち難《づら》いですね」

ベッカー所長はサンドイッチをほおばりながら、僕に同情した。

六

それは人類初の命綱なしの宇宙遊泳が行われた頃だった。スペース・シャトルのハッチから、ゆっくりと宇宙飛行士が姿を現し、ふわっと身を浮かせた。二月、立春の頃のある日、宇宙科学研究所長の小田稔先生から電話があった。

「今日、夕方、文部省に行く用事があるのですが、あなたも一緒に来ませんか。もしかすると、望遠鏡の話を聞いてもらえる機会があるかも知れないので」

いつもの静かな調子の声だった。

「はい、お供させていただきます」

文部省の小部屋で落ち合ったのは、もう暗くなってからだった。小田先生は宇宙科学研究所の管理部長と一緒だった。

「実は今日は、スペース・ステーションの話をしに来たんですよ。非公式にね。ついでにあなたの話も聞いてもらえるかも知れないと思って。うまくいけばですよ」

そう控えめにおっしゃった。文部省の聞き手は三人で、紹介されたところによれば、研究機関課という課の課長さんと、ヒゲを生やした研究調整官、それに担当の係長さんだ。

「実は、アメリカの航空宇宙局（NASA）が、スペース・ステーション計画というのを推進していて、国際協力でやろうとしています」

小田先生は、地球周回軌道に大きな構造物を組み上げて宇宙基地を造り、そこから月に人工衛星を送ったり、そこに人も住んで科学実験や観測を行う、スペース・ステーション計画の概要を説明された。係長がメモを取る。

「日本にも参加して欲しいという話です。いろんな参加の仕方があるので、検討してみる必要があると思います。そのうちに、NASAから正式の打診が来る可能性が強いでしょう」

それがその日の主題だった。その日はこの非公式情報を伝えて説明するだけで、「それでは、また後日に」ということになった。このまま立ち上がるのかと思った時に、

「例の望遠鏡の話、簡単に聞いてあげて下さい」

と小田先生が言われ、相手方はあらかじめ知っていたのか、仕方ないというジェスチャーをした。この機会を逸してはならないとばかり、僕は頭の中で繰り返し練習してきた筋書きを、できるだけ解りやすいようにと努めながら、一気に話した。まず宇宙の果てまでを見通したいこと。そのために良い場所に大望遠鏡を造りたいこと。場所は調査の結果ハワイのマウナケア山が最も良いと信じていること。そこはハワイ大学が管理する州有地で、年一ドルで借りられること。望遠鏡は口径五メートル以上、つまりパロマーの巨人望遠鏡を凌駕《りょうが》するものにしたいこと。日本の天文学分野では、五年以上も検討してきて、皆の総意としてこの計画の実現を目指したい。建設には六年を要し、経費は三百億円くらいと推定している。そんなことを、あまり詳細に迷い込まないように述べた。小田先生は一言も口をはさまない。終わって気がつくと、まずいことに、一時間近くもかかっていた。

「ほう、壮大な計画ですな」

課長は、そう言って、一件落着という気配を見せた。小田先生は依然黙っている。

「で、外国ではどうです。似た計画がありますか」

質問をしたのは、ヒゲの研究調整官だった。課長が表情を変えないのに対して、このヒゲの調整官は、少なくとも興味を示しているように見えた。

「あります。欧米では、十六メートルとか二十五メートルといった話さえあります」

「ほう、そんなに大きいのが造れるのですか」

「いいえ、まだ研究中なのです。日本でも五メートルは最低限欲しいのですが、できれば三百インチに相当する七・五メートルとか、それ以上のものも検討しています」

喋ってから、（これはまずいことを言ったかな）という気がした。

「それでは今日は、これで。どうも有り難うございました」

と小田先生は礼を言って打ち切った。いつの間にやら管理部長は先に帰っていた。

「天文台が国立研究所になるような場合には、ご祝儀にでも造ってもらわないと」

帰途、小田先生は、何気ないふうに言われた。

大望遠鏡の海外設置となると、これはナショナル・プロジェクトだ。だから天文台も東京大学を離れて国立研究所になるべきだ。そういう考え方は研究者仲間にもあった。でも小田先生の短い言葉からは、天文台の国立研究所移行の方が前提で、望遠鏡の方はオマケでどうなるか判らないような響きが感じられた。

最近は事あるごとに、「小田先生、ハワイの望遠鏡計画、何とかお願いします」と、厚かましく頼むのが習慣になってきていたが、その夜は非公式とは言え、とにかく文部省の担当者に話を聞いてもらえたという満足感があって、それ以上は訊ねる気持ちにならなかった。それ以上訊ねて、がっかりするのも面白くなかった。けれども、課長も研究調整官も一時間近く聞いてくれて、「とんでもない」いう顔はしなかった。研究調整官の方は、関心さえも示してくれた。

(ひょっとすると、可能性は全くゼロではないようだ)

昨年、ドイツ大使館で座り合わせた文部省高官の話と考え合わせると、水面下で、天文台の国立化の検討が進んでいるようだった。すると、「ご祝儀に」というのは、話の筋が逆だが、もしかすると文部省も考えているのかも知れない。僕は大いに勇気づけられた。

(これはもう、七・五メートル望遠鏡のハワイ建設を目標に掲げて、徹底的にやる以外に途《みち》はない)

と心に決めた。ここ何年か、どうするか思い悩んできたのがふっ切れて、気持ちが落ち着いた。ウタにも素直に望遠鏡計画の話ができるようになった。ウタは僕の決心を喜んだが、

「でも無理をしないようにね。あなたこの頃、だいぶ疲れてるから」

と心配した。確かに家族と口を利くのが少なくなった。建設地調査のこともあって、外国に出掛けるのが重なった。行けば調査は結構な強行軍で気疲れもし、家に帰ると無性に眠たかった。

自民党の大望遠鏡計画推進議員連盟にも朝食会を開いていただいて、文部省でやった

のと同じ話を聞いてもらった。こちらは一時間の話を十五分に縮めた。とにかく忙しい社会に直結した事柄で頭が一杯の人たちが相手だ。議員さんたちは、三百億円とかいう金額には少しも驚かなかった。しかし天文学者にとっては、これはとてつもない予算額だ。少し前に完成した東京天文台の野辺山宇宙電波観測所でさえも百億円前後で、これは天文学分野では前代未聞の大予算だった。

「大した予算ではない。今年、来年、というわけにはいかないだろうが」

と議員さんたちは話していた。つまり、「計画は面白いが、実現はいつのことになるか判らない」ということだ。予算取りの競争相手になる、科学分野の他の大計画だってあるだろう。聞き手にも「早く欲しい」と思ってもらう以外に、説得する方法はないように思えた。

先端技術への挑戦

東京天文台では、将来計画委員会での議論を踏まえて、とにかく大望遠鏡海外設置に向けて「調査」を開始することを、正式に決定した。

そもそも次期望遠鏡をどうするか、の問題が持ち上がった頃から、関心を持っている人たちが集まって、「光学・天文懇話会」という技術検討のための会合を開いていた。これには当時の通産省機械技術研究所の河野嗣男氏が中心になって、光学関係者や光学設計の専門家、それに天文分野の研究者が加わって、月一回ほどのペースで望遠鏡の勉強をやってきていた。十人程度の小さな会で、欧米の大望遠鏡計画の資料を取り寄せて読むこともあれば、構造設計、ガラス材など、特定の基礎技術についての話を聞くこともあった。しかし、日本の望遠鏡計画自体が定まっていなかったので、調査研究というよりも勉強会に留まっていた。それと並行して、僕は個人的な海外での調査を進めて来たのだった。

東京天文台に「大望遠鏡計画調査室」が設置されて総括責任者となった僕は、自分より若い人たちの中から特質の異なる三人をまず選んで、成相恭二さん、安藤裕康《ひろやす》さん、野口猛《たけし》さんに、

「覚悟を決めて一緒に海外設置計画の調査に協力して欲しい」

とお願いした。他の仕事に打ち込んでいる最中の人たちに、見込みの立たないことを頼むのは、本当に心苦しかった。

成相さんは僕より一年若く、恒星物理学を専門としていたが、進取《しんしゅ》の気性に富んでいて、何でもやり始めたら徹底してやり、またそれをやり遂げる力量をもっていた。子供の時に左腕の肘から先を失ったが、「理学部ではなく山岳部出身」と自称するほど、スキー、水泳などのスポーツは何でもこなす、旺盛なチャレンジ精神の持ち主だ。語学が堪能、多趣味で人付き合いもいいという、計画推進には最も頼りになる一人だった。

安藤さんは、僕が指導教官をしたことのあるやや若い世代に属していたが、年の割に地道な考え方をするところがあって責任感が強く、野武士のような芯の強さを備えていた。専門はやはり恒星物理学だった。その安藤さんが、学生時代からの「海外設置」論者の一人だった。僕は先輩として先走りをたしなめながらも、彼の内に燃える炎を消してはならないというジレンマに、いつも悩み続けてきた。こうなった以上、彼はとことと

ん付き合うだろうと思った。

　三人目の野口さんは、東京天文台の中堅の技術系職員の中で、光学望遠鏡の建設に関しては一番経験の豊富な人だった。岡山天体物理観測所で百八十八センチ望遠鏡の立ち上げ期を務め抜き、次いで木曾観測所に移ってシュミット望遠鏡を立ち上げ運用してきた経歴の持ち主で、契約事務などにも明るかった。静かに一人で酒を酌《く》むのが似合う、沈着な性格の人で、持久戦に耐えてくれるに違いないと思われた。

　天文台として正式に海外設置調査を開始するといっても、特段に状況が変わったわけではなかったが、外国に暫《しば》く行っていて帰国した人々からは、

「いつの間にそんなことを決めたんだ。クーデターじゃないか」

　と叱られた。

「海外に大望遠鏡ができたら素晴らしい、できるだけのお手伝いはします」

と言う人はいても、自分の研究を捨てて、全面的にこれにかかわろうとする人は少なかった。半信半疑の人が大部分だったろう。三鷹勤務ながら岡山天体物理観測所の所長を併任されていた山下先生は、少し年が上なこともあって、いつ完成するとも判らない計画を責任もってリードすることができない立場にあったが、最も親身になって基本的な調査・検討を推進して下さった。古在天文台長も高い立場からの支援を惜しまなかっ

た。

僕は総括責任者として、大望遠鏡計画の推進に、全生活の重心を移していった。しかし僕としては、銀河の研究も捨てるわけにはいかなかった。「大望遠鏡を建設したい」という要望の原動力となる研究心の証《あかし》として、銀河の研究を断つことはできないのだ。木曾観測所の岡村定矩君と「特別推進研究費」をもらって、「銀河の定量解析」の研究を続けることにした。様々な銀河を見かけの形から分類する従来の形態分類に対して、「表面輝度」を定量的に測定分析する、客観的で定量的な分類法を確立しようという狙いだった。他の人に、（これは面白い、だから望遠鏡も造らせてやろう）と思わせるのは難しかった。少なくとも、面白そうに夢中でやっているのが判るようでなければいけない。僕は自分に、年間三編の学術論文を発表することを義務づけた。この面では岡村君は心強い協力者だった。学生の渡辺正明君や市川伸一君の協力も大きかった。その研究成果の発表のために、海外での国際会議にも出掛けたが、これはいつも望遠鏡の調査を兼ねてのことだった。

天文台で正式に調査を開始すると決めて間もなく、ハワイ大学との間で取り交わす「覚え書き」の草案作りに着手した。「日本としてはマウナケアに大型望遠鏡を設置したいという意図をもっている。ハワイ大学はこれを歓迎し協力する。もしも予算が日本側で確保され、お互いに納得のいく協定を結ぶことができれば、ハワイ大学は必要な土地を年一ドルで貸す用意がある」という内容だ。サインは計画推進の総括責任者の僕と古在台長、ハワイ側は新しく天文研究所長になったドン・ホール博士と、やはり新しい大学学長のシモン博士だ。これは早速に文部省の研究機関課にも伝えられた。造ることを約束するわけではない、お互いの意図を述べるものだ、と了解してもらった。最初の草案交渉にハワイに出向いたのは、一九八四年の六月のことだった。それからは、年に二〜三回、多いと四〜五回も、ハワイに足を運ぶようになった。

七月になると古在台長は僕を連れて、東京大学の理系総長補佐の森亘《わたる》先生に面会に行かれた。ハワイ大学との「覚え書き」についても、了解をいただきたかった。森先生は僕らの話をお聞きになると、「素晴らしい計画ではありませんか。東京天文台として、東大の付置研究所のままでおやりになったらどうです」

と、意外なことをおっしゃられた。これは大変に嬉しい話である一方で、事態を複雑にしそうでもあった。野辺山宇宙電波観測所を造った時でさえも、「あんな大きな施設を造るから、他の分野に予算が回らない」という苦情を、大学内で耳にしたことがあった。野辺山観測所は全国の共同利用施設であり、いわばサービス業務的な側面もあって、その運用は大変だと聞いている。ハワイの大望遠鏡は、さらに運用が難しい。そう考えると、大学内で実現するのは、やはり相当に厳しそうだった。

秋に京都で開かれた国際天文学連合のアジア太平洋地域会議では、冒頭に日本の国設大型望遠鏡（JAPAN NATIONAL LARGE TELESCOPE＝JNLT）計画が紹介され、ハワイから出席したハワイ大学のドン・ホール天文研究所長が、これを支持し協力を約束する旨の講演をした。その夜、全国の関連研究者で作る「光学天文連絡会」の運営委員長を務める京都大学の小暮智一先生と、東京天文台長の古在先生が、ホール所長と食事を共にして、覚え書き（ＭＯＵ）草案の趣旨を確認し、今後力を合わせてＪＮＬＴ計画を推進することを誓った。東京天文台で調査開始を決定した「ＪＮＬＴ計画」は、こうして日本全体の計画になろうとしていた。これを受けて、日本学術会議天文学研究連絡委員会からも、「海外に口径五メートル以上の光学赤外線望遠鏡を建設する」推薦文書が出される運びとなった。

天文台の中では、「光学・天文懇話会」に代わって「技術検討会」が開設され、ハワイに七・五メートル望遠鏡を建設するという、明確な目標に向けて努力を積み重ねることになった。これには東大の工学部や研究所の先生方、また民間企業の技術研究者が参加して、具体的な検討が始められた。「技術検討会」をベースに、僕たちは大望遠鏡製造についての「一般調査」をすることに踏み切った。「東京天文台ＪＮＬＴ調査室」の名を使って、世界中のこれはと思われるすべての企業に手紙を送った。「この計画に関心があるか、どんな部分に寄与できると思うか、具体的な提案があるか」などが、まず知りたい情報であった。勿論日本の企業も調査対象に含まれた。心の内では、できることなら日本の技術だけでやり遂げたいという誘惑にかられたが、一方では、（それは無理かも知れないな）という諦めもあった。今ある国産の最大の鏡が直径一・五メートルなのを思うと、ＪＮＬＴには二桁も難しい技術的ブレーク・スルーが待ち構えているはずだった。天文台で公式に調査を開始し、「光学天文連絡会」もそれを支持することになったとは言え、実際に手足を動かし時間をかけてその仕事に専念する人は、わずかに三〜四人にすぎなかった。僕は「決して焦ってはいけない」と自分に言い聞かせ続けた。

それでも焦りが外に表れていたのか、

「先生、この頃お忙しいようですが、手助けが要りませんか」

と、東大天文学教室の事務の本木さんが、見かねて訊ねて下さった。そんなことは考えつかなかったが、言われてみると秘書役の手助けがあれば、これは大助かりのように思えた。けれども、今のような望遠鏡計画推進の作業を助けてくれるような人はいるだろうか。いたとして、どうやれば雇うことができるのだろうか。そんなことを考えてもみなかった僕には、さっぱり見当がつかなかった。さすがに本木さんはいろいろな経験があって、「すぐに心当たりを探してみてもよい、事務補佐員として雇うことができる」と教えてくれた。僕は分光部の部長になっていたので、部の一般経費で補佐員を雇うことができるのだそうだ。

　数日して本木さんから連絡があって、増山禎《てい》さんという女性を紹介された。増山さんは、東大動物学教室の教授だった竹脇先生のお嬢さんで、大学を了《お》えてから天文学教室で畑中武夫先生の秘書を一時期務めたことがある。その頃僕はちょうどドイツに行っていたので、面識はなかった。今では子供さんも大きくなったので、「天文台なら週に何回か来てもよい」との連絡だった。本木さんは人を見る眼もあるし、何よりも学生時代からの僕を知っていて、ズボラなこともよく判っていた。それに、増山さんが畑中先生の秘書をされていたことに、因縁めいたものが感じられた。畑中先生は、日本の大気圏外からの宇宙観測の草分け期にリーダーシップをとり、大型宇宙電波望遠鏡計画を推進しようとされた。志半ばにして逝かれ、皆から惜しまれた。僕が大学院に入ったばかりの新米の頃、ある研究会で畑中先生が司会をされていた。問題点を総括されていて、それについて出席の先生方のご意見を訊ねておられた。（僕なんか……）と思っていたら、僕にも、「君はどう思いますか」と訊ねられて、驚いたのを覚えている。そんな想い出もあって、

（畑中先生の秘書を務めた人ならば、それなりの人に違いない）

と思った。増山さんは落ち着いた若奥さんという感じで、髪を短めにまとめ、ベージ

ュのブラウスに渋いグリーンのタイトスカートで現れた。案の定、彼女はすぐに調査室の欠かせない主要メンバーの一人になった。

その年、僕はアルメニアのビュラカン天文台に調査を兼ねて出掛けた。ソ連はコーカサスの山中に口径六メートルの経緯台式の大望遠鏡を建設したばかりで、日本からは西村史朗さんが既に調査に行っていた。相当に先進的な試みなのだが、六メートルの鏡の研磨か支持が思うようでなく、いまひとつ解像力に難点があるという話だった。六メートルの主鏡を造り替えたが、やはりその効果は見えなかった。六メートル鏡の建設地は千五百メートルくらいの所で、五メートルの巨人望遠鏡の設置されたカリフォルニアのパロマー山とあまり差がない。写真を見ても、周囲に樹木が育っている。大気の状態も、ハワイやチリ、カナリーの二千メートルを超える高地には劣るだろうと思われた。この時には、六メートル鏡の在るチェレンチュクスカヤに行くことは出来なかったが、似たような条件下にあるアルメニアのビュラカン天文台を訪ねることにした。

アルメニアはソ連圏の端にある小国だが、独自のキリスト教派を持つ、文化的伝統の豊かな国である。中近東側から辿れば、チグリス・ユーフラティス河の上流の方向に当たり、ノアの方舟が漂着したと伝えられるアララト山を望んで、至る処《ところ》が遺跡だらけの国だ。人類文化発祥の地として、人々は誇りをもっている。

ビュラカン天文台はソ連圏では銀河の観測的研究でリーダーシップを発揮してきた天文台だ。台長のアンバルツミヤン博士は、「宇宙の時空の特異点《とくいてん》からエネルギーの塊《かたまり》が生まれてくる」という、独特な科学哲学をもっていることで知られている。銀河の中心のような所にこの特異点があって、子銀河や孫銀河が放出されるという。様々な特異銀河を探査して、その観測的裏付けを確立しようとしていた。彼の一派は、銀河ばかりでなく、恒星についても似たような考えを持っていた。「フレア」として知られる恒星表面の爆発現象も、星の内部の特異領域から大きなエネルギーの塊が噴き出して来て起こると主張していた。ビュラカン天文台の研究者たちは皆、この仮説の下に観測的研究を進めていたが、その特異点の本質や物理となると、アンバルツミヤン先生の難解な哲学にすがるのだった。観測が重要視されていて、二メートル級の望遠鏡やシュミット望遠鏡が活躍している。山麓の、昔からの天文台本部の構内は広く、立派な建物が散在していて、職員のアパートもすぐ近くに在った。国際会議で知り合いになっていたオスカニアン博士のお宅に招かれて、有名なコニャックをいただいていると、

「仕方ないからソ連に加わってるけれど、本当はソ連は嫌いだよ」

というような話が聞かれた。

「ソ連に入ってないと、トルコに占領されてしまうからね。こりゃもっと嫌さ」

共産主義体制も、そううまくは働いていないようだった。

「地域通話が無料なので、急ぎの電話をかけようとしても、まず、かかることはない。奥さんたちのおしゃべりで、少ない回線が埋まりっぱなしだ」

オスカニアン氏は目配せをしてみせた。

二

一九八四年に行った望遠鏡関連企業の一般サーベイの結果を受けて、積極的な反応のあった会社について、具体的な調査を開始した。一九八五年の七月には、アメリカのコーニング社とコントラヴェス社を訪問した。建設地調査で海外を出歩いた挙げ句に、今度は企業調査で飛び回ることになった。頭の中では理解しているつもりのウタや娘たちも、家計を無視して外国に出掛ける僕に、「もう仕方がない」と諦め顔を見せた。

反射望遠鏡の鏡には、まずおよその形をした鏡材を鋳込む。これはガラス会社の仕事だ。それからそれを研磨して鏡面を仕上げる。こちらは研磨会社の仕事で、別の会社がやるのが普通だ。

遠くをより詳しく観察したいという天文学者の夢は、ガリレオ以来、望遠鏡の大型化、とりわけレンズや鏡の大型化を促してきた。レンズはその中を光が通るので、中まで全体が良質の光学ガラス材でなくてはならない。その上に大きな対物レンズは凸型で中央が厚く、支えることのできる場所は周縁に限られていてそこは薄い。だから一枚物の大きなレンズは製作が困難で、直径一メートルくらいが限界だ。それに較べて、反射望遠鏡の主鏡は凹面反射鏡で、裏から全面で支えることができる。しかも、表面に金属薄膜をつけて反射するので、光は鏡材の中は通過しない。研磨して表面に出る部分だけが良質の光学ガラス層になっていればよい。そこで、一メートル級以上の一枚ガラスの世界の大望遠鏡は、すべて反射式だ。反射鏡の場合には、昔から金属の鏡も利用されてきた。しかし、普通のガラスは、内部構造のない水飴が固まったようなアモルファス状態で、光波を素直に通す以外に、高い精度で研磨することができるので最も適している。

大型天体望遠鏡の場合には、実験室などで使う大きな反射鏡に較べて、気を付けなくてはならない点が二つある。それは「自重変形」と「温度変形」だ。天体望遠鏡は、あちらこちらの空を見るので、鏡の姿勢が変わる。つまり自分の重さのかかる向きが変わる。すると、自分の重さで自分が歪み、せっかく磨いた鏡面の形が変わってしまう。何しろ相手が光の波なので、その波長の十分の一、つまり一万分の一ミリメートル歪むだけで、像が悪くなってしまう。向きの変化に対して鏡面の歪みを少なくするには、普通は立体的な厚みをつけてやる。直径の六分の一くらいの厚さをもたせると、裏と縁から支えておけば、まず大丈夫だ。しかし、五メートルを超える大きな鏡でそんな厚みをつけると、自体がますます重くなり、これを支える望遠鏡全体の大重量化に繋《つな》がってしまうところが問題なのだ。何とか軽い鏡でうまく支える方法を考えなくてはならない。分割鏡方式にしても、お互いの鏡を揃えるために、支持機構には工夫が要る。

第二の温度変形は、観測時に外気に曝《さら》されて鏡の温度が変わり、伸縮して生じる。このためにできるだけ熱膨張率の小さなガラス材の開発が進められてきた。こうした開発研究は天体望遠鏡のためだけではなく、家庭用のオーブン用ガラス器や化学反応容器、スペース・シャトルの窓材など、およそ温度が大きく変わる環境で使われるガラス器材の実用化にはつきものだ。熱で破れるのは、温度変化による伸縮の内部ストレスが限界を越えるからだ。望遠鏡の鏡では、温度変化はせいぜい零下二十度くらいから摂氏三十度くらいで、オーブン用のパイレックス・ガラスでも破れるはずはない。けれどもパイレックスは、温度が水の沸点から氷点まで変わると、一万分の三の収縮がある。ということは、数度の温度差でも一メートルに対して百分の一ミリメートルもの歪みが生じてしまう。蒙《こうむ》る温度変化が小さいとはいえ、大型の光学天体望遠鏡には、これではまだ理想的とは言えない。それより一桁以上も膨張率の小さなガラス材が実用化されている。いわゆる超低膨張ガラス材だ。これにはアメリカのコーニング社が開発した、チタン系化合物を酸化珪素《けいそ》素材に混入することで化学的に実現する方法と、ドイツのショット社が開発した、アモルファスな中に準結晶構造を生成する物理的な方法とがある。もともととの酸化珪素のアモルファスなガラスは、温度が上がると膨張する。チタン系化合物の混入量を上げると特定の温度範囲では収縮効果を惹き起こす。また融けたガラスを冷やす過程を工夫して結晶構造を育成すると、その結晶は負の熱膨張効果をもつ。両方とも、沸点から氷点までの温度変化に対して百万分の一程度しか収縮しないという、魅力的な素材であることが判った。このどちらを使うのがよいかは、最後の最後まで判断が難しいと思われた。

熱変形については、全く別の考え方もあった。製作しやすい金属鏡を考えてみると、確かに熱膨張率は高い。パイレックスの十倍以上も伸び縮みする。ところが金属というのは熱を伝えやすいことでも知られている。鏡全体を一様の温度にしたり、その温度を外から制御するのは容易だ。うまく一様な素材でできていれば、伸び縮みするのも、同じ形を保ったままで一様に伸び縮みするだろう。そうならば、害は零ではないが、害の性《たち》は良くて取り除きやすい。いろいろな特質を生かして、ベリリウムの鏡や、炭化珪素の鏡も造られているが、これらは高価な上に、大面積の研磨にはまだ難点があって、一メートル以上は無理と思われた。

熱による伸縮が少ないということは、研磨をする際にも大きな利点になる。研磨作業は、基本的には素材を削ったり擦《こす》ったりするので、物は熱くなる。研磨した面を測定するにはレーザー光を当てて干渉縞を測るが、熱による変形と鏡面上に立つ陽炎《かげろう》が、測定を狂わせてしまう。どうしても速やかに冷やして測定を行いたい。超低膨張素材では、何の気遣いもせずに、速やかに冷やして測定に入れるので、擦っては測り、測っては擦ることを繰り返す研磨工程を短縮できる。

ニューヨーク州のコーニング社に飛んだのは七月の猛暑の中だった。熔鉱炉で燃やす薪の運搬に便利だったので川の傍らにできたという小さな町コーニング市は、全くこのガラス会社だけでもっている町だ。

工場やオフィスの建物群の近くに、一筋だけの短いメインストリートが在り、それを取り囲む二階建の家々から成り立っていた。商店の多くもコーニング社を中心に商いをしていて、退職した元社員の開いているガラス土産物《みやげもの》屋も並んでいる。突き当たりの小さな運動場では、夕方にジャズ・コンサートが開かれた。昔ながらの赤レンガの工場の建物が残してあって、煙を吐かない古い煙突が二～三本立っている。川向こうが新しいオフィス開発地で、ガラス張りのモダンな建築群が望まれた。ホテルは一軒だけコーニング・ヒルトンが開業していて、ニューヨーク市からナイヤガラ見物に向かうツアー客に、中休み場所を提供していた。

コーニング社の技師たちは喜んで対応してくれた。コーニング社は、パロマー山の二百インチ鏡材を鋳造したことで知られている。東京を発つ前に、少年の頃に読んだ『パロマ―の巨人望遠鏡』を読み返してみた。少年の頃に読んだ昔の本はもうなかったが、成相恭二さんが当時の翻訳者を探し当てて、数部いただいて来た中の一冊だ。二百インチ鏡を鋳込んだのは第二次世界大戦前のことで、その頃の技師は、皆退職してしまっているとのことだった。しかし、川向こうの建物の一つが「ガラス博物館」になっていて、その一室に、失敗してしまった第一回目鋳造の二百インチ鏡が展示してあった。僕の調査のために集まってくれた三人の技師と一人の営業関係者は、

「今度は三百インチ（七・五メートル）に挑戦してみたいと思っている」

と異口同音に言った。

「パロマ―の二百インチで苦労なさったようですが、三百インチもの大きさの鏡をどう造るつもりですか。薄くしてはどうかと思っているのですが」

と僕が言うと、

「そうです、そこですよ」

大柄な技師長格の男が意気込んで話し始めた。部屋はあまり広くなく、資料を載せた広い作業机を五人が囲むと、少し息苦しかった。古い建物の一室なので、窓も小さく、換気や冷房も十分とは言えなかった。時差ボケの眠気覚ましに、紙コップのコーヒーをやたらに口に運ぶ。技師の話に熱がこもると、早口になって英語が解りにくい。

「我が社の超低膨張ガラスで、一メートルくらいの板素材をたくさん造って、それを貼

り合わせて、大きな一枚板にできます」

「貼り目は大丈夫でしょうか」

「四メートルクラスまで上手にいっていますから、あとも問題はないと考えています」

そう言って別室から貼り合わせた見本を持って来た。ややベージュ色をした四角柱の中央に、透明な境界面が光をわずかに反射しているのが認められた。

「落としても、無理に割ってみても、この貼り目が特別弱いということはありません」

「表面に出ても大丈夫でしょうか」

「顕微鏡で見ると小さな泡が面状に散在していますが、研磨面としては全く問題ありません。この表面を覗いて見て下さい。万一泡が表面に出ても、その面積の割合は、全く無視できます」

細かな数値を挙げるけれども、ノートする暇がない。

「何だったら、この見本をお持ち帰り下さい」

と言ってくれたので、借りることにした。

翌日もまた昼から会議となった。午前中にノートや資料を整理しておいて、できるだけたくさん調べて帰ろうと欲張って出掛けた。今日は技師が二人だけの相手だった。

「図を引いてみましたよ」

昨日と同じ作業机の上に、全紙ほどのサイズの線図が広げられた。それは大きな円を一面に小さな亀の甲の六角形で埋め尽くした図だった。亀の甲は三十ほどあって、縁のところは円弧状に欠いたものが並べてあった。四メートルクラスの鏡の作り方を、ただ三百インチに拡大したのだそうだ。

「厚さをどうしますか」

と僕が聞くと、

「この六角形を造る素材は一枚が直径一・五メートルほど、厚さは二十センチメートル程度です。これを使って研削していくと、十ないし十五センチの厚さの鏡材ができます」

という答が返ってきた。

「三百インチで厚さ十センチメートルですか。割れませんか。どうやって運ぶのです」

矢継ぎ早に質問をする。

「そこが問題でしょうね。四メートル鏡でも厚さは二十センチないと、実際の作業が難しいのです。三百インチで二十センチの厚さに挑戦することになります」

彼は図面の余白に机上の大きな物差しを当てて、手際よく側面図を描き込んだ。横と縦が四十対一の長方形、薄っぺらな板の断面だった。

「ペラペラですな。厚さが同じなら、撓《たわ》みは直径の三乗に比例します。四メートル鏡に較べて、ほとんど十倍の注意が必要になりますな」

　これは弾性体理論の応用だ。

「すると裏面の支持点の間隔も詰めることになりますね」

「まァ、こんなとこですかな」

　技師は亀の甲に重ねて升目を引いて、交点に小さな丸印を描いた。

「二百〜三百点要りますな」

「そうですか。そんなに要りますか」

　岡山観測所の百八十八センチ鏡の裏面には、十かそこらの支点があるのを思い浮かべていた。あの百八十八センチ鏡の厚さは三十センチくらいあるだろう、と思った。

「でもそんなに薄くて、焦点比が二くらいの、明るい鏡ができますか」

　僕らの仮検討では、主鏡は焦点比が二・〇だった。つまり、主鏡が三百インチの放物凹面鏡として、その焦点距離を十五メートルと想定していた。このくらい焦点比の小さな、焦点距離の短い望遠鏡にしないと、望遠鏡の図体も、それを容れるドームも、巨大なものになってしまう。一九七〇年代に建造された三〜四メートル級の望遠鏡の主鏡は、焦点比が三ないし三・五だ。それよりも焦点比を小さくして、望遠鏡やドームの大きさを抑えたい。焦点比が二・〇の三百インチ鏡といえば、凹面の中央での縁からの下がりは、三十センチメートルにもなる。自分の厚さを超えるのだ。まるで時計皿、いわゆる

「メニスカス」だ。

「できますよ。薄い円盤をまず造って、それを焦点比二・〇に相当する凸型の炉台に載せて熱をかけるのです。柔らかくなって、型通りの、厚さ一定の凹面鏡材に落ち着きます」

「えっ、どうやって載せるのですか。どれくらいの熱をかけるのですか。それに、どうやって取り出すのですか」

「それはこれからの研究に待つところですが、不可能とは思いませんよ」

これがその後のガラスについての永い勉強の始まりだった。

ショット社の方式では、四十〜五十センチメートルの厚い素材を鋳造して、そこから、最終的には、薄い凹面鏡材を削り出す。鋳造の際には、アリゾナ大学のハニカム鏡の鋳造炉で採用されているように、炉をゆっくりと回転させる。融けたガラス液の表面が、遠心力と重力の釣り合いで放物面になるのを利用して、そのまま冷却させる。これもやはり、多くの開発要素を含む、野心的で魅力のある方法だった。

三

企業調査を僕が主に分担したのに対して、望遠鏡の光学設計は、山下先生と成相さんが引き受けていた。山下先生はかなりの知識をお持ちだったものの、この手の大望遠鏡となると、焦点比の小さく明るいことやサイズが大きいことで、常識の役立たないことが多い。二人はまず光学設計の基礎から勉強すると言って、日本でのその道の大先輩という方々を訪ねて弟子入りをした。何度も通い詰めて、間もなく成相さんは独自の光学設計プログラムを走らせることに成功した。これには、彼が永年にわたって関わってきた「恒星大気構造」を設計するプログラムの開発経験がものを言った。

鏡材や望遠鏡の構造材の撓みの問題は、山下先生がやはり基本から手がけられた。何しろ鏡ばかり立派なものを考えても、望遠鏡の本体が撓んだり歪んだりしては仕方ない。温度による鉄材の伸縮も焦点変化につながる。これには大学院生の渡辺正明君が大きな力となった。渡辺君は天才的なところのある人で、物静かな人柄だが、抽象幾何学的なセンスが抜群で、一時流行した「ルービック・キューブ」と称する色分けした四×四×四個の立方体遊具の色合わせなどは、朝飯前にやってのけた。特別推進研究で進めていた銀河構造の研究でも、計算機プログラムを開発して大量の計算をこなし、そこから結果のエッセンスを摑み出すのも速かった。彼は「有限要素法」のプログラムを走らせて、有限構造体や鏡の変形を計算してみせた。実際は全体が連続している物体を細分して、有限個の部分の集まりに分解し、お互いの部分間に働く力のやりとりを計算に入れて、全体の変形を解くプログラムだ。

最初に彼がやったのは、ハニカム型と薄板型の鏡の変形計算だった。ハニカム型は、鏡を立てていくと、ハニカム構造の長所が活かされないで、防ぎ難い潰れ変形が生じることに気付いた。軽くて自重変形に強い構造に鋳込んで、あとはできるだけ自然に受け身で対応しようというアリゾナ大学のエンジェル博士の考え方には魅力を感じていたが、良いことずくめではないことに気付いた。

一方、薄板型の方は、たくさんの支点で支えれば変形は防げるが、それには二つの問題があった。一つは鏡を立てた時に上側が垂れる。これを防ぐには鏡面に沿った方向の力で支えないといけない。それなのに、単に鏡の裏にあてがった支点では、この方向の力が出ない。支点を裏面に貼り付けるか、穴を穿《うが》って板の厚みの中点で支えなければならない。第二はそれらの支点に与える力の精度である。二百〜三百個の支点の場合、一つの支点が人間一人分ぐらいの重さを支えることになるのだが、要求される力の精度には、五グラムくらいのキメ細かさを必要とすることが判った。この精度が出ないと、平均としては設計に近い鏡面になっても、部分的な表面の誤差が生じる。これらの誤差は、当然そこで反射される光の波の進み遅れとなって、焦点に集まった時に歩調が揃わず、像の明暗やシャープさに悪影響を及ぼすことになる。

こうした計算は安藤裕康君や家《いえ》正則君が得意だった。家君は、やはり僕が指導教官をやったことのある東京天文台の若手の銀河研究者で、その理論的明晰さや数学の強さは群を抜いていたが、相当な実験家でもあった。丸い円盤に余分な力が加わった時に、どんな形の凸凹が現れるかという問題は、銀河の円盤構造にどんな渦巻波形が現れるかという、天文学の問題と大変に似ているところがある。また、太陽のような恒星の振動の問題とも共通性がある。天体に生じて成長する波や振動は、その天体の構造と密接に関連しているので、逆に、波や振動の観測から、恒星の内部や銀河円盤の構造を推定するのに使われる。調査室の人たちは、今までの天文学研究の専門の知識を望遠鏡計画に応用して研究に励んだ。僕と同年や年上の人たちはともかくとして、若い人たちには気の毒な思いのすることがあった。本当なら天文学の研究に打ち込みたい盛りの人たちである。僕自身、銀河の構造を主題とする特別推進研究の代表者として、悩み続けていた。(本気で銀河の研究をするには、この大望遠鏡がどうしても要るのだから)と自分なりの言い訳をしていた。その分だけ、共同研究者の岡村君や木曾観測所の皆に負担がかかった。

コーニング社の調査の後、僕はついでにコントラヴェス社に立ち寄った。コントラヴェス社は、「大きな鏡の研磨に挑戦してもよい」と返事をしてきた何社かの中の一社だった。前向きの返事をしてきたどの会社も、まだ四メートル級以上の鏡を磨いた経験がないのは当然だった。コントラヴェス社がペンシルベニア州のピッツバーグに在って、たまたまコーニングに近かったので、寄ってみることにした。この会社は、昔「ブラッシェア社」と呼ばれた研磨会社の技術を引き継いでいると聞いていたので、行ってみる気になった。東京天文台にある一番古い小さな望遠鏡が、実はブラッシェア社製だったのだ。その会社はもうなくなって、オーエンス・イリノイという会社に技術が移り、それがまた解体されて、コントラヴェス社に伝わっているということだった。アメリカの会社は、合併やら解散が多く、技術は技術者と一緒に渡り歩く、と聞いていた。

ピッツバーグも猛暑でうだっていた。僕は中学の社会科で習った「鉄工都市ピッツバーグ」のイメージを抱いて到着し、その面影が全くないのにびっくりした。二つの川が合流して一本になる「スリー・リバーズ」の三角地帯に、緑の美しい丘に囲まれたダイナミックな街が現れた。昔、林立していたはずの煙突の影はなく、個性的な建物群が美しいシルエットを描いている。川はゆったりと水に溢れ、汽船が行き交っていた。その向こうにパイレーツのホーム・グラウンドの大きな野球場が見える。

コントラヴェス社は、その一つの川に沿って街から車で二十分ほど走った丘陵地に在った。思ったよりもこぢんまりとしている。応対に出た営業のおじさんは野球帽をかぶっていた。

「今までは二メートル級までしかやってないが、近いうちに四メートル級を磨く予定だ」

　と言う。しかも、それは薄板型の予定だそうだ。

「はっきりとは話せないが、アメリカ空軍関係の研究所からの依頼だ」

　と言った。技師が出てきて工場の中を案内してくれたが、並んでいる鏡は小物ばかりで、一個だけ二メートル級のものがテスト中だった。見たところ、これはかなり厚かった。

「ガラスの研磨・工作技術にかけては、うちは高度なものを持っています」

　と言い、鏡の裏面を蜂の巣状に穿《うが》って軽量化したものや、非球面の研磨機、小さいけれども本格的な薄板型の鏡などを、自慢げに見せてくれた。確かに高い技術が必要なように思えたが、気球望遠鏡やロケット搭載用の光学系を試作してもらった日本の光学会社などと較べて、どれほど差があるものやら、判断はつかなかった。

「三百インチはどこで磨けるのですか」

　躊躇《ためら》いながら訊ねると、

「それですよ。当社はこの川の上流に、石灰岩の廃坑を借りていて、そこに大きな縦坑があります。二メートル鏡はそこで磨きました。四メートル鏡もそこでやる予定です」

　と答えが返って来た。

　僕はすぐにそこを見に行った。巨大な石灰岩の廃坑で、今はその空間をいろいろな会社が借りて利用していた。倉庫にしているもの、椎茸の栽培をしているもの、それらと並んで研磨工場への入口も、枝分かれしたトンネルの先に開いていた。二車線でトラックが自由に走れる大きなトンネルだ。今は使っていないらしく、研磨工場の中はじめじめと湿っていた。

「使う時には空調をやって、湿度と温度をコントロールします。静かなことは請け合いますよ」

案内の技師は、自慢げに言った。大きな鏡の研磨で何が難しいかと言えば、それは鏡面の検査だ。研磨自体は、大型の装置を造れば、あとは時間の問題で、擦っていけばよい。「ラップ」と呼ばれる円盤状のものを鏡材に上から押し当てて、磨き粉の混じった液を流しながら回転させる。下のガラス材自身も、中心の回りに回転させる。ラップの大きさ、それを押しつける圧力、それぞれの回転速度など、調整の必要はあるが、それらは大した問題ではない。測定した鏡面が設計値に近づくように、徐々に擦っていけばよい。ただし、測定が正確でないといけない。大きな鏡では焦点距離が長いので、そこを往復するレーザー光の経路は五十メートルを超える。検査装置や鏡がわずかでも振動したり、途中の空気が揺らいだり、温度勾配があってもいけない。だから、外界と遮断された、こんな環境が理想的だった。

「この鉱山の丘の上まで縦坑を穿ち抜けば、ちょうど焦点比が二・〇の三百インチ級の鏡が研磨できます。多少足りない分は、下に掘り下げます」

「鏡の出し入れ、運搬はどうなりますか」

「別の入口を新たに造らないと駄目でしょう。それは出来ますよ。落盤が起こらないように注意深い設計が必要ですがね」

坑口の天井を見上げると、水滴がたまって岩肌を伝わっている。

「磨いた鏡は川に下ろして、水路で運ぶのがよいと思います。オハイオ河からミシシッピー河に入って、ニューオーリンズからパナマを抜けてハワイです」

もう計算済みだというふうに、彼は事もなげに言ってのけた。坑内は涼しかったが湿度が高く、長く立ち話をするには不向きだった。本社に戻って地図を広げてみると、そこからニューオーリンズまで、アメリカ合衆国を北から南に縦断して、水路が認められた。だがさすがにハワイ島に着いた先は、山頂まで「水路」というわけにはいかない。

「そこはＵＦＯにでも運んでもらったらどうです」

技師はいたずらっぽく笑って、眼を光らせた。いかにも秀才らしい、痩身の、アメリカ人にしては小柄な男で、ちょっと神経質そうに眼鏡の位置を指先で直した。

鏡面の研磨についての研究は、安藤さんが担当することになった。一概に鏡面の精度といっても、そう簡単ではない。凹凸を表すにしても、高低の差のほかに、その山や谷の長さや幅が関わってくる。「これこれの幅の谷や山は、これこれの高低差以内に収めなさい」というように指示しないといけない。幅の広い凹凸は、鏡の支持誤差による変形と混じってくる。細かい方は、ガラス粒子のサイズにまで及ぶ。こうした細かな凹凸は光の波を散乱し、星像に暈《かさ》を生じさせる原因になるので、できるだけ滑らかに潰す工夫が要る。近くの明るい星の像からの散乱光は、宇宙の果ての微かな天体像の検出を不可能にしてしまう大敵だ。どの凹凸も低いほど良いには違いないが、それは測定器や研磨機の精度、回転する支持台の出来具合など、たくさんの要素が絡んでいて、ある程度以上の追い込みにはやたらと時間がかかるようになる。最後にどこで打ち切るか、難しい決断になるだろう。研磨作業は井戸掘りと同じで、手分けして先の作業をあらかじめしてしまうことはできない。しくじれば、もう一度やり直しだ。

大きな主鏡のガラス表面に金属の反射膜を張る方法の調査については、僕と中桐正夫君が担当した。中桐君は岡山観測所出身の技術系職員で、僕が東京天文台に移って以来いつも一緒に仕事をしてきた気心の知れた仲間だった。男気に勝っていて、任された仕事は一生懸命にやってのける、正義感の強い快男児だ。国内外の関連企業を当たったが、こんな大物を手掛けているところはなかった。アルミ膜にしても、大望遠鏡の反射鏡に要求される厚さの精度と一様性は、他に例がなかった。大きければ金屛風の類《たぐい》で精度はなく、精度が高ければカメラか眼鏡のサイズだった。岡山観測所にあるような真空蒸着槽《ちゃくそう》は、天体望遠鏡の鏡などのための特別注文品で、それも八メートル級となると、アルミ薄膜の一様性を確保するのが難しそうだった。アルミを蒸発させて鏡に着けるかわりに、イオン・ビームでアルミを叩いてとばす「スパッタリング法」も検討したが、こちらはもっと確信が持てず、結局巨大な真空蒸着槽を考えることにした。蒸着前にする鏡の洗浄となると、職人仕事でいくはずもなく、大型自動洗浄装置を考案しなくてはならない。いろいろと実験してみて初めて、洗った鏡を「完全に一様に乾かす」ことが難しいのに気付いた。この問題の解決には、その後、たくさんの仲間が関わることになった。

四

建設候補地の方は、それまでの調査を総合すると、ハワイのマウナケア山頂が圧倒的に優れていることが判明していた。上空大気の良さを左右する海抜高度が四千二百メートルと高い上に、すでに国際観測所としての枠組みができつつあった。ハワイ州やハワイ大学の支援があって、基盤施設も次第に整備されている。何よりも日本からの交通の便がよく、政情も安定している。天文学的な要請とそうした諸条件を考え合わせると、当然の帰結だった。「しかし一体、外国に日本の天文台を造れるのか」それは一向に判らない未解決の大きな問題だった。

僕は勇気を出して外務省にいる高校時代の友人を訪ねた。

「南極には、日本の観測基地があるけれど、南極はどこの国の領土でもないんだ。ハワイはレッキとしたアメリカの領土だから、かなり違うだろうな」

友人は外交官らしく見解を述べた。

「でも、日本の国外という点で同じじゃないか。つまり、日本国内でないといけない、というわけではないんだろ」

「まあ特殊な例外だよ。国際条約の下に行われてるからね」

「他の国の領土にも、日本の施設が何か在るだろ」

僕は畳み掛けて訊ねた。

「まァ在外公館は別として、その他はあまり聞かないねえ。日本人学校とか、日本文化会館とか。あれは、現地の特殊法人のようなものでね。建物なども借りてる。国の施設や設備が外国に在るということじゃないんだなァ」

「外国の領土内に、日本国の国有施設が置かれてる例があるかどうか、調査してもらえないか。君以外には、どこの役所も、こんな問題は相手にしてくれないだろ」

比較的高い立場にいる友人にこんな面倒な話を持ちかけて申し訳ないとは思ったが、他に行く所がなかった。友人は少し思案していたが、

「いいだろう。調査させよう。時間はかかるかも知れないよ」

と、引き受けてくれた。

国内ではそんな宙ぶらりんでお先真っ暗の状態だったが、僕らのハワイ通いは続いた。ハワイ大学や地元での様々な情報収集と並んで、毎回山頂に出向いて建設候補地の様子を調査した。マウナケアの山頂には、今世紀末までに許される望遠鏡設置箇所として、十三の場所が指定されていた。これは地元との環境保全などの見地から合意された計画である。そのうち既に四カ所には、ハワイ大学、イギリス、カナダ・フランス・ハワイ、米航空宇宙局の、二〜四メートル級の望遠鏡が設置されて稼働している。あと二カ所に、〇・六メートルの小さな望遠鏡が在る。これら尾根筋に囲まれた中央の盆地状の平地には、強い風を避ける形で、イギリス・オランダの十五メートル・ミリ波望遠鏡と、カリフォルニア工科大学の十メートル・サブミリ波望遠鏡を建設中だ。これらの電波望遠鏡は、波長の短いミリ波帯からサブミリ波帯を狙うために、光学や赤外線望遠鏡と同様に、大気条件の良い場所を求めてマウナケア山頂に来ている。上空の大気中の水蒸気量の少ない、高い場所が良いのだ。

手つかずに残っているのは五カ所だった。その中の一つは電波望遠鏡を想定して、尾根筋から下がった北側に予定されている。あとの四つが、尾根筋に指定されているが、そのうちの一つは、ほぼカリフォルニア工科大学の十メートル望遠鏡（ＴＭＴ）に決まっていた。TMTグループは、北側に位置する輪状火山堆の東西に伸びた尾根の東端に狙いをつけて、既に二年間ほども、気象観測や星像モニター観測を継続していた。アルバイトの学生たちが交代でやっていて、Tシャツにジーンズ姿、男はヒゲを、女は髪を伸ばしっぱなしという風体で、山頂の強い紫外線に日焼けして、真っ黒くなって頑張っていた。観測結果は上々ということで、カリフォルニア工科大学は、既にハワイ大学との間に「覚え書き」を取り交わし、そこにツバを付けているとのことだった。TMTは三十六個の分割鏡を合わせて有効口径を十メートル相当にしようという野心的な試みだ。予算が確保できて本協定が結ばれるまでは、あくまでも「仮押さえ」とのことだったが、その場所は遠慮せざるを得なかった。

東側の尾根の、ハワイ大学天文台とカナダ・フランス・ハワイ天文台の二つの間に、さらにもう一カ所、候補地が在るが、ここはアメリカの国立光学天文台が目をつけていると聞かされた。アメリカ国立光学天文台は、一九七〇年代にアリゾナ州のキットピークとチリのセロ・トロロに、それぞれ百五十インチ級望遠鏡を次々に建設し、その後も望遠鏡関係の大きな技術集団を擁していた。

アメリカ合衆国には、光学天文の国立天文台と電波天文の国立天文台があるほか、時刻や暦を定める位置天文関係の国立研究所として海軍天文台がある。国立の天文台のほかにも、スミソニアン天体物理学研究所、カーネギー財団のマウント・ウィルソン・パローマ山天文台をはじめ、州立、私立のたくさんの天文台があって、大望遠鏡から小望遠鏡まで、基礎科学の育成に必要な、層の厚い整ったピラミッド型の構成をしている。その頂点に立つ国立光学天文台の技術者たちは、八メートル鏡四台を一つの架台に載せた、有効口径十六メートルの新世代望遠鏡（NGT）構想を掲げ始めていた。

しかしまだハワイ大学との覚え書きも取り交わしていないし、予算の目処《めど》もついてはいなかった。そこで日本のJNLTグループは、この地点を含めて、同じ東尾根の南端の〇・六メートル望遠鏡の近くの地点と、TMT候補地の西隣の地点の、合計三地点を建設候補地に想定して、条件調査を始めることにした。

東京天文台のJNLT調査室では、安藤さんを中心に、筑波の気象研究所との共同研究を開始した。マウナケア山頂の模型を製作して、気象研究所の大型風洞に入れ、風当たりや乱流の発生状況を研究する。太平洋上を渡ってくる一様な気流の中にマウナケア山が突き出たときの、山頂地形による局所気流を調べるのだ。小さな空気の流れを測る「微風速計」の探針を地形に沿って滑らせて、地表からの高度による変化を測っていく。これは骨の折れる仕事だった。気象研究所の協力で、一年ほどで結果が出た。

いろいろな断面図を作ってみると、まず一番南の、〇・六メートル望遠鏡の在る近くは、峠のような地形が近くにあることが災いして、風が吹き上がり、強い乱流の発生することが判った。残る二地点については、それぞれに長短がある。すでにドームの並んでいる東尾根の候補地は、夏に卓越する東風に対しては風上の尾根に当たるために、前方構造による乱れは少ない。しかし、風当たりは厳しかった。TMT候補地の西隣の地点は、逆の状況にある。お互いには数百メートル離れている。それぞれが作るであろう乱流は地表から剝離して舞い上がるが、これだけの距離があれば、地表で吸った熱は冷却されてしまいそうだ。光の波を乱すのは空気の屈折率、つまり密度のムラで、温度のムラや水蒸気含有率のムラが原因で生じる。温度差がなければ、いくら気流が乱れていても、光の波への影響は少ない。僕らは、十年間にわたる山頂での風向風速の統計データと風洞実験の結果を見較べては、思案し続けた。晴天率は、夏の方が冬に較べて良かった。東側の尾根は、痩せている上にドームが立て込んでいて、工事条件が悪かった。薄板鏡の場合には、強い風当たりは致命的な悪影響を与えるかも知れない。

散々悩んだ挙げ句に、いろいろな面で自由度のより大きな、TMTの西隣の地点を候補地とすることにした。とにかく候補地が定まれば、その次の具体的な調査にかかれる。例えば地質はどうか、実際に星像はどうか、など、早急に調べてみたいことはたくさんあった。そうした新しい調査段階に進むために、一九八六年の九月、とうとう東京天文台とハワイ大学との間に、「日本国設大型望遠鏡（JNLT）計画に関する覚え書き

(MOU)」が正式に取り交わされる運びとなった。内容は一九八四年に作った草案どおりで、「日本側で建設費が確保でき、両者の間でしかるべき土地開発並びに望遠鏡の建設・運用に関する協定書が合意されれば、ハワイ側は指定される地域を年一ドルで貸与する」であった。日本政府がこれを許可するかどうかは、誰にも分からず、何の保証もなかった。足繁くハワイ大学に通ううちに、こうした日本の難しい状況については、ホール所長にも伝えてあった。ホール所長は、

「覚え書きは、あくまでも覚え書き。協定書にサインが入るまでは、お互いに努力中ということですから」

と、割り切っていた。

「何か手伝えることがあれば、言って下さい。こちらでできるだけのことは協力します」

と、調査室の僕らが必要とする資料の類は、どんどん取り寄せて送ってくれた。

「調査結果が出たよ」

暫くして外務省の友人から電話があって、本省に出向いた。

「一件だけあったよ。希有の例だそうだ」

友人は墨書の表書きのある封筒から書類を取り出して説明してくれた。それによると、

一件だけの「希有の例」は、岸信介《のぶすけ》氏の肝煎りでフィリピンに建立された戦没者慰霊塔だった。これは日本の国有財産で、現地の公園の一部を借りて建ててある。厚生省が然るべき管理経費を年ごとにフィリピン側に支払っている。

「天文台とは全く違うな」

友人は気の毒そうに僕の顔を見た。

「しかし、国有財産でも外国領土内に設置できるというわけだ」

「まァ不可能ではないと言えるかも知れないけど、希有の例だよ」

一件でも前例が見つかったということが、僕には無性に嬉しかった。南極基地の例と、この慰霊塔の例を合わせて考えれば、外国領土に天文台を造れるという理屈になる。僕は丁寧に礼を言って、その墨書の表書きのある官用封筒を大切に鞄にしまいこんだ。

五

ＭＯＵ取り交わしの前後から、僕のハワイ通いは一層頻繁になった。ホノルル行きの便は、夜半に東京を発って、朝、向こうに着く。飛行時間が七時間ほどで時差が五時間、合わせてちょうど十二時間くらいだ。夜九時に発てば朝九時頃に着く。そして新しい日が始まる。日付変更線を越えるので、実際には同じ日付の日を二度繰り返す。いつも東京の空港で夕食を済ますようにした。機内食は断《ことわ》って、乗ったら眠って、朝まで六時間くらい眠る。こうすると翌日は午前中から行動できる。ホノルルのハワイ大学に行くこともあれば、便を乗り継いでハワイ島に渡り、昼頃に二千八百メートル地点のハレポハク中間宿泊所入りをすることもある。足はレンタカーだ。この頃はまだ旅費のこともあって、調査室からは一人で出掛けるのが普通だった。

ＭＯＵを取り交わした次の大きな仕事は、「土地開発並びに望遠鏡の建設・運用に関する協定書（ＯＳＤＡ）」の草案作りを相談することだった。ハワイ大学側の当面の相手はドン・ホール所長と秘書のジンジャ・ブラッシュ嬢、科学担当のレン・コーヴィ教授だ。暫くしてロバート・マクラーレン教授がマウナケア担当副所長として加わった。マクラーレン氏は、元カナダ・フランス・ハワイ望遠鏡（ＣＦＨＴ）天文台の所長を務めていたカナダ出身の学者で、マウナケア国際観測所を利用するユーザー側の苦労もよく知っているだけに、問題解決には親身になって付き合ってくれた。

しかし初めのうちは、こちらは右も左も判らず、それまでに成立していた英国の例、カナダ・フランスの例を勉強することから始めた。骨格はどちらも共通していて、土地の貸借、共通基盤施設整備のための分担金、望遠鏡時間のハワイ大学への利用割当、運営委員会等へのハワイ大学の参加、などから成り立っていた。土地の「借料」は年一ドルで、これは国庫、つまりハワイ州の財布に入る。州としては、マウナケア国際観測所の開発に州道の整備や科学保護地区指定、外国天文台への再貸与のための法律整備など、相当の投資をしているが、これは国内外の最先端望遠鏡の誘致によって、何とか回収できると考えているらしかった。砂糖キビと輸出用果実栽培、それに観光だけが売り物の島国としては、科学技術志向のイメージを少しでも高めたい。それに天文台建設は、ハワイ州内にかなりの労働需要を創出する。ハワイ出身者で米本土の大学などに流れた人材がUターンする機会も増やせる。

実際に州と利用者側の間に立って、大変な苦労を引き受けるハワイ大学にとってのメリットは、望遠鏡時間の一部が割り当てられることだった。高価な望遠鏡は建設経費がかかるだけでなく、その運用にも、人件費、維持費、等々がかかる。全体経費を活動の最盛期に当たる三十年間くらいで割ると、平均一晩当たりが数百万円から一千万円以上にもなる。年間一〇パーセントとか一五パーセントの観測時間割当といっても、一大学の研究経費としては馬鹿にならない。当初に支払う加入分担金は、マウナケア国際観測所のこれからの基盤整備に当てる決まりになっている。加入者全体の分をまとめてハワイ大学がプールして資産運用し、利用者委員会の合議によって、支出目的が決定される。山頂への道路の舗装、市街電力線の山頂への引き込み、山頂と山麓間の光ファイバーケーブルの敷設などが、整備計画に挙げられていた。

こうした素案を日本に持ち帰り、光学天文連絡会など、関連研究者の推進母体に諮《はか》ったが、初めのうちはほとんど理解が得られなかった。

「日本の望遠鏡なのに、時間割当を保証しろとはズウズウしい」

「投票権を持つ代表を運営委員会に参加させろとは、越権行為だ」

代表的な異議はこんなものだった。「土地を貸すだけでいいのだ」突き詰めればそういう意見だ。

「もちろん地代はキチンと払う。そのあとは、日本側の自主性を確保しなくてはならない」

「アメリカにナメられるな」――

そんなナショナリスティックな意見を言う人も出るほどで、僕は当惑し、急に憂鬱になった。

（これが普通の日本人の、外国への、そして外国人への感覚かも知れない）

と不安にかられた。

闘いはいずれにしても長期戦になるので、望遠鏡計画推進のための調査に追われながらも、自分の研究も疎《おろそ》かにはできなかった。数年前に開始した岡村君との銀河構造についての特別推進研究は、木曽観測所を中心に進められていたが、たび重なるハワイ行きが、次第に重荷になってきた。どうせハワイに調査に行くならと、ハワイ大学の二・二メートル望遠鏡の観測時間を一割くらい、日本人に使わせてもらう交渉をして、同意を得ることに成功した。ハワイの研究所員たちは、自分たちの観測時間が減るのに不満だったようだが、「将来できるかも知れない大望遠鏡の共同利用を見込んで、今から研究協力をする一方、日本の研究者にマウナケアを体得してもらおう」という僕の頼みを、ホール所長は案外気安く了承してくれた。それに付随して、こうした日本人の観測を支援する目的をも含めて、若い日本人研究者を毎年一人くらい、ホノルルの天文研究所に受け入れてもらうことも呑み込んでくれた。結果として、これらの効果が、後年OSDAを原案に近い形で受け入れてもらえる素地を形作っていった。

間もなく僕自身も、ハワイ大学の望遠鏡を使いに通うようになった。僕の興味は個々の銀河の構造から、銀河の集団の構造にも広がっていた。少し遠方の、ということは、例えば五億光年の彼方の銀河の世界を見ると、私たちの天の川銀河の近くの「現在」の様子とは、少し違う。時代的に五億年前の映像を見ているのだが、空間的にも離れている。そこには銀河が集まった「銀河団」が在り、銀河団と銀河団を結んで「超銀河団」が在り、それが宇宙に壁のように立ちはだかっている。大きな壁の手前には大きな「超空洞」がある。いやむしろ、並んでいる巨大な空洞が宇宙の主役で、その縁にだけ銀河が群がっている、と言ってもよい。銀河がたくさん群がっているところでは、宇宙の永い歴史の中で、お互いの衝突や合体が起こる。お互いの銀河が秒速何百キロメートルという高速で飛び交っているので、衝突によって集団全体の構造が、宇宙の時代とともに変わっていく。一方、超空洞はどうして存在するようになったのか、その問題が世界中の研究者の関心を呼んでいた。

ある銀河の集団をとり出して、その中の個々の銀河の運動を調べると、すごい高速運動をしている。銀河群や銀河団のように、宇宙にほとんど孤立して浮いている物質の塊《かたまり》では、自分たちのお互いの引力と運動はそれなりに釣り合っている。そうでなければ、宇宙年齢のタイムスケールでは崩壊してしまう。その釣合を前提として速度から推算される引力の強さ、ひいてはその源《みなもと》となる物質の総量が、今までの理屈に合わない。集団中に見える銀河の質量を全部足したものの五十倍ぐらいになってしまう。宇宙には大量の「暗黒物質（ダーク・マター）」が在ると思わないと、辻褄が合わない。「超空洞」と並んで、「暗黒物質」が宇宙の主役に躍り出た。（そんな馬鹿なことがあるものか）と初めのうちは思っていた人も、次々に出る観測事実を否定するのは難しかった。

僕がマウナケアで観測したのは、「密小銀河群」と呼ばれる十個ほどの銀河が稠密《ちゅうみつ》に集まっている集団である。こうした密小銀河群は、アルメニアのビュラカン天文台のシャクバジアン博士らのグループによって、一九七〇年代に三百〜四百ほどもリストアップされている。その中の比較的近いと思われる十ほどの群を選んで、詳細観測を行った。

最初に手がけたシャクバジアン・カタログの二〇五番は、五億光年ほどの彼方にあり、十二個の銀河が直径三十万光年くらいの狭い範囲にひしめいて高速運動をしていることが判った。構成銀河の大部分は、星の分布の中心集中が強い楕円銀河だ。互いが衝突を繰り返して、周縁部分が剝ぎ取られてしまったのだろうか。この高速度を支え、個々の銀河を生き永らえさせるものとして、この銀河群を含み込んで広がっている暗黒物質の存在が考えられる。長時間露出の映像を撮っても、銀河と銀河の間には感光するほどの何物も写らない。これらの観測は、この頃既に実用化されていた電子カメラで行われた。半導体に光を当てて電子を作り、その電子信号をコンピュータに送って積算する。だから何枚もの露出を重ね合わせて一枚の映像にすることができる。速度や化学成分を調べるために分光（スペクトル）観測も行った。

何としても辻褄を合わせるには、暗黒物質に頼らざるを得ないとなって、計算機によるシミュレーションをすることにした。この密小銀河群の観測的研究を進めている間に、東京大学教養学部の杉本大一郎さんのグループが、「多体重力計算専用ボード」の開発に成功した。引力の計算には、二つの天体の相互位置をデータに使う。多数の天体の集合系では、無数の二天体間の組み合わせについて考えなければならない。この計算だけを専門にやる電子回路を普通のパソコンに付けてやると、密小銀河群の進化のような重力だけが決め手の計算は、超スーパーコンピュータ並の高速でやってのける。これに飛びついた僕は、そのグループの人たちの助力で、銀河群の進化を追ってみた。やっぱり、広がった、しっかりとした暗黒物質による重力場が在れば、観測結果を説明できる。ハワイ大学の天文研究所の談話会や国際研究集会でも、その成果を発表した。

ＭＯＵを取り交わした年には、それまでの建設候補地に関する調査結果とともに、鏡材や研磨、機械構造についての研究・調査の結果をまとめて「技術調査報告書」を作成し、日本学術会議の天文学研究連絡委員会と東京天文台の将来計画委員会に提出した。これを元に天文学分野全体として、一九八四年末に推進を打ち出した大望遠鏡海外設置計画のクリティカル・レビューが行われることになった。レビューの結果はおおむね好意的だったが、それは、「この短期間によくこれまで調査検討をやった」という努力賞で、「これではまだ、大型望遠鏡をハワイに造れる保証はない」という批判的な意見も残った。まったくそのとおりだった。調査している僕らも反論はできなかった。

この頃僕は、東京にいれば、三鷹の天文台から都心に通うことが多くなった。行き先は本郷、虎ノ門、永田町だ。本郷は東大の本部事務局で、東京天文台の望遠鏡計画推進の陳情と調査準備状況の報告だ。虎ノ門は言うまでもなく文部省だ。その頃には、学術国際局の研究機関課が天文台の担当課だということが、僕にも判るようになっていた。そこの担当官に、とにかく説明に通う。忙しい人たちなので、相手方のスケジュールを見計らって、根気よく押しかける。「見通しは全くない」と言いながらも、一時間ぐらいは我慢して耳を傾けてくれるようになった。

永田町は国会議員の方々である。議員同士の関係はよく判らないけれども、天文学はそれほど利害に響くとは思えない。これはと思う方々は、党派を問わず機会を捉えて、訪れては理解を求めた。「何で私の所に来られたんですか」と不審そうに訊ねられることもあった。こういう方は諦めるより仕方がない。「文教族」という人々のいることも判ってきた。それに国会や各党には文教委員会とか科学技術委員会とか、そのまた制度調査会という類のあることも判ってきた。すると新聞を読むにも、眼を向けるコラムが変わって来た。この前会って説明した議員が総理大臣と懇談したという記事を見れば、ノートに書き留めることも習慣になった。また企業に関連する調査も、こちらから出向いたり、都内に場所を借りて「勉強会」を開かねばならなかった。予算の見込みのない話だけに、お互いに注意しいしい腹を探り合うことが多かった。

この都心廻りは疲れる仕事だった。特に夏の暑い盛りには、体力を消耗した。暑い都内の道路から冷房の効《き》いたビルに出入りしていると目まいがして、喫茶店で体を休めることも多くなった。汗にまみれた背広の襟や袖が、眼に見えて傷んできた。上着なしで行けるところはなく、抱えて道を歩き、オフィスに入る前に着ることを繰り返す。靴も一足は履き潰した。しかしそれでも、根本的な部分では、人々の理解が進んでいるとは思えなかった。

そんな都心通いに較べると、銀河の研究で木曾観測所に通うのは楽しかった。中央道の途中や中央線の車窓から南アルプスや中央アルプスの峰々を眺めていると、日頃の苦しい思いを消すことができた。韮崎や小淵沢のあたりから甲斐駒ヶ岳が見えると、ことのほか心が安らいだ。その山懐の白州町鳥原《はくしゆうちようとりはら》には、ウタと苦労して建てた二軒の小屋が在る。そこには、亡くなったドイツの母も滞在したことがあり、そこが言わば、わが家の三人の娘たちの故郷だったからだ。

白州鳥原は甲州街道から山側に少し上がった、標高七百メートルほどの所に在る五十戸くらいの村だ。北東に八ヶ岳、南方には薬師、観音、地蔵の三山が眺望できる。僕らの二軒の木造の小屋は、黒い瓦屋根に漆喰《しつくい》の白壁だった。家の前の村道を登り詰めると山に入り、下ると釜無川《かまなしがわ》の河原に出ることができた。そこで釣りをしたり泳いだり、漂う白雲を眺めたりするのが、何よりの楽しみだった。

春から夏にかけては庭の笹竹の芽を刈る、野藤の芽を摘む、そして松の芽を採る。子供たちも総掛かりでやらないと、自然の力に負けてしまう。八月に入れば、さすがに成長が速く逞《たくま》しい雑草たちも、暑さに負けて頭を垂れる。ホッとするともう立秋だ。赤トンボが舞い始める。薄《すすき》の穂が顔を出す。空気が透明になって、山々の稜線が一層近くなる。山里の温泉が恋しくなる。黄色い稲田に風が吹き渡り、赤トンボが群舞して村祭りが終わると、柿の実だけが赤く空に映える。雲はさらに薄く、山は近くなる。ある日、山々の頂がちょっと白くなって、冬が始まる。我が家では掘り炬燵《ごたつ》と長火鉢を整え、凍結防止の止水栓をチェックする。晩秋に枯れ草を集めて焚き火をしてしまえば、冬は庭仕事がない。時折の雪掻き以外は、炬燵に足をつっこんで、横の長火鉢で餅を焼いてお茶を淹《い》れ、読書に耽ることができる。飽きたら子供たちとマージャンでもやるか、それとも近くに、スキーかスケートをやりに行ったものだ。湯気に曇った窓の向こうで、雪山がひなたぼっこをしているように思えると、春が訪れる。大地が柔らかくぬくもって動き出す。山の木々が赤々と萌える。やがて一斉に浅緑の冠をつけ、それが尾根から尾根へと広がっていく。

三人の子供たちは、鳥原の自然の一部分になって育った。娘たちは、ミミズやトカゲも、平気で捕まえて来た。魚釣りは長女の陽子モニクが得意で、大きなウグイを釣り上げては、腹ワタを出して塩焼きにした。植物にかけてはウタが先生で、草木の名前を子供たちに覚えさせた。森で茸を採ってきては、バター焼きにして食べた。日本名を調べるために、草木図鑑、動物、野鳥図鑑が揃えられた。僕が少年の頃に作った手製の八センチ屈折望遠鏡を引っぱり出して、天の川やオリオン星雲を皆で覗いた。子供たちは仕事を手伝い、自分たちで遊びを創り出した。見つからないと思うと、どこかの家に上がり込んでいたりすることもあった。「鳥原の人たちはガイジンって言わないよ」と不思議がった。ウタもここでは伸び伸びとすることができた。

木曾観測所への道は、そんなことを思い起こさせた。かつては休暇のたびに出掛けたその小屋へも、この頃は望遠鏡計画に追いまくられて、家族と一緒に行く機会がめっきり減ってしまった。子供たちは友達と、ウタは学生たちと出掛けていたが、僕は週末も疲れてしまっていて、東京の家でゴロゴロしがちになった。たまに鳥原に行っても、好きな魚釣りに出ることも少なかった。葦を分けて降りていた釜無川の河原には、何時《いつ》しかコンクリートが打たれて、釣餌にした川黒虫の姿も、ほとんど見られなくなっていた。

六

薄板型の一枚鏡を検討し始めてからの最も大きな課題は、その支持機構だった。普通の厚い鏡の場合には、自分の重力変形は自分の硬さ、つまり十分に厚いことで防いでいる。また望遠鏡の姿勢が変わるので、そのために特定の箇所が押されたりして歪みが生じないように、柔らかく支える仕組みになっている。しかしその際に鏡が動いてしまわないようにする工夫も要る。一番普及しているのは梃子《てこ》と錘《おもり》の組み合わせで、傾きに応じて鏡の裏面から押し上げる力が自動的に釣り合うように出来ている。望遠鏡が低い所に向いて鏡の姿勢が立ってくると、裏面から押す力は減っていく。厚い鏡の周囲には硬いゴムベルトが掛けてあって、ずり落ちないように吊り上げている。大きな重い鏡では、ゴムベルトの代わりに鋼板のこともある。

厚さ二十センチほどの反った薄板型の鏡には、こんな普通の方法はとれない。何しろ自分の形を保てるだけの硬さがないのだから、部分部分を動かないように支えてやらなければならない。ちょうど薄く切ったコンニャクの形を保とうとするのと同じだ。それが、望遠鏡が真上を向いた時、つまり鏡が水平な時にも、望遠鏡が横を向いた時、つまり鏡が立った時にも、その薄いコンニャク板が変形したり全体として動いてもいけないのだ。

この支持機構の検討会は、これぞと思われる大学や企業の技術研究者を集めて、長期にわたって何回も開かれた。企業の技術研究者の関心は高かったが、予算の目処もないために、たくさんの時間や経費のかかる開発研究には乗り出せなかった。また特定の企業との関わりを避けるために、一般的な研究会の形をとってすることが多く、とりわけ、特定のグループとの突っ込んだ検討が必要な場合には、わざわざ外部に貸し会議室などを借りて会合を開くほどに神経を使った。

理論的な解析検討の結果、答えは二通りのように思えた。第一の方法は、コンニャク板を裏面と側面から外枠に貼り付けて、この外枠を制御する仕方である。第二の方法は、コンニャク板に裏面からたくさんの細い棒を突き刺して、この棒を制御する仕方である。もちろんこの場合、あらかじめコンニャク板の裏に細い穴を刳《く》り抜いておく。外枠に貼る方法では、中の鏡と外枠の温度変化による伸縮率などが違うので、外枠と全面的に貼り付けるのは危ない。お互いの伸縮の差が吸収できるくらいに間を空けて、とびとびに接着する。実際には、たくさんの細い棒の先を接着するくらいになるので、一見第二の方法と似た仕組みを造ることになる。違いは表面に貼り付けるか、穴を開けて差し込むかだ。大型コンピュータを使った有限要素法によるシミュレーション解析が繰り返された。

厚さが一様で二十センチほどしかないとは言え、反りの強い凹面鏡なので、裏と側面から貼り付ける方法では、鏡が立ってくると、押すだけではなく引っ張ることも必要になってくる。それに較べて棒を突き刺す方法では、三百区分ぐらいに細かく分けた各部分の重心点まで差し込めれば、押す力だけで制御できそうだ。制御という観点からすると、差し込み方式の方が単純で見通しが良かった。

（しかし、そんなにたくさんの穴を開けて、薄いガラスが破れないだろうか）

ガラスはコンニャクと同じように中の組織が一様に滑らかなので、傷がなければ破れにくい。それが一旦ヒビや裂傷がつくと、少しの力で広がって大きな破損を引き起こす。（わずかの傷口も残さないようにたくさんの穴を開けるのは困難だろう。製作・研磨の

過程で避けられない鏡の反転作業は大丈夫だろうか）
裏面に穴を開けた薄い鏡を凸型に伏せた状態から、凹型の上向きに姿勢を変えるには、上下を反転させなければならない。それに、一年に一度は、凹面鏡の表面の反射アルミ膜を新しくするために、七・五メートルの薄型鏡を望遠鏡からはずして、蒸着釜に搬入しなければならない。考えるとゾーッとするような作業だ。ガラスの強さは何で決まっているのか、ヒビが成長する過程はどうなのか、勉強しなくてはならない宿題が、止めどもなく増えていった。ガラスの安全性の問題については、専門家の意見は一致していた。

「そりゃァ恐ろしいですよ。でもフッ化水素などを使って微細なヒビを溶かし取っておけば、まず大丈夫です。あとは、まア、局部的に力を掛けないように注意することです。それで、小さなヒビを早期に発見すること。ヒビの成長は加速しますからね」

そう聞いても心配は一向に減らなかった。むしろ日を追って不安は募っていった。

一方では、裏から突き刺して制御するための棒の問題があった。このロボットの腕は「アクチュエーター」と呼ばれた。アクチュエーターは太ければ丈夫で細工はしやすいが、穴が大き過ぎては困るし、重くなり過ぎてもいけない。姿勢が変わっても、できるだけ滑らかに、力が目的の方向に伝わらなくてはいけない。そのためには、こみ入った精密な仕組みが必要だった。アクチュエーターの直径は十センチ以上になるだろう。それが約三百本はないと、支えと支えの間の鏡面が、光の波長の十分の一ぐらいたるんでしまう。一本のアクチュエーターは、人間一人分ほどの重量を支える計算になった。一番の問題は、その精度だった。指定された力に対して実際に出す力に過不足があれば、せっかくのアクチュエーターが、鏡面の変形を誤ってしまう。精度さえあれば、鏡面の研磨が多少まずかったり、後でわずかに歪んだとしても、アクチュエーターの間隔よりも大きなスケールのものであれば、支持力の分布を調整することによって、これを打ち消すこともできる。そして、アクチュエーター方式では、支持する力と変形の対応関係が単純なのが、「制御」という観点からは大きな魅力だった。そうしたメリットを引き出すためには、五十キログラムの支持力を出すのに、その精度は五グラム以下であることが要請される。一万分の一の指加減だ。ロボット・アームの指先の感度は、一万以上の鋭敏さを持たないといけない。これは力を出す機構というよりも、力を測る検知器の感度の問題だった。僕たちの「薄《うす》メニスカス鏡」制御の理想を追求しようとすると、どうしても感度一万をもつアクチュエーターの開発が急務のように思えた。

文部省の科学研究費補助金に、「試験研究」というカテゴリーがある。民間企業などと共同で、技術開発をしたりするのに当てられる。天文台のグループは「薄メニスカス型鏡の能動支持制御機構の試験研究」を申請した。申請額が大きかったこともあって、調査官から査問を受けた。

「本当にモノになりそうですか。少し時間がかかっても結構ですから、原理的なところから説明して下さい」

この説明は半日がかりになった。この時とばかりに、東京天文台の調査室の代表は、文部省の調査官に大望遠鏡計画を説明し、その中でも大きな鏡を造ることがどんなに難しいか、また薄メニスカス方式の特徴と開発課題の大切さを、延々と述べたてた。調査官は辛抱強く僕らの話を聞き、たくさんの質問をしてくれた。たくさんの質問があるということは、それだけ関心があり、熱心に理解しようとしてくれていることの現れだと思いたかった。

「解りました。頑張ってみて下さい。しかし、この試験研究を認めることと、望遠鏡の建設を認めることとは、全く別ですからね、分かりますか。これは飽くまでも、高感度の支持機構の開発研究です」

と釘を刺すのも忘れなかった。一方でこの調査官は、

「ハワイの大望遠鏡計画のことは聞いています。あれは、実現するといいな、という類の計画ですね」

と言った。顔は真面目だった。「文部省の皆も望んでいる」という意味なのか、「今

は現実味がない」という意味なのかは分からなかった。

この試験研究は一九八六年、八七年と二年続き、さらに民間との共同研究も加えて、足掛け三年掛かりの実験となった。民間共同研究には、いくつもの企業が関係したが、主な相手は三菱電機の制御関係の技術研究グループだった。構造設計、工学モデルの製作、性能テストと進んで、最後の難関は予想通り感度一万の力検知器の開発だった。これは、かかっている圧力によって水晶の結晶の「共振周波数」が変わるのを電気的に検出することを基本にして、改良を繰り返し、遂に成功をおさめた。

一九八七〜八八年度には、さらに他の文部省研究補助金を獲得して、九本のアクチュエーターを試作し、これで直径一メートルの薄板鏡を支持制御する工学模型実験を行った。この実験は播州赤穂の天和地区で、野外に大きなテントを張って行われ、その後は、東京天文台三鷹の気球望遠鏡実験室に移し、家君らを中心に継続された。またこのためには、「シャックハルトマン装置」と呼ばれる、特殊な鏡面測定装置の開発製作も、天文台技術者の手によって行われた。このときの経験は、後年、大気による光波の乱れを直す「補償光学系」の開発にも役立った。結局この足掛け五年にわたる実験の結果が、その後の日本の大望遠鏡の様式を大きく左右することになった。一枚ガラスの「薄メニスカス鏡」を能動支持する目処《めど》が立ったのだ。これに関係してはパテントも申請され、後になって認可された。

この頃ヨーロッパでは、独仏伊が中心となって、欧州大陸七ヵ国の連合で運用するヨーロッパ南天天文台（ESO）が、超大型望遠鏡計画（VLT）と称して、三百インチ級四台をチリに造る計画を推進していた。それぞれの三百インチ望遠鏡の主鏡については、アメリカで開発中のハニカム方式のほかに、分割鏡方式、薄板方式、金属鏡方式など、幅広い検討が進められていた。その中でも薄板方式については、やはり制御実験を開始していて、小型模型による制御システムの実験では日本よりも進んでいたが、実機大の試作実験では日本がリードする状況にあった。当然、企業の技術研究者たちも燃えた。三菱電機の通信機製作所のグループは、中堅の工学者、伊藤昇、三神泉の両氏を中心に、マネージャー格の木下親郎《ちかお》氏が加わって、ヨーロッパ勢に負けまいと頑張った。一時、イギリスから、共同で望遠鏡を建設する可能性について打診もあったが、時期尚早ということで、これは立ち消えになった。

日米欧のどのグループも、望遠鏡建設の予算そのものは確保されていなかったが、基礎技術の開発研究や調査には熱が入った。その最終的に目指すところが、宇宙の果てに挑むという人類共通のものなので、三者の競争は激しい中にも、協調の精神が根底に在って、非常に公明正大に行われた。アメリカとヨーロッパは、二年交代で大望遠鏡技術についての国際会議を主催し、日本もこれに招かれていた。日本が最初にこの会議を主催できたのは、一九八八年になってからだった。どの国でも、大望遠鏡関連の開発研究には企業が何らかの形で噛んでいる。企業は情報を出さない傾向が一般的にあるが、この大望遠鏡国際会議では、公式非公式のいろいろなレベルの接触を通じて、必要なほとんどの情報が各国の間に流れた。自分たちの成し遂げた工夫は、隠しておくには余りにも惜しかった。会議に来る天文学者、工学者の皆が、一時も早く大望遠鏡を宇宙の果てに向けることを夢見ていた。

「知りたければ、来て見なさい」アメリカの連中もヨーロッパの連中も、よくそう言ってくれたものだ。三〜四メートル級の望遠鏡を造ったことのないのは日本だけだったので、これは大変に有り難かった。

七

一九八七年は東京天文台の望遠鏡計画調査室が、最も活動的に調査活動を展開した年だった。主鏡の支持方式についての様子を把握するのと並行して、望遠鏡を内に納めて一体となって機能する「建物」の設計検討が進められた。三百インチ級の大望遠鏡になると、小さな望遠鏡のように人手でできることはほとんどない。すべてが機械に頼るわけで、建物自体が望遠鏡を内蔵して回転する巨大な「ロボット」となる。この建物の建造経費は、全体経費の中でも馬鹿にできない。
まず地表からの高さをどうするか。せっかくマウナケア山頂の良い場所を選んでも、地面べったりに望遠鏡を設置したのでは、「地表乱流」の影響をモロに受けてしまう。望遠鏡の水平軸と垂直軸の交点に当たる「不動点」が高ければ高いほど地表乱流からは逃げられるが、建設経費がかさむ。望遠鏡を載せる鉄筋コンクリートの円柱は、揺れては困る。外部の建物とこの円柱の基礎は切り離して、別個に地中に打つのだが、円柱が高ければ揺れやすく、共振する周波数が低くなってしまう。風の息の間隔は一秒から数秒だ。マウナケア山頂での平均風速は秒速七メートルもある。建物の形はどうするのがよいか、それにも関係する。普通の丸屋根ドームを採用するか、それともMMTのような箱形がよいのか。建物全体を地面から回すのか、上の部分だけを回すようにするのか、検討課題は多い。

仕事は二つあった。まず建設候補地で、地表乱流の高さ変化を実測する。次に建物の模型を風洞に入れて、周辺の気流の様子を把握する。風洞実験の方は、東京天文台の近くに在る航空宇宙技術研究所との共同研究で行った。これは風の代わりに水流を使って水槽の中でやった。山頂模型のように大きな構造体の場合には、気流の大きな流れを見るのが主だが、建物では細かな動きを調べなくてはならない。そこで水流に色素を流して録画する方法を使う。意外なことに、低い丸屋根の場合には、正面から来た地表乱流が、建物の丸味に沿って舞い上がり、望遠鏡が覗く開口部にまで昇って来る可能性のあることが判った。望遠鏡の基台は、少なくとも建物の半径程度持ち上げるのが望ましい。三百インチ級望遠鏡の仮設計では、筒の長さが十五メートルある。これが建物の最低の半径だ。十五メートルないし二十メートルは、基台を持ち上げないといけない。

実際の表面乱流層の厚さの建設候補地での測定は、三十メートルの鉄柱を立てて、そのいろいろな高さのところに測定器を取り付けて計測することにした。この「サイト・テスト」は、夜天光の研究を専門としてきた田鍋浩義さんが班長になり、成相さんが実務を担当、野口猛、中桐正夫、それに田鍋さんの下に永年勤めていた宮下暁彦の三助手が、二カ月交代で現地に張り付くことになった。宮下君は離島で長期間の夜天光観測に従事したこともある、タフな合理精神の持ち主である。

この調査はやはり文部省の科学研究補助金の一種の海外学術調査経費によるものだった。

「これは飽くまでも、世界一の場所で地表乱流がどうなっているかの調査研究ですよ。この科研費がつくことと、望遠鏡建設が認められるかどうかということは、全く無関係です」

文部省の担当者からは、またそう言って念を押された。

測定装置はハワイ大学の協力によって製作することにし、三十メートルの伸長マストはアメリカ本土に発注した。文部省担当者の注意は当然としても、建設候補地に測定マストを建てるとなると、もうすぐ建設が始められそうな錯覚を抱いた。

しかし、まず、マストがなかなか届かなかった。現地要員を送り出してからも、仕様の変更やら輸送手続きの仕直しやらで、思うように準備がはかどらない。これが外国に建設することの難しさの、ほんの手始めの経験だった。一方では、ハワイ大学をはじめ、マウナケア国際観測所の人たちが、天文学者だけではなく技術者も含めて、皆が日本の計画に友好的な支援を惜しまないことも、身を持って体験することができた。それがなければ、交代で一人で現地に張り付いた三人の技術要員は、とても耐え抜くことができなかったろう。はかどらない準備に苛立つ気持ちを静めるために、テニスをやったり、文庫本を何十冊も読んだ人もいると聞いた。

マストが送られて来て、皆の手を借りて立てようとしたら、設計に無理があって途中で折れてしまった。交換にまた時間が空しく過ぎる。その間の計測装置のテストも不具合がいろいろと出て、ハワイ大学の担当者に助けてもらった。折悪《おりあ》しく、この担当者の任期が切れて、ハワイを離れてしまうという不運も重なった。それでも悪戦苦闘の末にマストが立ち、測定が行われて、データ取得に成功した。

送られて来た写真には、濃い青空をバックに、四方からの支線にピンと張られて、白く輝くマストが聳えている。そこが僕らの大望遠鏡の建設予定地だ。実測期間は二ヵ月ほどだったが、解析には何とかそれで十分だった。実測終了とともにデータの解析が始まった。まとめは山下先生が担当し、地表から高度に応じて乱流の弱くなる平均的な様子を分析した。

「二十七メートル欲しいな」

山下先生は、僕らが思っていたよりも高い数字を言った。

「それは不動点の高さですか」

不動点は水平軸と垂直軸の交点だ。

「なるほど、望遠鏡は水平を見るわけではないからね。真上を見る時には、建物の天井が不動点よりも約十五メートル上に来る。斜めを見る時はその中間だな」

「でも斜めに見ると、地表乱流層もそれだけ長く斜めに見通すことになるので、高くしておかないといけないでしょう」

「乱流のうんと強い日には、どっちにしても悪いのだから、平均をとる時には除外してはどうだろう」

そんないろいろな議論の末に、不動点は二十三メートルに決着した。すると望遠鏡を載せる円柱は約十四メートルの高さになる。だんだん建物の骨組を想い描くことができるようになって来た。望遠鏡本体は、主鏡が二十トンに支持機構が二十トン。すると機械構造は二百トンから三百トンだ。これを内蔵して回転する建物の上部は六百トンだろうか。精密装置を「重さ」で計るのもおかしいが、一トン当たり一億円が相場と聞いたことがある。それで換算すると、望遠鏡は三百億円になる。この値は不思議に統計予測と合っていた。今までに建造された大望遠鏡の建設経費と口径との関係を調べると、多少のバラつきはあるものの、一定の経験則が得られる。経費は口径の二・七乗に比例する。立体的なものだから三乗に比例してもおかしくはないが、大きくするたびに何らかの工夫をして、経費の節減を計っているからだろう。統計資料はすべて現在の米ドル建てである。一ドルが二百三十円の相場で換算すると百三十ミリオン・ドルになって、そうおかしい数字ではない。これに建物やら何やら含めると、計画の総経費はさらに嵩《かさ》むことになる。

既に基盤施設を有して、三〜四メートル級の望遠鏡を建設・運用している欧米とは訳が違い、日本には大望遠鏡のための基盤設備も組織もない。日頃夢中になって技術調査に専念していながらも、誰しもフッと我に返って、（本当にできるのだろうか）と不安になる瞬間がある。けれども、お互いに口に出す人はいなかった。考え出すと眠れない夜もあったが、もう後に退くことは絶対にできない。とにかく不明な点を次々に調べて明らかにし、課題をこなして行くしか道はなかった。調査室の主要メンバーは皆、僕と似た気分で仕事を続けていたに違いない。周囲の人々は応援はしてくれたが、一定の距離を保っているように思われた。

建物のおおよその大きさの見当が付くと、その外見、つまりデザインの検討を一度やってみることになった。天文学者は望遠鏡を使うけれども、一般の訪問者は、外から建物を眺めるだけのことが多い。丸屋根のドームは天文台のシンボルのようになっているが、もっと未来志向の斬新な姿にしてみたかった。機能や内部の構造の検討に入る前に、一度デザインの勉強をすることになった。

「いくつか描いてみました。どれが良いでしょうか」

契約した建築デザイナーは、僕らの注文を聞いて帰った後、三週間ほどして五通りのスケッチを持って来た。場所はこんな所だと写真を見せ、風当たりが強くても大丈夫なこと、観測時には扉を開けて外を覗くことなど、かなりの説明をしたつもりだったが、一見してどれも及第とは言えない作品ばかりだった。自分たちが説明し忘れた大事なことがまだあるような感じだった。見る人に天文学者の気概が伝わるようにとか、宇宙時代の未来志向が感じられるような、という点に力点を置きすぎて、機能についての基本的知識を伝えるのを怠っていたのだ。

再度説明して、二度目の作品はだいぶ良くなったが、まだ何か不足していた。それは実は、建物の中身についての検討不足に由来していた。外観のデザインだけの検討は、あえなく打ち切らざるを得なかった。それに代わって、内部空間の利用計画や設備の配置、望遠鏡を載せる円柱や建物の基礎を打つための地盤強度の検討に入ることにした。建物全体の熱設計も、強度設計に劣らず重要だった。建物内の陽炎を防止するために、日中の太陽熱流入の遮断や、夜中の外気温を予測して望遠鏡周りを冷却するなど、基本的な方針を立てて、その具体化に向けた実験や計算を開始した。ほぼ円筒型と決めた建物の外壁は、よくみる酸化チタンの白塗ではなく、光沢のあるステンレスかアルミにするほうがよさそうだった。白塗の外壁は、吸った太陽熱を放射して暖まるのを防ぐけれども、夜にも熱放射を盛んに行い、冷えすぎて乱流を作るからだ。建物内部の空気の流れもコントロールしたい。

僕は工学関係の図書室や研究室を廻って、「熱工学」の本を囓《かじ》った。物理学で知っていたのは、対流や放射や伝導の「原理」であって、いざ大望遠鏡とその建物の温度分布や制御を考えると、肝心のところで不十分だった。そこには実際の「物」が入ってきて、その複雑な性質は、経験的にしか把握されていないことが多かった。天文台の調査室のメンバーの多くは理学博士号の取得者で、ともすると理屈をこねがちだ。ではどうするのかという結論を出すのに、時間がやたらとかかった。その点、天文台外の研究機関や企業の工学者の人たちと技術検討会で議論をすると、実にあっさりと結論を出されてしまうことがあった。工学者は偉いものだと思った。欧米の大きな天文台には、天文学者と同数ぐらいの工学的な職員がいて、工学博士号の取得者も少なくない。

（もしも天文台が東大を離れて国立の天文台になるならば、工学技術を担えるような、組織やグループを整備したいものだ）

と願った。

禁じる法律はない

一

一九八八年夏のボルチモアは蒸して暑かった。かなり体調をくずしていた僕には、港町の坂道の登り降りがこたえた。若い頃の胃潰瘍のあとが時々痛むほかには、これといって悪いわけではないが、五十歳を超えて体力が全般的に衰えてきたのか、蒸し暑さがこたえた。国際天文学連合（IAU）の総会が、ここメリーランドの旧都ボルチモアのコンベンション・センターで開催されている。その冷えた会場から外に出て熱気に曝《さら》されると、もうホテルまで戻るのも、おっくうになった。いつ叶《かな》うとも知れない望遠鏡計画の推進に、すっかり健康を磨り減らしてしまっていた。

かつてヨーロッパからの移民やアフリカからの奴隷が上陸したチェサピーク湾の内港に隣接するコンベンション・ホールは、三千五百名を数える世界中からの天文学者で埋まっている。僕は三年前のインドのデリーでの総会で、第三十六分科（恒星大気理論）

の委員長に選ばれていたので、この三年間の報告や、科学討論会の司会、次期委員長選出のビジネス・セッションなど、気の張るスケジュールを抱えて、だいぶ参っていた。それに加えて、今回の総会では、日本から古在由秀先生が国際天文学連合の会長に選任される予定になっていた。

その会長選任等の任に当たる「特別指名委員会」の委員は、三年前のデリー総会で選出されたのだが、その五名の一人に僕は入り、サハデ会長の下に、次期の会長、次々期の会長候補、副会長等を推薦する役を仰せつかっていた。六年前のパトラスでの総会の直前に、当時のバップ会長が急逝したために、デリー総会では会則が改訂され、今後は次々期会長候補も決めておくことになった。各国の希望や研究分野間の調整も必要で、指名委員たちの意見は、必ずしも簡単にまとまるわけではなかった。委員になったのを幸い、最初に僕は、かねてからの日本の研究者の希望を前面に押し出して、数人いる副会長の一人に日本人を入れることを主張した。ところが、「中国から副会長に一人を」という強い要望があるという。これは、中国がIAUに加入して以来の懸案なのだそうだ。候補者も日本側で考えている候補者と分野的に近い。中国と日本からそれぞれ一人というわけにはいかない。やり合った挙げ句に、副会長の席は中国に取られてしまった。

一方、会長については、アジアのバップさんの後、三年とんでアルゼンチンのサハデさんがしているので、その後はアジアの国からの候補ではあり得ない。ヨーロッパかアメリカかソ連からが順当なところだ。結局ソ連からの候補推薦を受けた。副会長たちが実務に当たるのに比して、会長は少し名誉職的なところもあって、候補は高齢の方だった。そのあと、次々期会長候補も選出しておくことになった。そこで初めて日本人ではどうか、が検討された。日本人でよい、となってからも、誰にお願いするかについては、サハデ会長に五人の委員を加えた六人の間では、意見が分かれた。やはりそれぞれの分野の研究仲間はよく知っているが、分野が違うとあまり知らない。サハデ会長を通して、以前会長を務めた方々の意見も求めたが、やはり一人に絞るには至らない。最後は、日本人委員の僕の推薦を受けてくれるようにお願いした。その結果、古在先生が次々期会長候補に内定しかけた。ところが、会長候補に内定したばかりのソ連の高齢の天文学者が急逝したのである。ソ連の第二候補者はやや若くて、次期会長よりは少し先が適当だろうとの意見もでた。この時には、作業期間三年のうち、すでにかなりが過ぎてしまっていた。急遽、次々期会長候補の古在先生を次期会長候補に繰り上げて対応することに全員の意見が一致した。

ボルチモア総会では、奇しくも、発足したばかりの日本の「国立天文台」の初代台長、古在先生が、IAU会長に選任される運びとなった。

その一ヵ月前の一九八八年七月、旧東京天文台と水沢緯度観測所に名古屋大学空電研究所の太陽電波研究グループが加わって、「国立天文台」が創設された。旧水沢緯度観測所は、明治時代に国際共同緯度観測事業に我が国が参加するために設けられた文部省直轄の研究事業所で、東京天文台と同じくらいの古い歴史を持っていた。東京天文台が編暦事業などを中心に発足しながら、東京大学の一部にとりこまれて付置研究所となり、大学研究所として基礎科学研究分野に少しずつ地歩を広げてきたのに較べ、独立の直轄研究所として、どちらかと言えば事業に専念してきた緯度観測所は、臨時行政調査会などの議論の中で、使命を終えた事業所とみなされがちだった。緯度観測所の研究者たちは、すでに事業の枠を超えた研究活動を展開しつつあったが、組織の枠組みは必ずしもそれにふさわしいものではなかった。文部省の方針によれば、大学の研究所を改組して、全国の大学研究者が携わる「共同利用機関」を育成する。先端的な大型装置などは、このセンターに設置運用させ、共同で利用する。センターの運営には、全国の研究者が参加する形態をとる、ということであった。水沢緯度観測所をそのまま廃止する手はない。東京天文台と一体化して、新しい天文学のセンターにしよう。「大学共同利用機関」として「国立の天文台」を創設しよう。それがこの七月一日に、遂に発足したのだった。

組織の統廃合は、どんな場合にも、それぞれの事情があって難しい。東京天文台の場合、東京大学という親元を離れることに、予想以上の抵抗があった。

「東大を出るメリットは何もない。共同利用機関になってサービス業務をやらされるのはご免だ。大切な研究ができやしない。総長は大望遠鏡くらい東大として造ったらどうか、と言っているそうではないか。共同利用機関になったら必ず造ってやるとは、文部省も約束してはいない。そんな雲を摑むような話に乗れるものか」

そんな意見が百出した。出始めると、変化に不安を抱く人たちや東大の名声にこだわる人たちが、重い改組の足取りを更に重くした。緯度観測所内の調整も大変に違いなかったが、東京天文台は大学の組織として、個々の教官の合意が決定の基本となるだけに、教授会に次ぐ教授会が連日開かれた。移行のための概算要求を出す決定をするまで、前前年から前年の春にかけては、激しい議論が夜中過ぎまで続くこともあった。

「望遠鏡計画をタネにして、東京天文台を潰そうとする詐欺師だ」

と罵《ののし》る人まで出たほどだが、古在台長は驚くほどの忍耐強さで頑張られた。

こうした様々な心配が、根も葉もない馬鹿げたものだとは言えなかった。移行したら大望遠鏡を造る予算がつくという確証はなかったし、共同利用機関になることのデメリットも、皆無でないことは確かだった。そんなに大きな研究所が生まれて大型予算を扱うようになれば、天文学分野の研究者がそこだけに集中してしまい、分野全体としての健全な発展が妨げられる懼《おそ》れもあった。

そうした論議が具体的な形をとったのが、東京天文台の一部を東京大学に残そうという主張だった。東京天文台と水沢緯度観測所を統廃合して一つの共同利用機関を作るのが、文部省の筋書きだ。しかし、それでは、今まで天文台を持って教育や研究をしてきた東大はどうなるのか。大学院があるのに、観測所も何もない大学になるのか。「共同利用研のを使えばよい」で済むのだろうか。だいたい日本の大学には天文学を勉強できるところが少なすぎる。欧米の常識からすれば全く異常だ。東大、京大、東北大に名古屋大学を加えた程度で、そのうち望遠鏡らしいものを持っているのは東大と京大だけだ。その東大が丸裸になってしまっては、学生教育の出来るはずがない。

(何とか天文台の一部を東大に残して、当面の学生教育に差し支えないように工夫しよう。そして将来は、それを育てて、また大学天文台のようなものを作ろう)

研究者のこうした考えに、当局は反対した。

「二つの組織を合わせて、二つの組織になるなんて焼け太りだ、許せない」

というわけだ。しかし誰の眼にも明らかなように、東京天文台がすべて出ていってしまった後の東大の天文学教育は成り立たなかった。結局、三講座程度の観測実験的な教育研究センターを残すことになった。しかし、誰が残るのか、またそのために東京天文台の持っている四つ五つの観測施設のうちのどの施設、つまりどの望遠鏡を付けるのか、の判断は容易ではない。望遠鏡を決めれば、それに付く人も決まる。大学院生を指導するのに向いた、研究活動の活発な人たちが残らなければならない。

この検討には、「将来計画委員会」から出発した「改組調査準備委員会」が当たった。将来計画委員長の内田豊さん、準備委員長の平山淳《ただし》さん、望遠鏡計画の総括責任者の僕の三人は、天文台の近くのレストランに毎晩のように陣取って、資料の検討をやった。人が相手なので神経を使う作業だったが、内田さんは根気よく候補者と話を進めていった。一番の難関はどの観測施設を残すのか、だった。大きすぎても維持に困る、小さすぎては教育や研究に意義が少ない。そんなことで、世界一級のサイズを誇る木曾観測所のシュミット望遠鏡が候補に残った。主鏡径一・五メートルのシュミット望遠鏡は、大きいけれど単能で、一度に広い夜空の映像を撮る専用装置だ。今までに撮影したかなりの枚数の大型乾板のストックという財産も付いているし、それを測定する新型装置も、僕らの特別推進研究で導入されていた。

一九八六年の大晦日の午後、娘たちと家でお節料理をお重に詰めていると、将来計画委員長の内田さんから電話がかかった。

「これから木曾観測所長の石田蕙一さんのところにお願いに行きますが、銀河系部の部長として一緒に来てくれませんか。七時に彼の家です」

大晦日の夜、七時から話を始めた。何しろ本格的な相談としては初めてのことなので、気にかかることは洗いざらい持ち出して、検討した。維持費はどうなるのか、どんな人が残るのか、どんな設備を残せるのか、またどんな設備を共同利用機関に移行させるのか。一渡り検討が済んだ時には相当に夜が更けていた。

「今の時点では、これ以上のことは判りませんね。方向を決めて最善を尽くすしか仕方ないでしょう。でも、木曾を残すかどうかだけは、新年までに決めなくちゃなりません。お願いします」

二人でお願いすると、木曾観測所の所長を務めておられた石田さんは、もう一度ちょっと考えられてから、

「はい、解りました。そうしましょう」

と、決心を示して下さった。僕らは肩の荷を下ろしてお宅を出た。家に着くと、もう新しい年が始まろうとしていた。

新しい年に入ると、文部省の中にも正式に改組のための調査研究会議が設置されて、制度的な移行準備が始まった。最後に新しい機関の名称の問題があった。「東京天文台」のままでよいではないか、という人もいた。実際、世界中の天文台の多くは、所在地の地名を冠していた。東京大学東京天文台が文部省東京天文台になればいい。しかし新しい組織になるのだから変えるべきだ、というのも至極もっともな主張だった。「天文科学研究所」とか、二十年も前に一度浮上した「宇宙理学研究所」の案も検討された。「天事業所としての天文台という旧来のイメージを拭い去って、基礎科学研究と取り組む姿

勢を表したかったからだ。しかし一足先に発足した大気圏外科学を中心的に推進する大学共同利用機関「宇宙科学研究所」にお株を奪われてしまっていて、紛らわしかった。

「あのウチュウは困ると言ったんだよ」

古在先生は、よくそう言われた。「宇宙」の英語には「ユニヴァース（UNIVERSE）」と「コスモス（COSMOS）」がある。俗に「宇宙」と訳される「スペース（SPACE）」の方は、地球の外の空間、正しくは「大気圏外空間（EXTRATERRESTRIAL SPACE）」の略で、これをそもそも「宇宙」と日本語訳したのがおかしい。天文学で相手にする、全時空を意味する「コスモス」または「ユニヴァース」こそが「宇宙」なのだ。しかしそうは言っても後の祭りで、どうすることもできない。投票などをやった結果、「国立天文台」ということに落ち着いた。国立東京天文台とか東京国立天文台という案も、最後までくすぶっていた。ちなみに米国は、地名を冠して「キットピーク国立天文台」、または分野名を冠して「国立光学天文台」である。東大には三講座に木曾観測所の付いた「理学部付属天文学教育研究センター」が設立された。

ボルチモアＩＡＵ総会の晩餐会は、チェサピーク湾の内港を挟んで建つ水族館と科学博物館の二つを開放して行われた。本来なら、今年中にスペース・テレスコープ（ＳＴ）が打ち上げられていたはずで、そのための研究所を新設したここボルチモアの「お祭り」になる予定だった。あいにく、スペース・シャトル「チャレンジャー号」の事故が起こり、計画全体が後送りとなってしまった。アメリカのNASAと欧州連合のESAの協力になる口径二・四メートルのハッブル・スペース・テレスコープ（HST）は、当分格納庫に眠る運命になってしまった。

他国の天文学者と話しながら、古在先生と海岸の道を歩いていると、東京からの連絡が入った。

「来年度の大型望遠鏡の予算要求は、採り上げてもらえませんでした」

予期しないことではなかったが、聞くと力が抜けてしまった。

（国立天文台に移行すれば何とかなる）

と思って頑張ってきたのだ。

（でも、最初からそううまく行くはずもない）

と気を取り直す。ボルチモアに一緒に来ていたウタは、僕のがっかりする様子を見ても、慰めることが出来なかった。この頃には、「絶対にやるべきよ」と気丈夫に言って僕を支えてきたウタも、神経的に滅入り始めていた。そうした僕ら二人には、ボルチモアの内港の灯火も賑々《にぎにぎ》しすぎ、古在先生の会長就任の内祝いに向かうにも、

（IAU総会の日本誘致は実現しそうだが、これも望遠鏡計画推進の一助になるだろうか）

としか、まずは考えられなかった。世界各国の昔馴染みの仲間たちと話していると、ウタも僕も胸を張って望遠鏡計画の話ができたが、二人だけになると、何かとてつもなく大きな間違いを犯しているような気分に襲われることがあった。

二

ボルチモアで国際天文学連合の総会が開かれた一九八八年は、東京の桜が美しい年だった。三鷹の天文台構内の桜並木は、何か新しい希望を抱かせるかのように咲き誇った。その年の四月には、中曾根康弘氏が、ハワイでの会議のついでにマウナケア国際観測所に立ち寄られた。科学技術庁長官も経験しておられたので、あるいは河本敏夫氏あたりから話を聞いて寄られたのかも知れない。河本さんは専門家顔負けの天文博士で、最新の成果などをよく勉強されておられた。「大望遠鏡計画推進議員連盟」の会には、さすがにご自分では出られなかったが、秘書の方が顔を出していた。夕食を一緒にした時には、質問攻めに遭って食べ物が喉を通らず、「どうぞ食べて下さい」と河本さんに注意されるほどだった。

中曾根さんには、数年前に書いた『現代天文学入門』を贈った際に、丁寧なお礼状をいただいた。その小冊子は中央公論社の編集部から話があって書いたものだ。望遠鏡計画の迷路の中にいて、引き受けようかどうかと随分迷ったが、結果的には引き受けてしまった。

(望遠鏡計画の推進にはまり込んで行けば、何かまとまったものを書く気には当分なるまい)

と思えたからだ。手は着けたものの、二十代にウンゼルト先生の『現代天文学――新しい宇宙の姿を求めて』を訳した時のようには、仕事ははかどらない。何とかまとめてみたが、いつものことで、印刷されて出版されてしまうと後悔するのだった。

「やっぱり少し難しすぎましたね」

と中公新書の編集者からも言われた。それだけに中曾根さんからの礼状は嬉しかった。

ハワイは日本とアメリカ本土との中間に位置していて、結構両国の重要な人物が立ち寄ることがある。時には会議も開かれる。合間の疲れ直しがゴルフだけでは能がない。少しは知的なレクリエーションとして、マウナケア国際観測所の見学も悪くはない。しかし、やはり四千二百メートルの高山だから、知的なレクリエーションにはなっても、体は疲れる。特に年輩の人の場合はそうだ。それでも、中曾根さん以外にも、首相経験者や首相候補者レベルの政界の方々が、何人も視察に訪れて下さった。僕らとしては、望遠鏡計画の予算要求の話を踏まえての視察だと欲目に考えがちだったが、単に地理的、時間的理由からだけのスケジューリングだったのだろう。案内には、たまたま僕なり準備室の誰かがハワイに行っていれば、喜んでお手伝いをしたし、場合によっては、わざわざそのためにハワイへ飛ぶこともあった。ハワイ大学の天文研究所のホール所長は、社会へのPRにも熱心で、日本のVIPの視察の折には、ホノルルから出て来てくれることが多かった。

日本から誰も行けない時でも、林左絵子さんが案内に立ってくれた。林（旧姓鈴木）さんは東京大学の大学院を出て、同じ天文学者の林正彦君と結婚したが、当時は、ハワイのマウナケアに四メートルの赤外線望遠鏡をもつ英国天文台で働いていた。かつて学生時代に、たまたま僕の杉並の家の近くに下宿していて、娘どもの家庭教師をしてもらったことがあり、後輩なので気安く頼めた。彼女はいつも快く引き受けてくれて、その解説は訪問する人たちを感動させた。だいたい天文学に縁のない人でも、マウナケア山頂に一度行くと、「これはすごい。日本の望遠鏡もぜひ造らなくては」と思うようになる。

中曾根さんの訪問から三カ月ほど経って、今度は文部省の担当官が視察に立ち寄ってくれることになった。

（やっぱり国立天文台になったので、計画実現の可能性が格段に高まったのだろうか）

今まで文部省にはお百度を踏んでいるものの、担当官が現地に行ってくれるのは初めてだった。僕も仕事の日程を合わせて、同行した。やはりアメリカ本土での会議のついでに寄ったもので、「やるにしても、やらないにしても、一度くらいは見ておかないと、と言われて」と、摑みどころのない話だったが、本当のところは判らない。けれども、全然来てくれないよりは、とにかく見てくれるだけでも、一歩前進だった。マウナケア山頂まで登ってくれた人たちはすべて僕らの仲間だ、と思いたかった。ある時には、アメリカの上院議員が視察に寄って、ワシントンに戻ってから日本のさるVIP宛に、「JNLT計画を推進するように」とわざわざ一文を送って下さった。これは逆効果で、日本では然るべき筋からきついお叱りを受けた。

国立天文台が発足はしたが、大型望遠鏡の予算については全く見込みが立たず、代わりに「大型観測装置調査費」がついた。何でもこれは、大学共同利用機関になった天文台が、いろいろな装置を調査するための「呼び水」だそうで、「大型望遠鏡を含めてお考えになるのは、そちらの自由です」と言われた。国立天文台の中には、大望遠鏡計画の「準備室」が設置されて、予算要求書の作成などに当たった。望遠鏡計画のための「専門委員会」も設けられ、各大学などからの委員が出席して、推進方針や技術仕様について審議することになった。「大望遠鏡技術検討会」では、目標をはっきりと定めて、系統的に調査研究が進められていた。その頃の準備室の主なメンバーは、室長の僕とともに、山下先生、成相、安藤、野口、増山の五人に家、佐藤修二、中桐君らを加えた七～八人で、それを周辺のいろいろな方々が支えて下さっていた。佐藤君には、外国に長期滞在中だったのを説得して、京都大学から移って来てもらった。光学域と並んで赤外線域の天文学が面白くなるのは眼に見えていて、彼のような赤外線天文の実験物理屋さんはどうしても必要に思えた。独特な純朴な人柄が魅力的で、手始めに天文台の従来の縦割りの実験室システムなどを改善してもらおうと思ってお願いした。また少しして、赤外線天文学をやる山下卓也君と、高エネルギー物理学をやっていた関口真木《まき》君にも、来てもらった。関口君はシカゴのフェルミ・ラボから移って来て、世界一の大面積半導体検出器の開発に取り組んだ。調査準備作業は着実に進んではいたものの、肝心の「海外設置」という基本的な条件が認められるものかどうか、それは依然闇の中にあった。

ボルチモアでの国際天文学連合の総会が終わって秋の気配が感じられ始める頃、例年のマウナケア観測所の利用者委員会が、ハワイ島のコナで開催された。この会には、日本からはオブザーバーとして出席させてもらっていた。最初の回に寿岳さんに出ていただいてから、もうここ何年かは僕が出席してきて、各国の委員たちと、またハワイ大学の皆とも顔馴染みになっていた。

利用者委員会のために夕方に東京を発って、ハワイに着くと朝だ。時差は五時間だ。

僕のような観測天文学者は、夜昼をひっくり返した生活をするのには馴れている。しかしその場合には、地球の自転と居場所との関係はズレないで、自分の時間割だけをズラす。不思議なことに、この方が、時差でズレるよりもずっと楽だ。利用者委員会の初日は、コーヒーを飲んではボヤッとしがちな頭を振り振り、会議室の窓の外に広がる太平洋の海原を眺めながら、各国の代表の報告を聞く。オブザーバーには公式の発言の番は廻って来ない。休憩時間や懇親会の機会に相談しておかなくてはならない宿題を思い起こす。毎回のように、

「JNLTは造り始めましたか」

と聞かれて、

「いや、まだ予算の目処が立っていません」

と答えるのは辛かった。それでも、

「そうですか、頑張って下さいよ」

と他国の天文学者たちに励まされると、日頃の疲労感も和いだ。

マウナケア国際観測所での日々の生活でもそうだが、特にこの利用者委員会では、ここで仕事をしている人たちの一体感が強烈に感じられた。ここで望遠鏡を維持運用している人々、観測をする人々、研究をする天文学者たち、それぞれ役割や国籍は違っても、何か人類文化の最前線で共同作業をしている、といった誇りと責任感に満ちている。ハ

ワイ大学の天文研究所長のホール博士は、前任のジェフリース博士と同じニュージーランド国籍だ。誰かが困っていれば、お互いに気持ちよく助け合い、それでいて、学問上の健全な競争意欲にも溢れていた。ここでは国籍はあまり意味を持たなかった。もちろん、日々の雇用関係とか、分担金の査定とか、国境や国籍にかかわる泥臭い苦労は山ほどあったが、それらは次元の低い、何とかして克服すべき諸課題にすぎなかった。

ハワイという土地柄が、東西の混血市民を育てている。これほど多くの民族が混じって暮らしていても比較的に静穏なのは、ポリネシアや東洋の血が多いからだろうか。自然が豊かで柔和だから、人々はお互いを許して生きていけるのだろうか。第二次世界大戦中のハワイの日系人のなめた辛酸は広く知られていて、真珠湾にはアリゾナ記念碑がそびえている。アメリカのために血を流した日系米人と、アメリカ人の血を流した本土の日本人と、この両者のハワイ大望遠鏡計画に向ける眼差しは違っていて当然だ。しかし、それがあまり感じられない。利用者委員会にも日系米人が何人も出席しているし、地元の代表の多くは日系人だ。

（そのうちにウタも連れて来よう）

と考える。既に山頂に望遠鏡を持つ天文台の所長さんたちの家族は、このハワイ島の住人だ。委員の多くは夫婦でやって来ていて、公式の会議の席以外では、家族ぐるみのお付き合いだった。

利用者委員会の終わった明くる日、僕と林左絵子さんは、片山仁八郎《にはちろう》さんご夫妻をマウナケア山頂に案内した。片山さんは三菱電機株式会社の会長さんで、日米間のハワイでの会議に出席する機会に、マウナケアにお寄り下さるとのことだった。いろいろな電機製品で知られている三菱電機は、実は長野県野辺山の宇宙電波観測所の大きな電波望遠鏡を製作した会社でもある。これは三菱電機の衛星通信部門の持つ高度なアンテナ製作技術を発展させて成功させたものだ。そのほかにも、一九七〇年代には、イギリスがオーストラリアと共同で建造した口径三・六メートルの「アングロ・オーストラリアン・テレスコープ」の「追尾用架台構造」を製作した経験をもっている。この追尾用架台構造は、世界一の性能を持つと折り紙付きのもので、その後この望遠鏡が生み出した数数の成果を可能にした要因の一つと言われている。当然、三菱電機は、天文台の調査室が行った「企業一般サーベイ」のリストに入っていて、その後も、三菱電機の技術者たちは、「望遠鏡技術検討会」に積極的に参加していた。しかし、予算措置の見込みがないので、参加には明らかな限界があって、文部省から「民間との共同研究」や「試験研究」などの研究補助金をもらっては、基礎検討を積み上げてきていた。

「どのくらい売れますか」

と聞かれて、

「今世紀はせいぜい一台ですよ」

と言えば、どんな大会社の営業さんもいい顔はしない。おまけに、この手の望遠鏡建造の全体契約をする企業のリスクは、無限大と言ってもよいくらいだ。普通の採算にのる話ではない。企業のトップが「国のため、人類のためにやろう」と決断してくれなければ無理な話だろう。それに予算の目処は立っていない。

(でも、一歩でも前進できればよいのだ)

と、萎える気持ちを、いつものように奮い立たせる。何人かの企業のトップを案内したが、片山さんには、特に理解して欲しかった。ご夫妻は高齢にもかかわらず、若者のような足取りで見学して廻られた。そして帰りに、ハレポハク中間宿泊所のテラスで一休みすると、

「天文学というのは、思っていたよりも面白そうですね。大切なんですね」

と、おっしゃられた。僕は同行の林左絵子さんと顔を見合わせた。陽に灼けた林さんの顔はニコニコしていた。

三

ワシントンDCは既に秋も深まって、大使館などの多い地域に近いホテルの通りは、

街路樹の葉が落ち始めていた。霧の深い日だった。会議場はアメリカ科学財団（NSF）の本部に設定されていた。

ハワイでのマウナケア利用者委員会が終わって、十一月に東京での開催が予定されている大望遠鏡国際会議の開催が迫って来た頃に、そのワシントンでの会議の通知が舞い込んだ。

初めは要領を得なかった。「G7」と呼ばれている先進七カ国蔵相会議に似たような、しかしもっと非公式な科学技術関連の会合が毎年開かれていて、その作業会が招集されるのだそうだ。通称「科学技術ミニ・サミット」だが、正式には「日米欧三極科学技術担当者会議」と呼ばれることを、後に知った。通常各国から代表者一名に予算担当局から事務担当者一名くらいが出席する。我が国からは、総理大臣の下に設置されている科学技術会議の常任委員が出ているらしい。この年五月にあったこのミニ・サミットの席上、天文学分野の地上大型施設についての作業会の設置が決まった。アメリカ代表からの発案にヨーロッパ諸国の代表も賛成して決まったのだそうだ。「大型地上天文施設」についての国際作業会が招集されることになって、外務省も科学技術庁も、意外に思ったことだろう。話は文部省を通じて天文台に来た。そしてその作業会には、とにかく僕が出席することになった。文部省の国際部門の担当者が一人同伴することも決まった。降って湧いた話だった。

歴史を振り返ってみると、いつの時代でも、経済的に、また文化的に栄えた国々が天文学の最前線を担ってきた。天文学が長いタイムスケールで人類文明を動かしていく力をもっていることを、欧米諸国の指導者たちは理解している。科学技術が急速に進展している現代にあって、天文学が重要な基礎科学分野の一つであるという認識を共有している。各時代の最先端の技術を動員して挑戦する大望遠鏡は、いつの時代でも高価なものであり、天文学も今ではビッグ・サイエンスの仲間入りをしている。

一国だけでは賄《まかな》い切れずに、国際共同で計画するものも次第に多くなってきた。大陸ヨーロッパ諸国は連合してヨーロッパ南天天文台（ESO）を結成し、チリに大望遠鏡を四台建設するVLT計画を推進し、アメリカはイギリスやカナダに働きかけて新世代望遠鏡（NGT）計画を推進している。日本は三百インチ望遠鏡をハワイとの協力で建設する構想だ。「覚え書き」にあるように、ハワイ側は土地の提供や基盤施設についての協力はするけれども、望遠鏡そのものは日本が独力で建設し、日本が独自に主体性をもって運用する。一九九〇年代に建設を計画されている次世代望遠鏡の中で、日本のものだけが本格的な国際共同を謳《うた》っていない。

本格的な国際共同は、今の日本の基礎科学分野では、どう考えてもまだ無理のように思えた。少なくとも天文学分野ではそうだ。天文学は地球上の国々が協力しないと進められない学問分野なので、通常の国際的なネットワークは、最も進んでいる分野の一つのはずだ。それでも、欧米諸国と四つに組んで、いわば合弁の事業を興すことは難しい。事務体制も法制も、それだけのインフラストラクチャーが整っていない。近隣諸国と結ぶ方が文化的には近くて楽な面があるが、今の政治状況を考えると、それはそれで、別の難しさがある。従来の自然科学分野での国際協力の多くは、欧米が主体の組織に日本が付加的に参加するか、発展途上国に教育的効果も狙って協力要請をする形をとっている。日本には本格的な国際共同計画を興せるだけの親しい友達がいない上に、内部基盤も十分に育っていない。

そう考えていくと、このミニ・サミット作業会は難物のように思えてきた。アメリカが提案したということは、アメリカ主導の計画に国際的協力を取り付けようとする狙いがあるのかも知れない。その場合、日本は難しい立場になる。大望遠鏡計画を推進しているが、予算獲得は難航している。共同でやろうと持ち掛けられるだろう。そして本来なら、それを受けて立てるくらいでありたい。が、国内的にみると、これは独自計画に予算を取るよりも、さらに難しい話のように思えた。欧米主導の計画に付加的に参加するのでは、今まで必死になって独自計画を推進してきた日本の天文学分野の研究者に、容れられるとは思えなかった。それでは我が国の天文学の飛躍的発展の原動力にはならない。

(国立天文台に移行した努力が十分には報われないではないか)

ＮＳＦ本部会議室での第一日目の会合は、やや硬い雰囲気で始まった。ミニ・サミット自体に出席したＮＳＦ高官の意向が紹介されただけで、作業会は、来年五月の次回のミニ・サミットまでに報告書を提出することを要請された。

「何について作業して報告するのか」

「地上の大型天文観測装置の将来計画についてだ。軌道天文台などの人工衛星計画は含まない。電波望遠鏡や重力波検出装置等も含むが、焦点は何と言っても光学赤外線の大望遠鏡計画だ。七カ国いずれもが推進にかかわっていて、巨額の経費を要する」

「ここで何かを調整しろというのか。そんな場ではないのではないか」

「ここでは国際協力という観点から資料を収集整理して、可能性を探るのだろう」

「可能性を探ると、それに基づいてミニ・サミット側で行動を起こすのか」

「自分は委員を頼まれて出席しているが、我が国の天文学研究者の代表というわけではない」

「ミニ・サミット自体も、科学技術行政のトップ間の意見交流の場だ。そこで出すメッセージに強制力はないが、完全な合意が成り立てば、政策レベルに反映されることもありうる」

ＮＳＦ本部で開催されているから、ＮＳＦの関係者は四〜五名が出席していて、なんとか会議の議論が発散するのを防ごうと一生懸命になっているのが判る。一方他国からの出席者は、いま一つ趣旨や意義が呑み込めず、注意深く質問を続けようとする。アメリカ、イギリス、カナダ、フランスの代表は天文学者で、僕も前から顔見知りだ。ドイツとイタリアの代表は、やはり顔見知りの物理学者だった。議事次第がなかなか決まらなかったが、とにかく昼休みをとって、その後に各国の大型地上装置計画の紹介を一通りしてから、また今後の作業会の進め方の議論に戻ることになった。

僕は文部省の事務官と一緒に本部の建物を出て、通り沿いに卓が並べてあるレストランに座った。お互いに初めてのつき合いだ。ワシントンDCのようなアメリカ東海岸での会議は、長旅と時差が重なって、ジェット・ラグの回復が遅く、第一日目の午後が一番辛い。

「このハンバーガー、見かけよりうまいですね。コーヒーはさっぱりだ。朝のはよかったけど」

「そうですね。いやァ、でも、あんな立派なホテルに泊まらされてしまって。窮屈ですね」

「先生もそうですか。皆同じホテルに泊まってるようですよ」

そんなとりとめもない話を、ぼんやりした頭でポツリポツリしながら、薄い陽の差す街路樹に囲まれて食事を終えた。

「ちょっと買い物をするので失礼します。一時に会議室に戻りますので」

連れの事務官も気詰まりらしく、席を立った。

日本の計画も紹介することになるので、念のため資料に目を通そうと部屋に戻ると、NSFの連中とカナダ、イギリスの代表が話し合っていた。ハンバーガーにコカ・コーラの昼食だ。たぶん外には出ずに、今後の方針について下相談をしていたのだろう。午後の計画説明はフランスから始まった。

ヨーロッパ連合で推進しているVLT計画を装置面、組織面、予算面から説明した。これはもともと大陸ヨーロッパ諸国の共同計画で、南半球の観測拠点であることが強調された。予算は各国が毎年規定の分担金をESOに納入するので、その中から計画的に支出する予定だという。あまり表には出ていないが、建設に当たっての発注先企業に制約があるのを知った。ESO構成国の企業を原則とし、それ以外の場合は委員会に諮《はか》る。全体予算は四億ドイツ・マルクだ。既に聞いていたが、日本の計画経費の概算と較べると、いかにも安い。VLT計画ではチリのアンデス高地に八メートル級を四本造るというから、一本当たりにすると日本の半分以下だ。

ドイツはVLT以外に、独自の二十五メートル望遠鏡の話をした。これはまだ多くの技術開発を必要とする。イタリアはVLTのほかに重力波検出装置計画の話をした。三キロメートルの二本の腕をもつ真空のトンネルにレーザー光を分けて走らせ、干渉させることによって、時空のわずかな歪みを検出する。宇宙での大規模な天体衝突などで重力場が急激に変化する瞬間に生じる時空の歪みが、波として伝播する。アインシュタインの一般相対論が予告している現象だが、まだ人類はそれを直接に捉えたことはない。

イギリスは独自の重力波装置はやらないことに決めたと報告した。八メートル級の大望遠鏡の方は推進していて、国際協力の相手を捜している。「優れた建設場所は人類共有の財産として、外国からの利用を容易にするための行政措置が望まれる」との要望を出した。下相談があったのかも知れないが、いかにもイギリスらしい実効性のある話を持ち出したものだ、と感心する。

アメリカは三百インチ四本を一つの架台に束ねて載せる新世代望遠鏡（NGT）計画を紹介し、共同で推進する参加国を募る、と公に話を持ち出した。カナダは独自計画はないが、国際共同計画に協力して、次世紀を狙う大望遠鏡による観測事業に参画したい旨の意思表示を行った。

日本は最後に国設大望遠鏡（JNLT）計画の紹介をし、重力波についても現在工学実験を開始していることを説明した。また各国の報告者と同様に、国としての予算配分の仕組みや担当行政機関の機構の概略を報告した。計画総経費の見積もりが約三百〜四百億円という点に質問が集中した。

「どこまで含むのか」

「日本は三〜四メートル級を造っていない。だから全く新たにすべての基盤施設を興すのだ。日本国内の開発のための実験センター、ハワイの山麓基地、計算機、宿泊施設などもすべてだ」

「それでは望遠鏡本体はどのぐらいか」

「総経費の七割くらいだと思う」

「それにしても高いようだが。今までの開発にどれくらいかけているのか」

「ほとんど零だ。いや、いろいろなものを含めると二〜三億円くらいだ。日本では一旦予算が認められると、計画全体を対象にするが、それが認められるまでは、ほとんどお金がつかない」

「だから高くなるのだ。開発研究に一割かけておけば、全体コストは三割は引き下げられる」

それはその通りだが、僕にはそれだけが理由とは思えなかった。欧米の計画経費の概算の立て方は、日本のものと質的に違っている。文部省の事務官も同席しているので、見積もりが高すぎるなどとレッテルを貼られては困る。僕は日頃考えていた点を力説した。

「同意する。しかし、日本で計画の予算額といえば、悲観的にみた最大経費を積み上げる。というのも、一度言ったら、それ以上に増やすことや追加予算をとることは、まずもって不可能だからだ。それに対して、あなた方のは、楽観的最低経費ではないか。これだけあればまず始められる。少し進んだら様子をみて追加要求する。初期成果によっては二倍にもなるし、あれも必要、これも必要と、完成までに増やしていける。予算制度が違う。悲観的最大経費と楽観的最低経費とでは、見積もりが倍ぐらい違ってもおかしくはない」

僕は強くそう主張した。

「だいたいドルと円の換算レートは、自動車や衣料、食品など、大量に交易される商品を中心に決まっているが、一世紀に数台しか建造しない大望遠鏡について、同じレートを適用して換算するのは間違いだと思う。少なくともこうした品物については、円の値打ちはまだ五割から十割安い。要するに、日本の計画は決して不当に高いわけではない」

代表の学者の方は納得した様子だったが、予算関係省庁からの出席者は、しきりとメモをとっていた。

二日にわたったワシントンでの会議は、NSFが今回の議事録を作ること、次回はフランスがホスト役になって二〜三カ月以内に開くこと、そこでその後の方策を議論すること、などを決めてお開きとなった。

四

第二回目のミニ・サミット作業会は、十二月に入ってからパリで開催の運びとなった。文部省からは国際部門に代わって研究所担当部門から事務官が同行してくれることになった。この事務官は在パリ経験もあって、こうした国際作業会には積極的だということで、安心して出掛けた。何よりも研究所担当で、日頃から僕たちの推進する日本の計画については、耳にタコができるくらい聞かされている。十分に理解してくれている、その安心感が大きかった。パリは未曾有の交通ストライキの最中で、飛行場に着いたものの、指定のホテルに辿り着くまでが手こずった。パリに慣れた事務官とその知人の助けがなかったら、途方に暮れたことだったろう。会場は旧パリ天文台の建物で、幸いにホテルから雪の中を歩いて通える距離にあった。

二回目とあってか、手筈は比較的よく整っていた。それに、その少し前に東京で開催された大望遠鏡国際シンポジウムには、ミニ・サミット作業会の委員のうち四人までが参加して、かなりの意見交換が進められていた。東京で開催した理由は、アリゾナとミュンヘンという米欧のそれぞれの計画の本拠地で交互にホスト役を引き受けていたところに、日本も一役買うべきだったことと、日本の計画を国際的に評価認定してもらおうという狙いがあったからだ。「概して日本はよくやっている」という感じで受け止めてもらい、ハワイのマウナケア国際観測所に参入して独力で建設運用に当たる点についても、相当の理解が得られた。日本との共同を片目で睨んでいたイギリスやアメリカにも、日本の特殊な状況や制度上の違いによる困難が、次第に明らかになってきた。それもパリの作業会に出る僕の気持ちを楽にしていた。

前回の抄録も提出され、今後の報告とりまとめに向けて取り上げるべき項目の検討が議事次第に上がっている。光学赤外域の大型望遠鏡計画の重要性の認識とその推進の必要性、その実現についての国際共同の可能性と促進、人類共通の財産としての認識と国際共同利用の提言、建設地域の開放と物品を含む出入国の簡便化促進、取得データや解析ソフトウェアの互換性への配慮と公開促進など、が挙げられている。

パリという土地柄のせいか、内容が具体化してきたからか、会議はなごやかに進んだ。隣接のカフェテリアでの昼食にも、コカ・コーラに代わってワインの小瓶があり、夕方にはそれぞれが文化的な雰囲気を楽しんだ。この時は作業会らしい作業会で、同行した文部省の担当官にも、世界的な潮流の中での日本の計画の意義を、一層よく解ってもらうことができた。作業の終わりに報告原案作りの分担を決め、次回は年明けの適当な時期にイギリスがホストとなって開くことを約束した。

明けて一月七日、昭和天皇が崩御され、年号は平成に変わった。

報告書に盛り込む各部分の原案が、正月頃から送られて来た。総論の部分は問題ないとして、日本の計画についてどう記述するかは難しかった。僕としては是非ともこの機会に、国際的な強い後押しが欲しかったが、文部省の公式の立場は、あくまでも「関連研究者が構想している」に止まっている。この部分についての文案作成を担当していた作業会の委員からは、第三回会合で日本側からたたき台を出して欲しい旨の依頼が来た。

報告書の原案作成は予想以上に手間取って、いよいよ第三回をスコットランドの首都エジンバラで開催することになったのは、三月になってからだった。報告書を作るというので、パリ会議に出掛けた我々二人に、国立天文台長の古在先生も同行することになった。

出発の直前になって、日本の計画をどう盛り込むかについての詰めを行った。僕の書いた原案は「あまりにも希望的だ」と、文部省からクレームが付いた。「日本政府としては、まだやるともやらないとも決めていない」というのだ。報告書の表現は、それ以上でもそれ以下でもなく、内政干渉にならないように工夫しなければならない。欧米の計画について触れてある部分は、それに較べると歯切れが良かった。国として推進するという意図が明確で、その上で国際協力を求める立場が打ち出されている。日本については、「やるかやらないか判らないが、皆さんの言う国際協力の趣旨については賛成している」としか書きようがない。

ヨーロッパ連合はESO独自の予算計画を持っていた。欧米各国は科学会議（CNRS）または科学技術会議（SERC）と称される組織に相当する合議機構をもっていて、毎年一定枠の予算が政府から認められる。アメリカのNSFやドイツのマックスプランク協会もそれに似た機構だ。そこが推進を決めていれば、あとはどのような予算枠の年次計画を組むかの問題で、国際共同もその実現の段階での技術的課題となる。

ところが日本では違う。大蔵省が予算査定権を持っているので、学術上のナショナル・プロジェクトは、予算が認められるまでは「関連研究者の構想」にすぎない。学術会議というものが日本にも在るが、これは予算執行権を全く持っていない、おかしな存在だ。文部省には学術審議会があるが、これも諮問機構であって、独自の予算執行権を持っているわけではない。文部省自体も、予算が認められなければ意思表示もままならない。せめて「大望遠鏡設置調査費」というように装置名称を冠した調査費が数百万円だけでも付けば、一つの意思表示になるのだが、大蔵省の先を越して特定のビッグ・プロジェクトに肩入れをするのは越権行為になる。

欧米のシステムが羨ましかった。社会の長期的発展に学術の振興の必要なことを認め、その発展の大本となる独自性を保障するための機構を工夫している。しかも学術研究への予算源が複数になっていて、多様な競争発展を可能にしている国もある。アメリカやドイツはそれが目立つ。NSF以外にスミソニアン協会があり、NASAも天文学にかなりの予算を注ぎ込んでいる。カーネギー財団をはじめ、民間の財団も大きな力を持っている。合衆国連邦政府以外にも州ごとの学術予算もある。州立大学はどこも天文台を持っている。日本では、地方自治体や小中学校、高等学校の多くには望遠鏡があるというのに、国立天文台以外に研究用の望遠鏡らしいものを持っている大学は、東大と京大のたった二つだけだ。

連邦政府と州政府の予算の二本立ては、ドイツでもそうだ。さらにドイツ学術協会（DFG）やマックスプランク協会（MPI）に加えて、フンボルト財団、フォルクスワーゲン財団など、本格的に大型学術支援を行っている財団が健在だ。それらが天文学にも予算を組んでいる。日本では今のところ、天文学のような基礎科学分野のビッグ・プロジェクトとなると、文部省以外では相手にしてもらえない。

「どうしましょうか。ここを省いて、中立的な表現にしましょうか。作業会として、日本の研究者が構想している日本国設大型望遠鏡（JNLT）計画の意義を認める、くらいでしょうかね」

同行する担当官は、申し訳なさそうに僕を見やった。簡単に計画の説明もつけた英文にして、二人で上司のところに持って行った。学術や国際対応に責任のあるその上司は、丁寧に英文案に眼を通すと、

「気の抜けたサイダーのようですね。これなら当たり障りはなさそうだ。今は仕方ないでしょう」

と言った。無念そうにも、また満足そうにも聞こえたが、表情からはそれ以上は読みとれなかった。


三月のエジンバラは雨だった。会場の王室天文台はブラックヒルの丘の上に、古典的な美しさを見せている。既に事前に回されていた原案をもとに、一項ごとに報告書を組み立てる作業が進んだ。アメリカよりもヨーロッパでの会議の方が日本人にとっては時差ボケが少なくて助かる。しかしエジンバラの街は、アイルランドとのサッカーの試合があるというのでどのホテルも満員で、一晩ごとにホテルを変えるという落ち着かない滞在となった。

「では日本の計画の部分について説明して下さい」

議長役のエジンバラ王室天文台長から声がかかった。僕は先ほどから一枚の紙にその英文原稿を清書していた。

「日本の研究者は、マウナケア国際観測所に大型の光学赤外線望遠鏡の建設を構想している。この計画の高い学術的意義を認め、可及的速やかに実現するよう推薦する」

この文面を手早く隣の古在台長と文部省事務官に回して、「これで行きますよ」と囁いた。意外にも二人とも平気な顔で、「いいですよ」と答えた。これに対してドイツの委員からクレームがついた。

「その原案中の『高い』と『可及的』は省く方がいい」

僕は一瞬敵意のようなものを感じたが、提案の意味がすぐに理解できた。

「この報告書には本当に効果を持って欲しい。ミニ・サミットのような所で、天文学分野が取り上げられたのは喜ぶべきことだ。しっかりと緊《し》まった報告書にするのがよいと思う。余分な修辞は切り詰めた方が迫力が出ますよ」

「同感です。判りました。どうぞその二つを省いて下さい」

省いてみると、なるほどその方が力強く読めた。

その夜はエジンバラ天文台長の個人的招待で、三人ともオペラに付き合った。ワグナーの「トリスタンとイゾルデ」で、長いのには少し参った。台長の家族は皆ワグナー贔《びい》屓《き》とかで、中学生の息子さんまで家族揃ってやって来た。一家と別れてホテルに戻る途中で、僕らは賑やかなパブに入った。生ビールの大ジョッキを注文した客には抽選券が配られ、十二時になると「ハワイ旅行」の当選者の発表があるとのことだった。

「これでも当てて、一度マウナケアにも行って下さいよ」

と文部省の担当官を誘ってみた。

「いやいや、あんな報告書になってしまって、私は帰ったら馘《くび》ですよ」

それが冗談なのか本当なのか判らなかったが、彼は自分では満足しているように見えた。古在先生は、やっぱり少し彼の立場を案じているように見えた。

「これで望遠鏡計画も、いよいよ始まりますね」

との担当官の言葉は、

「さあ、どうですか。しかしいずれにしても、始まらないと困りますね」

と、古在先生が受け流した。

三人で乾杯して、十二時前に店を出た。外はまだ雨が降っていて、空は暗かった。エジンバラの巨大な堅い石造りの建物の裾が街灯に照らされて光っている。先ほどのオペラの重々しい音響が耳に残っていた。

五

国立天文台は予算的裏付けのないままに、一九八九年には建設候補地の地質調査の実施に踏み切った。東京大学の工学部や生産技術研究所の先生方、土木関連企業の人たちを講師に迎えて、JNLT準備室では、大型建築物の基礎の打ち方や、そのための地質調査の勉強をした。マウナケア山頂は火山礫《れき》が堆積してできた墳丘だ。いくら掘り下げても、普通の硬い岩盤は出ないと聞いている。そこにコンクリートの土台を浮かすとなると、土砂の細かさや、礫の硬さなどが影響するという。深い所には永久凍土がある可能性もある。実際、マウナケア山頂付近には丸く擦《こす》られた岩が大量に出る。昔の氷河の跡だ。

予備的な勉強をして、僕はホノルルに向かった。パール・シティの地質調査会社H&Lと交渉するためだ。この会社は既にマウナケア山頂の他の天文台のために仕事をした経験を持ち、ハワイ大学からも推薦されたうちの一つである。パール・ハーバーを左に見て進むうちにH&L社の入っている建物が見つかった。社長は中国系の人で、女性秘書を伴って現れた。愛想良く迎え入れてくれ、試掘装置や試験設備を案内して廻った。会社概要や実績の話が済んで、いよいよ要件の話に入る。こちらの予算は限られている。「手紙で概略説明をしたように、JNLTのための地質調査をしたい。標準的な地質調査の提案をして欲しい」

小柄な社長はにこやかに対応しながらも、

「地質調査に標準的ということはありません。場所場所によって全く違い得るのです。だから調査が必要なのです」

と、意地の悪いことを言う。

「いえ、マウナケアの山頂です。お宅が前回調査された地点から百五十メートルくらいしか隔たっていないのですよ」

と僕は抗議した。さんざんやり合った挙げ句に、

「いいでしょう。それでは、そのお隣の調査と同じ事項を今回もやったらどうなるか。それならご提案することができます」

と社長が言い、担当技術者を呼んだ。この技術者の方は実直そうな若い男で、翌日までに書類を用意することを約束してくれた。

いよいよ候補地に手を着けるのだという感慨で眺めると、なんども見てきたパール・ハーバーのアリゾナ記念塔の黒い影も、（こんな形だったかな）と新鮮に見えた。その斜め上を、ハワイ島からだろうか、プロペラ旅客機がホノルルの方へ向かって降りて行った。

翌日行くと、小さい文字でタイプした二十枚くらいの書類が用意されていた。びっしりと数字で埋まっている。時間をもらって読んでみたが、専門用語も多く、いちいち相手に説明を頼む。二時間ほどかけて解読した結果判ったことは、五種目の調査が含まれていることだ。

「結局何日かかって、おいくらでしょう」

僕には肝心のことが解らなかった。書類には単価がこまごまと並べてある。アメリカ本土から運んで来るボーリング装置については、輸送費、一日当たりの使用料、それを操作する技師の一日当たりの技術費および滞在費、ボーリングで採れる地質試料一フィ

ート分当たりの保存輸送費、試験費、データ解析費、資料作成費、などなど。

「何日かかるのでしょうか」

　東京に戻れば、まず事務から訊ねられる。事務官が来て契約してくれればいいのだが、そうはいかない。僕でも苦労する英語でやらなくてはならない上に、日本とはしきたりが違う。どこの大学、研究所でもそのようだが、外国での交渉ごととなると、教官がことに当たる。教官の方はまた事務的な面に精通していないから、二重三重の手間がかかり、「これだから外国との話はお断り」となりがちだ。

「何日かかるのでしょうか」

　重ねて聞くと、

「それは調査の状況と天候によります。この五項目をこの提案通りにするとしましょう。ボーリングは六本で三十メートルまでです。途中で岩にぶち当たらず、作業のできる天候が続いたとします。週末には作業を休止します。すると一ヵ月ですね」

　ときた。

「それで経費はどのくらいですか」

　彼は電卓で積み上げて、天文台が工面できる金額の二倍以上を答えた。

「予算はその半分以下です。もう少し安くできないのですか。他の会社にも当たってみますが」

社長が覗いて、

「どの項目を減らしますか」

と言う。

昼に時間をとって、ホノルル駐在の日本の関連企業の技術者に、個人的に相談にのってもらった。

「H＆Lは調査会社だが、見積もり書類に記載されている試掘などの現地作業は、下請会社が行う。試料の分析の一部も他社に送るのではないか。下請会社からH＆L社に出向いてもらって、直接に説明を聞いた方がいい。そこで一点一点検討しなさい」

との忠告を受けた。

「しかし、いくら何でも半額にはならんでしょう。五項目中二項目は、今でなくても、実際には本工事の着工前に、建設会社にやらせる手があるんです。それでも遅すぎることはありませんよ。あとはボーリングの本数と深さを加減するんでしょうな」

「天文台としては、何日間でやっていくらかかる、と出して欲しいのですが」

「そうでしょうね。でもこちらでは、そういうドンブリ勘定の契約は普通やりませんよ。リスクを伴いますから。契約期間中に終わらなければペナルティがつくでしょう。それでも、ということになると、それを見越して相当に高い値をつけるでしょうな。最良の条件下で進めば何日、それならいくら、これは出せますよ。あとは出来高払いです。岩が出る、嵐が来るで、十日延びればそれだけコストが嵩《かさ》む。当然です。仕事をきちんとやっているか、監督する必要がありますよ。きちんとやらないで何日もかかったんじゃ堪らないですからね。監督業務をどこかに頼んでありますか」

そんな話は知らなかった。ホノルルかハワイ島の、H&Lのような会社だけと交渉すればよいと思っていたのが、間違いらしい。こうして第一回目は出直しとなった。

次回までに、まず地質調査のコンサルタントと契約した。これはイギリスの天文台などで実績のあったロンドンの会社で、調査項目について提案書を作り、二度現地に人が行って監督し、調査報告書を検査する。これで用意した経費の一部がとんでしまう。けれどもコンサルタントが目を光らすことで、本経費は大幅に節減できるはずとの説明だった。それ以外にも、測量会社との契約が必要になった。コンサルタントに、

「ボーリングの本数を絞って、急所だけやる。どこが急所かは数メートルの精度で建物の位置を確定しなければならない。測量はいずれしなければならないし、土地の貸借協定にも必要だ」

と説得される。これにまた経費を割くことになる。

二回目にはコンサルタントの代理人と一緒にH&L社を訪れた。あらかじめ依頼してあった通りに、下請会社からの技術者を時間刻みで呼んでくれた。今回は時間はかかる

ものの、確実に積算は進み、二日目の午後には、一応の日数と費用が算出された。コンサルタント側のもくろみ通り、それはほぼ予算の枠に近かった。

「積算はこれでよいとして、日本側の契約はドンブリです。何日間でいくら、にできませんか」

社長はペンをひねくり回しながら、天井を見たり書類に眼を落としたりして考え込む。

「やっぱり岩と嵐は別にしてもらわないと。これは不可抗力ですから。それ以外は腹をくくって引き受けましょう。その代わりに、二割くらい、期間を上乗せしますよ。ということは、それにかかる経費も」

「岩と嵐以外に何かあるんですか」

「そりゃありますよ。本土から装置が着くのが遅れるとか、機械が故障するとか」

「それはお宅の方の手落ちですよ。そんなことのないように手配をしたりチェックしたりして下さい。それは下請会社の責任範囲でしょ。お宅で背負うこともない」

空気はやや険悪になった。せっかくここまで詰めたのだから、日本流にやればまとまるところだ。僕はもう呑んで帰ってもいいと思っているが、コンサルタント氏側は、ここが自分の仕事だとばかりに頑張る。

「では明日までに考えて下さい」

つれなく言い渡して立ち去る事態となった。

翌日連絡があって、「もう一日待ってくれ」とのこと。もう一軒の地質調査会社に予約を取って話を聞きに行く。

（H&L社の方がマウナケア山頂の経験があるだけに、明らかに良さそうだ。だから呑めばよかったのに、断られたらどうするのだ）

と気を揉む。

「期間だけ割り増し、経費据え置き、でどうです」

一日置いてH&L社からの提案だ。とんで行って早速に契約書作成にかかる。あとは天文台の事務に任せることになった。

測量はあっという間に終わってしまった。図が出るまでに間はあったが、予定建物の中心点が決まったので、地質調査の開始には差し支えない。ところがやっぱりアメリカ本土からの機械の到着が遅れた。始めてみるとボーリング装置の軸が折れる事故が発生した。しかしお天気は安定していて岩にもぶち当たらず、現地作業はほぼ予定の期日に終了した。天文台の準備室ではビデオ撮影機を購入して、この時から現地の映像を皆で見ることができるようになった。建物の中心、つまり望遠鏡を載せる鉄筋コンクリートの円柱を埋め込む地点は、三十五メートルまでボーリングをした。三カ月ほどで出てきた調査結果は、周辺の今までの調査結果から予想していたよりも、少し柔らかめの地層となっていた。建物の予備設計と地盤改良設計の検討が直ちに開始された。

地質調査と並行して、ハワイ現地の様々な調査も行った。成相さんや安藤さんが担当して、詳細な資料収集や聴き取り調査を行った。大変だったのは法制上の事柄で、これは後々までも継続され、いつも新しい不明な事項が浮上した。税制、輸入手続、建築申請、法人手続、保険などにはじまって、学校、住居、医療関係など、多岐にわたった。ハワイ州庁が出版している法令集も購入した。これら制度的なもののほかに、ハワイ島の主たる企業、港湾施設、大型荷物の輸送経路、電力通信施設も入念に調査して、報告書にまとめられた。この段階からは、ハワイ島の日系人会の方々にもいろいろと力になっていただいた。日系人会の主だった方々は、天文学よりも、ハワイ島の経済振興に関心が強く、いずれにしても、日本が大望遠鏡を造るらしいというので、好意的だった。僕たちは、日本人だからと過分に馴れ馴れしくするのを慎んだ。同じくこの頃から、何かあれば、ホノルルに在る日本の総領事館に世話になることも多くなった。外務省本省の公式見解がどうであれ、総領事を初めとして皆、日本の大望遠鏡をハワイに造ることについては非常に好意的で、いつも現地での活動を積極的に支援して下さった。

さらに調査に時間をかけたのが、既存の外国天文台の制度に関する事柄だった。どのような人員構成か。それらの人たちは本国からどのような資格で派遣されているのか、現地雇用なのか。給与体系はどうなっているか。ビザはどんな滞在資格か。そうした調査の多くは、アポイントメントをもらって、相手方天文台の所長や事務長格の方々から話をうかがい、資料のコピーをもらうことから始める。しかし何度聞いても落ちがあり、十分に理解できないこともあり、相手方には随分と迷惑をかけたと思われる。が、どこでも我慢強く、親切に対応してくれた。回が重なると、さすがに「もう以前に教えてあるでしょう」と嫌味の一つも言われて、くじけそうになることもあった。二年ほどかけて調べた結果、次第に様子は判ってきた。まずＪＮＬＴ級の望遠鏡を建設運用するには、五十〜六十人の組織が要る。ハワイ大学に付置された特殊法人、研究協会（ＲＣＵＨ）を通じて、現地雇用をしているところもある。本国から派遣されて常駐している人たちは、準外交官扱いである。勤務には山頂勤務と山麓勤務があり、技術者の多くは交代で山頂勤務に当たる。技術者は専門職種別に雇用され、二ないし三年間を単位とする。本国からの派遣も二〜三年単位のところが多い。この調査は、南米チリに在る各天文台についても行われて、ＪＮＬＴ観測所の構想を立てる基礎資料となった。

当然のことながら、こうした度重なる外国行きの旅費は、天文台の予算や科学研究補助金からは支弁できなかった。調査以外にも、定期的なマウナケア国際観測所の利用者委員会への出席や、ハワイ大学との「土地開発並びに望遠鏡の建設・運用に関する協定書（ＯＳＤＡ）」の原案作りに向けての作業打ち合わせ会もあった。建設予算が確保できないままに、ハワイ大学との「覚え書き」は毎年更新延長を重ねている。こうした窮状を救ってくれたのが「トヨタ財団」だった。

一九八九年頃、何かの機会にトヨタ財団の研究助成公募要項を見かけた。「異文化交流」、「先端技術社会」などのキーワードが目に映った。全体が社会科学的なトーンで、理工系は対象外のようだった。しかし待てよ、僕が外国に望遠鏡造りを決心したのは、「天文学」が右足だとすれば、もう一方の軸足に、「国際化」があったからではないか。今行っている調査の多くは、外国に設置するためのものであって、天文学とは無関係だ。

（「先端基礎科学分野における国際融合——大望遠鏡ハワイ設置をめぐる文化・制度上の諸課題」という申請題目ではどうだろう。基礎科学、それも大型計画は、常に「人類のために」という側面を持っている。それだからこそ国境を越えて広がり、協力や交流の原動力となることができる。天文学はその代表格ではないか）

そう思いつくと、一気に申請書を書き上げて応募してみた。最初は試験研究への応募だった。それがうまくいけば、引き続いて二年間の本研究へと進むことができる。応募書類を提出してからかなりして、トヨタ財団から連絡があった。「更にこの研究の意義について、追加の説明書を提出するように」との要請だった。後に知ったことだが、この時、トヨタ財団の選考会か理事会で、相当に厳しい議論があったらしい。

「これは中身は、国立研究機関のナショナル・プロジェクトのための調査ではないか。

当然その調査研究の外国旅費は、文部省が計上すべきである。私立財団が助成するのは筋違いだ」

　これは正論だった。

「しかし、現状では文部省の外国旅費の予算枠は法外に少ない。今でも我が国では外国旅費と言えば、外遊か視察を想い浮かべる役人が少なくない。ところが学術研究分野では、外国に仕事をしに行くのであって、研究費の一部として絶対に必要なのだ。今回の申請は確かに研究旅費とは少し違うが、この計画は支援してやらなければならない」

　支援すべきだと言って頑張って下さった一人が、理事長の飯島宗一《そういち》先生だった。先生は医学がご専門で名古屋大学と広島大学の学長を歴任され、いかに大学関連の研究者が乏しい外国旅費に苦労しているかを、よく知っておられる。その説得力が、この課題の採択を実現してくれたのだった。結局、少しは遅れたが、最後の一年延長を含めて、一九九〇年十一月から足かけ五年にわたる試験研究と本研究で、トヨタ財団から一千万円近い助成金が支給された。毎年の研究成果報告会での発表や報告書の提出が義務づけられていたとは言え、その運用はかなり弾力的で、研究者に一任されていた。主要メンバーは僕と成相さんに安藤さんの三人だった。

　僕は駆け出しの助手の頃にもらった、本田宗一郎、藤沢武夫両氏のポケットマネーによる「作行会」研究者助成金を想い出した。それは何に使っても自由で、日本に戻った当座、経済的にも苦労していた僕とウタには、本当に有り難かった。がんじがらめの規則に縛られた国のお金ではなく、弾力的な私的な助成というものが、どんなに有り難いものかを、再び身にしみて感じた。

（JNLT計画を遂行する上で、こうした弾力的な財源がどうしても要るだろう）

僕はJNLT計画全体を推進しながら、そのような財団の設立を計画し、勉強を始めた。

六

天文台の準備室では、野口猛さんらが中心になって、JNLT観測事業に必要な仕事、そのための必要人員、などの積み上げを行った。それを支援するための、日本国内の体制整備も不可欠だった。各国の天文台が持っているのと同じような、開発研究のための、大きな実験施設や工場は、絶対に必要だった。急速に発展を遂げる半導体検出装置や、そこから出る電子信号を、大量高速に処理する電子機器や計算機、通信設備も備えなくてはならない。並べてみると、

（これが本当に実現できるのだろうか）

と、やはり不安になった。しかし、これらの条件を整えずにJNLTを作るのは、

「神風特攻隊」のようなものである。十年近く前に、「まず国内に三メートル級を造れ」という議論が盛んだったのが、悪夢のように思い起こされた。

一九八九年には、紙の上では、かなりに配慮の行き届いた組織・設備・運用にわたる「全体構想」がまとまりつつあった。この間に望遠鏡本体やドーム建物についても基本が固まって、骨格を描くことができるようになった。望遠鏡は成相さんの設計で、リチ・クレチアン主光学系のほかに、直接焦点とナスミス焦点でも観測できるように工夫された。望遠鏡の筒の底にある双曲面主鏡によって反射された光を筒先で集めるのが直接焦点、そこに凸双曲面鏡を置いて再び光を反射して戻し、主鏡の中央の穴をくぐった後ろで収束させるのがリチ・クレチアン焦点、その途中に平面鏡を斜めに入れて光を直角に折り曲げ、望遠鏡筒を支える水平軸の中を通して筒外の固定台に導き、そこで結ばせるのがナスミス焦点である。焦点の周辺はこの順にスペースが広くなり、より大型の観測装置を装着することができる。

ドーム建物は円筒形で、望遠鏡と一緒に回る同期型、全くの無人で、コントロールは別の制御棟からすることにした。望遠鏡の下の階には、巨大な真空蒸着槽が入る。図の多くは、山下先生と野口さんが引いた。製造、建設にかかわれそうな企業の一般調査も進み、八メートル級の鏡については、国内企業には候補のないことも判明してきた。また望遠鏡と一緒に回転するドームの上部構造についても、相当な経験を要することから、国内にこれと言った企業を探し出せていなかった。

「できれば我が国の総力を挙げてやりたかったけれど、無理かな」

「技術的にはできますよ、今だって。でも営業面とか、輸送とか、立地面で難しいのだから」

「『日の丸望遠鏡』でなくても良いことにしよう。日本が主体となって、世界各国の技術を持ち寄ればよい」

関係者の気持ちは、ゆっくりと変わって行った。

五年前に一般調査を行って以来付き合ってくれている企業は内外に多くあり、いずれも高い関心を示していた。いざ発注となれば、国の予算ですることなので、入札にかける。どの企業が最後に残るかは判らない。準備室の僕らは、できるだけ束縛を受けることなく企業から情報を取り、協力を引き出そうとする。企業側は、何とかして自社の特徴を売り込み、こちらの言質を取ろうとする。

「この計画と最後まで心中するのは何先生ですか」

企業の担当者はそんなあからさまな質問をすることがあった。予算がついたとして十年計画である。しかもまだ予算の目処はついていない。十年近く望遠鏡計画と取り組んできて気が付くと、僕は五十歳を超えてしまっていた。若い教授・助教授の力量は、自分たちの知らないこんなところでも、秤《はかり》にかけられていた。僕の前では口に出さなくても、隣接研究分野の種々の人たちから評価情報を集め、また直接に会っては評価をしているのが、明らかだった。

確かに、ナショナル・プロジェクトとしてのＪＮＬＴ計画は、大きな土木工事計画やＯＤＡの案件に似ているところがあった。ＥＳＯのＶＬＴ計画にもそんなところが見られるのではないか。ナショナル・プロジェクトとしてやるには、研究者だけが「やりたい」と言っても、やるわけにはいかない。技術的な確たる後ろ盾と、経済的な意味合いも吟味しなければならない。

（なるほど、文部省はそんな側面も見ているのだな）

と思うようになった。ビッグ・サイエンスは、純粋な学術の域をはみ出て、産業や経済、政治にまで関わりを持っている。そう思うと、今までに会った国会議員の先生方の言ったことが、腑に落ちるのだった。

「この大望遠鏡計画は何の役に立つのですか」

これはよく受けた質問の一つだ。大きな予算をかける以上、納税者の「役に立た」なければならない。天文学の発展が人類文明に大きな役割を演じてきたことは、歴史が明白に物語っている。星を観測しての地理的位置の決定は、地図の製作を可能にし、星による時刻の決定は、時計技術の進歩を促し、暦の製作を可能にした。こうした位置・時刻の決定技術は航海術を発展させ、地球は丸いという知見とともに、「大航海時代」を出現させた。

惑星位置の精密観測は天動説から地動説への転換をもたらし、人類の世界観を変えて、近代への道を開いた。天文学が相手にする「宇宙」は、人類が未体験の時空だ。それの精緻な認識過程は、人々がそれまで想像もしていなかったような知見をもたらす。創造的発想の転換が、「コペルニクス的」と呼ばれるのは、そのためだ。

「宇宙はどうなっているのか」、「その中で人類や地球の位置づけはどうなのか」、これは人々が昔から抱いてきた根元的な問いである。宇宙は人間の知的営みにとって、最も挑戦的な対象であり続けた。その知的探求の結果が、人類社会に役立ってきた。基礎科学とはそういうものだ。

ガリレオの天体観測やニュートンの万有引力の発見は、近代科学を生む原動力となった。天文学は自然科学の源流でもあり、哲学や宗教と関わる科学的世界観の構築に不可欠だ。ニュートン力学に基づく月の運動の研究は、古在先生の研究に代表されるように、人工衛星の軌道論を発展させ、今日の宇宙開発時代の大きな力となった。GPS衛星を使った「カーナビ」に見られるような位置・時刻決定技術は、一連の天文学の成果のもとに生まれた、先端的産物の一つだといえる。

一番近い恒星である太陽の研究成果は、現在身近な問題と関わっている。低温技術で使われるヘリウムは、初め太陽で見つかった。ヘリオ（太陽）からその名を採ったのだ。

太陽の熱源の研究は、原子核の研究とあいまって、原子炉の誕生となり、さらには放射性廃棄物の出ない熱核融合の研究へと導いた。輝いている星たちは、すべて「天然の熱核融合炉」だ。核融合炉開発で問題となる高エネルギー磁気プラズマの物理的研究についても、太陽表面が一大実験場として大きな役割を果たしている。また、太陽表面の「フレア」と呼ばれる爆発現象の研究は、宇宙通信の保全や宇宙飛行士の安全面からも重要だ。爆発に伴って強力な紫外線や粒子の放射が起こり、人体に危害を加えたり、地球電離層を攪乱するからだ。そればかりか、太陽の活動は、人類が拠《よ》り所としている地球全体のエネルギーを供給する。現在、太陽はごくわずかながら熱放射量を増しつつある。これは、長期的な地球温暖化に、決定的な影響を与える。エネルギー、資源、環境も、今や地球規模で考える時代を迎えようとしている。人類は、自分たちの大環境としての宇宙をより深く理解し、自分たちの位置づけを認識し直さなければならないだろう。天文学のような基礎科学は、五十年、百年のタイムスケールで、結果的に役に立つ。初めから実利が目的ではない。それだけに、全く新しいものを生み出す底力があり、ボディー・ブロウのようにインパクトは大きい。短期的に見れば学術文化の原動力として、長期的には文化文明の形成に寄与する。しかし、代議士の皆さんが普通「役に立つ」と言うのとは意味が違う。

欧米の学者も自分たちの自然科学分野の大型計画について同じようなことを言ってい

る。アメリカでは議会で質問が出た。

「この計画は、我が国の防衛のために役立ちますか」

学者の答えはこうだ。

「いいえ、防衛するのには役に立ちません。しかし、我が国を、より一層、防衛に値する国にするのに、大いに役立つと思います」

「防衛に値する国」、それは他の国々から尊敬され、友好国として遇されるような文化国家だ。経済力もあって、人類の共有資産を築き守っていく任務を担えるような国だ。二十一世紀の日本が、平和に経済的繁栄を維持しようとすれば、こうした文化の力を身につけることが必須だろう。

また僕が日本でよくされた質問に、

「どうして我が国で造らなくてはならないのですか」

というのがある。先のアメリカの学者の答えで判るように、天文学の推進は全人類的課題であり、各時代の文明の粋を傾けて努力が続けられてきた。経済的に、また技術的に、そして文化的に水準の高い国々が、各時代の天文学の最先端を担ってきた。それに当たることは名誉でもあり、国際的に期待され尊敬されることなのだ。日本の現状では、これもなかなか解り難い。明治以来「追いつけ、追い越せ」を心がけ、第二次世界大戦で挫折した日本は、経済復興を果たして一躍経済大国と称するようになったが、まだ文化大国に返り咲いてはいない。代議士の疑問は、もっと現実的な点にある。

「外国ではこの手の望遠鏡を造らないんですか」

「いいえ、外国でも重要性を認めて計画を推進しています」

「それを使わせてもらえばよいではないですか。お金を一部払ってでも」

天文学者の答えは次のとおりだ。

「カラヤンのベルリンフィルのCDが買えれば、日本にはオーケストラがなくてもよいのでしょうか。自分たちで音を出したくはありませんか。文化の享受ではなく、文化の創造なのです」

質問は更に続く。

「どうしてハワイなんかに造るんですか。国内で努力してみたらどうです。何なら私の県で力を貸しましょう」

これには、はっきりと答えられる。立地が悪いとコスト・パフォーマンスが極めて悪いからだ。そして最も困る質問は、

「どうして来年から予算が要るんですか。光が飛んで百五十億年近くもかかる宇宙の果てを探るのに、十年や二十年待てないんですか」

というものだ。

「こうした計画の重要性は欧米各国も認識していて、それぞれに早急に実現したいと推

められているのです。二十世紀の宇宙像から二十一世紀の宇宙像へ、いまや新しい世界観が求められているのです。時代は急激に動いています。国際的に意味のある寄与をするには、急がなくてはなりません。日本は、北半球に造る大望遠鏡グループのトップ役を期待されているのです」

僕らがこんな問答を繰り返している間に、関心のある企業側はそれぞれに、やはり国会議員や官僚の理解を得る努力をしていたようだ。立場は計画推進という点では同じだが、力点は予算確保、受注に在るのは当然だろう。それでも時々僕は、

(ひょっとすると、企業の人々も僕らの願いに情が移ったのではないか、一部の国会議員や官僚の人たちにも)

と祈るように思った。

ある日思い切って大蔵省に出向いた。旧友の一人が相当に地位の高い役職に就いている。何か適切な知恵を貸してもらえそうな気がした。彼は、以前から友人の一人として、JNLT計画の話を関心を持って聞き、天文学にも興味を示していた。

「文部省はどうですか」

彼は単刀直入に聞いた。

「僕の感じでは、皆さん、実現できるといいな、と思ってくれています。ただ、外国領

土に、こんな何百億円もする国有財産を置いて運用するのは、前例のないことですから。そこは大きな問題です」

「そうですか。でも、置くことを禁じる法律はありませんよ」

意外な言葉だった。

（そうだ、禁じる法律はないのだ！）

「そうか。それならできるわけか」

「場合によりますよ。でもこの場合は、決心でしょうね。ちょっと、担当者のところに一緒に行って、聞いてみましょうか」

階下に降りて、担当部署の責任者と担当官に会う。暫くやりとりしているうちに、この二人がＪＮＬＴ計画のことをかなりよく知っているのが分かって驚いた。

「まずは、文部省から要求が出てこなければ、話になりません」

それはもっともだ。

「文部省の全体予算は大きいんですから、工夫すれば、この計画を推進するくらいは、何とかなるはずですよ」

それももっともだ。

「予算の使い途としては、悪くないと思うんですがね」

僕と友人が目の前にいるからか、担当官は独り言のように言った。単なる同情のようにも聞こえなかった。

それ以後僕は、文部省には、大蔵省関係者は「禁じる法律はない」と考えている旨を伝えることにした。外務省の関係者にも、大蔵省の関係者と同じように考えているような感触があった。

ミニ・サミットの報告書がまとまる頃、日本の政局は、自民党の政権内で流動的な状況にあった。一九九〇年度に向けての予算要求重要事項が検討される矢先になって、「一部有力議員からJNLT計画の推進に横槍が入っている」という情報が入った。文部省の担当官は、はっきりと口にこそ出さないが、「JNLT計画の検討は棚上げにせざるを得ない」と匂わせた。

文部省関連でも様々な予算要求が競合するのは言うまでもない。学術関係でも、さらには基礎科学分野の大型計画同士でも競合する。その中で、外国設置という基本的に大きな問題点を別にすると、JNLT計画は幅広い人たちの支持を取り付けていた。もう一息で、「近いうちに予算をつけてもよい」と人々が思ってくれそうな雰囲気にまで漕ぎ着けていた、その矢先のことである。冷水を頭から浴びせられたような、打ちのめされた暗い気持ちに襲われた。急に政府・行政関係者も口を閉ざし、これといって打つ手はないようだった。議員関係のいろいろな会合や委員会で会った代議士の顔を思い浮かべてみた。思い浮かべてみても、僕にはどうにもできないことだった。

（議員同士の力関係とか、選挙区との関わりとか、政界固有の問題が陰にあるのかも知れない。やっぱり海外設置が致命的だったのか、それとも国際問題が絡んでいるのか）

　と絶望しかけていた中で、

「君には何もできないし、する必要もない。ＪＮＬＴ計画は皆のためだ。それに対してこの横槍は個人的な事情だ。考えようによっては、それなりに解決法はあるだろう」

　と励ましてくれる人たちが何人かいた。


　そうこうしているうちに、日本の政局はどんどん動いて行った。宇野総理があっという間に辞任に追い込まれた。そしてＮＡＳＡが飛ばしたボイジャー二号が海王星に接近する八月になって、海部総理が誕生した。海部俊樹氏は国立天文台電波天文学研究系の海部宣男《のりお》教授の親戚で、文部大臣経験者だ。天文学分野のビッグ・プロジェクトには明るく、それだけに手強い面もあった。

「天文台では、長野県野辺山に、四十五メートルの望遠鏡を造ったはずだ。それで宇宙の果てまで見通すと言った。それが何故、今度は八メートル望遠鏡ですか」

　いつかの会合の席上で厳しく質問したのも、海部俊樹氏だった。

「あれは電波望遠鏡で、今度のは光学赤外線用の望遠鏡です」

我ながら咄嗟《とっさ》のこととは言え、まずい答えだった。アレもコレもと駄々をこねている子供の理屈と同じように聞こえる。すぐに、

「電波では、密度の低い雲のような天体を、光学赤外線では、星のような密度の高い天体を見ます。雲から星が生まれ、星が爆発して雲に戻ります。ダイナミックな宇宙像に迫るには、両方が必要です」

と続けたが、この答えも専門的すぎて、分かりにくかったかも知れない。

野辺山宇宙電波観測所は、その四十五メートル電波望遠鏡と大型電波干渉計を全国共同利用に供して、開設以来、世界に誇るいくつもの成果を挙げてきていた。なかでも、恒星が集団で生まれている「星生成領域」の分子雲の観測では、独特の超広帯域の「音響光学型電波分光計」の威力にものをいわせて、新しい「星間分子」を発見している。超希薄な宇宙の空間では、不思議な分子も作られる。これの素性を、化学分野の研究者と協力して、理論や実験で解き明かす。地上では思いもかけないような長い鎖状の分子も発見されて、有機分子に発達する可能性もあるのではないかとさえ考えられた。こうした先端的な研究は多くの若い研究者を惹き付け、外国からの利用申し込みも後を絶たなかった。それだけに、この会合の席上での質問にも、一理あったのだ。

不安のうちに時が流れて行ったが、結局のところ運が巡って来た。総理に着任したば

かりの海部元文相が、その野辺山宇宙電波観測所を視察されることになった。いや、正確には、海部俊樹氏がご家族と一緒に、個人的な休暇を八ヶ岳山麓で過ごされるついでに、観測所の見学に寄られることになった。とは言え、一国の総理大臣がおみえになる。一方、国立天文台ではJNLT計画を何とか実現しようとしている。当然のことながら、古在台長も、僕も、文部省の上位担当者も、前の晩に駆けつけて準備を整えた。その晩には観測所の連中と飲みながらの議論になり、不覚にも翌朝は、二日酔いで頭が痛かった。総理がみえて見学のお供をしていても、四十五メートル大型電波望遠鏡の肩に上る階段を登るのが、苦しくて仕方ない。気の利いた説明もできそうにない。（せっかくの準備も、JNLTの推進には効き目がないか）と悔やまれた。

見学は予定通りに終わって、お帰りになる前に一服しようと、会議室の卓に皆で座った。そこでJNLT計画の話が出た。天文台側の一通りの説明が終わると、

「推進してはどうですか」

海部総理は、個人的な立場ながら、こう言われた。居合わせた人たちは、

「有り難うございます。何とか頑張って実現し、ご期待に応えたいと思います」

というようなことを言った。そして皆で記念写真を撮ったりした。

この頃には、一九九〇年度に向けて、「大型光学赤外線望遠鏡設置調査費」の概算要求を大蔵省に持ち出そうということが、文部省といろいろな関係者との間でほぼ合意に

達していたらしい。しかし僕も含めて、JNLT準備室ではまだ楽観してはいなかった。予算要求時期には毎年そうであるように、事務から様々な問い合わせや資料請求があり、その対応に追われる。八月に入ると、文部省が大蔵省に対して要求を持ち出してくれるかどうか、神経をとがらして待機する。そういう時、準備室のスタッフは夜中まで交代で詰めていた。計画の総括責任者として、僕は準備室の大机に陣取って、黙想して待った。それでもイラついてくると、墨と筆を取りだして、習字をした。下手な字でも、並べていると気分が落ち着き、準備室の皆の気持ちを紛らわせるにも役立った。

七

凍ったベルリンのリッツェン湖は雪に覆われて真っ白だった。街なかの小さな湖を取り囲んで立ち並ぶ大樹は、伸び伸びと枝を広げて、雪片の舞い降りてくる灰色の空に向かって伸びている。僕は少し風邪気味だが、ウタはドイツの都に突然戻って来て、興奮し張り切っている。年末のベルリンに来ようと決心したのは、つい二週間ほど前のことだった。

昭和天皇の崩御で始まった一九八九年は、総理大臣交代などで国内的にも落ち着かなかったが、ユーラシア大陸の反対側では、もっと大きな胎動が始まっていた。共産主義社会の行き詰まりを打開しようとするゴルバチョフ・ソ連大統領の自由化政策は、情報化時代の波に乗って東欧諸国市民の心情を揺るがし、やがて自由への渇望の大きなうねりとなって爆発した。九月十一日には、自由を求めてオーストリアに向けて出国しようとする市民を遂に抑えきれなくなり、ハンガリーとの国境に門が開かれた。かつてハプスブルク家の支配の下に栄えた東欧諸国は、次々にこの波に呑まれていった。東ドイツも例外ではなかった。十月十八日にホーネッカー大統領が辞任し、十一月十日にはベルリン封鎖が解除され、東西を隔てて来た壁も効力を失った。同二十八日には「プラハの春」の悲劇の主人公、アレクサンダー・ドプチェク氏がチェコの連邦議会議長に返り咲いた。そしてクリスマスには、東西分断の象徴となってきたベルリンのブランデンブルク門が開かれると予告された。

僕とウタは、この三十年近くの流れた歳月を想った。一九六一年八月、ベルリン封鎖のニュースを知ったのは、ドイツ留学に向かうインド洋上のフランス貨客船「カンボジャ号」でのことだった。僕がウタにプロポーズしたのは一九六二年十月、東西に分断されたベルリンでのことだった。あれ以来閉ざされていたブランデンブルク門が開いて、東西のベルリン市民が自由に行き交うようになる。西の「六月十七日通り」と、東の「ウンター・デン・リンデン通り」が一本に繋がる。門が開くときのベルリン市民の、そしてドイツ国民の気持ちを想像しているうちに、僕もウタも行ってみずにはいられなくなってしまった。

リッツェン湖畔のホテル、ゼー・ホーフは、古都ベルリンの面影を留めている。僕ら二人は、雪の降り積もる湖を見渡すテラス脇のカフェで、ゆっくりと朝食を楽しんでいた。香ばしいコーヒーに焼きたての丸パン、ソーセージにチーズ。それにたくさんのジャム。好きなものを好きなだけとればよい。熱いコーヒーを口にしながら、僕には長かったトンネルの出口が見えてきているような気がしていた。ウタとはこの七〜八年、こうしたゆっくりとした時間を共有したことがなかった。大望遠鏡計画の推進に本腰を入れだしてからは、私生活の多くは犠牲にされ、ウタは不機嫌な僕に手を焼いた。調査や根回しに力を使い切っていた僕は、家に帰れば口もほとんど利かず、食べて寝るだけの毎日だった。これが望遠鏡計画のためだということを知っていたので、口喧嘩程度で済んでいたが、ウタから離婚話が出ても不思議ではないくらいだった。一緒に出ることも少なく、出掛けても僕はすぐに疲れて、不機嫌になった。とりわけ病気とも思えないが、とにかく体力が衰えているのは確かだった。せっかくベルリンに来たのに風邪を引いたのも、抵抗力が落ちているせいに違いなかった。

「子供たちも皆大きくなったわね。よく育ってくれたと思うの。ほんとうに」

ウタは満足そうに、曇りがちなテラスの窓を通して、リッツェン湖の方を見やった。今回のベルリン旅行で、僕とウタとの間も何か変わりそうに思えた。

「永かったけどな」

感謝とも言い訳ともつかずそう言って、僕はコーヒーをすすった。

実際のところ、日本の暮らしは二十五年前に較べて、確実に良くなっている。上下水道が整って便所も水洗になり、歩道は不十分だが道路も舗装されてきた。汚かった駅や街も清潔になり、人々の服装も良くなった。スーパー・マーケットが増え、品物は豊富になった。人々の生活にも少しはゆとりがでてきて、個人商店は日曜には閉め、夜も早く休む。二十五年前とは大違いだ。ウタが文句を言った事柄は、だいたい十年くらい経つと改善されてきた。次女の桂子アネットが抗議した中学家庭科の男女差別も、その後撤廃された。今の我が家には預金こそほとんどないが、借金もない。

その夜、クリスマスの明かりに輝くベルリンの街は異常な興奮に包まれた。人の波はブランデンブルク門のある方向へゆっくりと動いていく。ほとんど身動きできないほどの混雑の中で、手に手にローソクの灯を掲げ、犠牲者を悼む。寒い。僕とウタは後ろから押されて門の近くまで来ると、さらに押されて帰り道に運ばれてしまった。祈りを捧げて引き返し、ホテルの部屋でテレビを見守った。

(日本人の僕とドイツ人のウタが結婚して家庭をもち、三人の子供たちが育つ間、東西

ドイツが憎み合ってきた。何人の罪のない人々が、ここで命を落としたことだろうか)
やがて鐘の音が響きわたるなか、ブランデンブルク門の扉が開かれた。東西の市民が駆け寄る。次々に壁を乗り越えて、群衆が押し寄せる。笑顔で制止する東独兵が大写しになった。

ブランデンブルク門が開いた翌日、留守居役を頼んである東京の準備室から連絡が入った。

「来年度予算の原案が内示されました。望遠鏡の設置調査費は入っているそうです。それから同時要求していた天文台の電波太陽望遠鏡の建設費は、二年計画の一年次が認められたようです」

大丈夫とは思っていたが、聞いて改めて安堵感が広がった。正式に計画名を冠した調査費が予算案に盛り込まれたということは、日本国政府としてこの計画を進めようとする意思の表れに違いなかった。電話の向こうでは、

「電波天文の海部宣男さんが野辺山から三鷹に移って、望遠鏡計画に参加するそうです」

と言葉を継いだ。この話は、今までの永い間の孤独な闘いを闘い抜いてきた準備室の人たちには、すんなりとは受け入れ難かったろう。しかし、僕の立場は少し違っていた。

「電波」と「光学」という天文観測の二大分野は、相補的であるにもかかわらず、歴史的に競い合う時期もあって、人の交流も滑らかではなかった。今回も光学関係者がハワイの望遠鏡計画を推しているのと並行して、電波関係者は「電波太陽望遠鏡」の建設を推進してきた。海部教授はその先頭に立ってきた一人だった。また、日本の天文学分野で初めて大型装置を造り、共同利用に供し、世界第一級の成果を挙げている野辺山宇宙電波グループの屋台骨を支えてきた一人だ。学生の頃からその大型計画にかかわり、プロジェクトの実現に努力してきた。それに彼は教養学部基礎科学科の出身である。大勢の理学部天文学科出身者とは、考え方がひと味違うように僕には思え、前々から彼に来て欲しいと思っていた。ハワイの望遠鏡計画は、野辺山の宇宙電波望遠鏡計画に輪をかけた、困難な計画だ。日本の天文分野が総力を挙げて当たらなければ、成功はおぼつかない。大きい計画ほど、いろいろな人材を必要とする。様々な能力、様々な考え方の人たちが力を合わせなければ、よいものはとうてい実現しない。いろいろな人が加わるというのは、決して良い面だけではなく、人間関係に緊張も生む。でも、「閉じて競争」の時代は終わりつつある。「開いて協力」を模索する時代だ。僕は内々に電波研究部門の関係者に、その希望を伝えていた。

(関係者も本人も台長も、潮時を見計らって決心をしてくれたに違いない)

僕には今の準備室の人たちの気持ちは痛いほどよく判ったが、この壁を何とか乗り越えてくれることを祈った。

(計画を成就するには、これから、もっともっとたくさんの、異なる能力や考え方の人たちを迎え入れなければならないだろう)

「とにかく年が明けてから相談しましょう」

と電話を切った。

「何かあったの」

僕の心の揺らぎを察して、ウタが訊ねた。

「いや、別に。設置調査費が本決まりになったとさ。東京から知らせてくれたんだ」

とだけ答えて、シャンペンの栓を抜いた。

「人類の眼」を創ろう

一

ハワイの大望遠鏡計画に設置調査費がついて、国として計画を前向きに推進しようという姿勢が打ち出され、国立天文台の準備室は、急に活気づいてきた。いよいよ建造を始めるための予算要求の具体化や、それに伴う様々な業務をこなすための体制作りは、それまでの準備室の構成を大幅に変えることになった。とりわけ年末から検討してきた海部宣男さんを室長として迎えるステップは、大きな波紋を呼んだ。やがて、必要なことを皆が解ってくれるようになったが、落ち着くまでには相当な日時を要した。

　無我夢中で大望遠鏡計画を推進してきた僕は、もう五十三歳になった。予算要求をしてきた建設計画は八年計画で、それ以上短縮するのは無理だ。技術的にも、また予算の年次計画上も、延長こそあれ、短縮は不可能に思えた。ということは、僕の停年退官までには、どうしても完成しない。国立天文台は東大の付置研究所の時代から、教官停年六十歳制を受け継いでいる。昨年、建設予算が認められずに、設置調査費だけが認められることになった時点で、それは明らかだった。台長室に呼ばれて、建設費ではなく調査費だという通告を正式に聞いた時、予期していたこととはいえ、しばらく言う言葉がなかった。十年の研究者生活を犠牲にして努力してきた大望遠鏡が、僕自身の在任中には完成の日を迎え得ないのだ。（やむを得ない）と自分に言い聞かせると、前から考えていた人事構想を急ぐことに決心した。

海部さんとほぼ同時に、唐牛《かろうじ》宏君にもマネージャー格で準備室に加わってもらうことになった。唐牛君は僕が東大の天文学教室で初めて受け持った大学院生だった。修士課程が了《お》わると、僕の勧めでヨーロッパに留学した。フランスの国費留学生だった。大学紛争の時代を通してかなりの政治的才能を発揮し、独特の交渉能力を備えている男だ。二年くらいと思っていた滞仏が長引いて、結局二十年近くもフランス暮らしをしていたのを、大望遠鏡計画がらみで天文台に戻ってもらっていた。

僕自身はプロジェクト・サイエンチストという肩書きの顧問役で、主として対外的な、大局的な課題に当たることにした。ここ何年もの間主力となって働いてきた山下先生と成相、安藤、家の諸氏は、光学系やドーム建物、観測装置など、それぞれに具体的な課題を分担するチームを率いることになった。山下先生は、それまでの学術的研究成果を『反射望遠鏡』という一冊の本にまとめる仕事にも取りかかられ、これは後に先生の退官時に出版された。最終予算案を作成するとなると、技術的・事務的な仕事量が飛躍的に増えて、野口君、中桐君、増山さんら、従来からの準備室専任担当者に加えて、宮下暁彦君や岡山観測所からの沖田喜一君にも、専念してもらわざるを得なくなった。沖田君は観測所勤めの傍ら続けていた岡山地方での演劇活動も諦めて、三鷹に移って来てくれた。

春には「設置調査費」が認められたのを機に、文部省の学術審議会の中の宇宙科学部会で、大望遠鏡計画のレヴューが行われた。合わせて、天文台の電波太陽望遠鏡のほか、東大宇宙線研究所が推進している「スーパー・カミオカンデ」計画も審議された。これは今までの陽子崩壊検出実験装置「カミオカンデ」を超大型化するもので、百億円近い経費が見込まれている。電波太陽望遠鏡は二十億円弱、ハワイの大望遠鏡は総経費約四百億円規模となった。

「カミオカンデ」は、素粒子物理学が予言している陽子の崩壊を検出しようという野心的な実験装置である。巨大な純水水槽を四方八方から、これまた巨大な光電子増倍管の群で取り囲んで見張って、陽子崩壊によって生まれる粒子の飛跡から出る「チェレンコフ光」を捉えようとする。理論の予言する陽子の寿命が非常に永いために、巨大な水槽内といえども、期待できる検出数は極めて少ない。これが自然に存在する宇宙線や周囲の放射性物質から発生する高エネルギー粒子による他の光電現象と混じると、雑音の方が圧倒的に多くなる。雑音を少しでも少なくするために、岐阜県神岡鉱山の地中深くに設置されている。雑音を取り除く手続きの中で、宇宙から来る「ニュートリノ」粒子も計測の対象となる。

太陽起源のニュートリノ粒子は重要な問題を提起していた。よく知られている、原子炉としての太陽内部構造から予測されるニュートリノ放射量の、数分の一しか検出できていないのだ。実験装置が悪いのか、ニュートリノの理論が間違っているのか、それとも太陽中心は表面から推察するよりも温度が低いのか。この最後の仮説が当たっている場合には、将来えらいことになる。その影響が太陽表面にまで届くと、地球は大氷河期を迎えることになる。カミオカンデの研究者たちは、太陽ニュートリノの検出にも注意深い努力を払ってきた。

ところが、一九八七年に我々の天の川銀河に付随している小さな若い銀河、大マゼラン雲に超新星が出現し、これが大量のニュートリノを放出して、その一部がカミオカンデに捕捉されたのである。大マゼラン雲は十五万光年の彼方に在る。十五万年前に起きた爆発がちょうど今、人類によって観測されたのだ。人類が太陽以外の宇宙起源のニュートリノを検出した最初である。

原子炉としての星が中心の燃料を使い果たし、万有引力で潰れようとする内壁を支えるだけの熱圧力を生産できなくなると、「重力崩壊」が起こる。星の死の瞬間に、内部が潰れこんで中性子星やブラックホールに変化すると同時に、反動で外部は吹き飛ばされ、大爆発が起こる。この一瞬に放出される莫大なエネルギーが、星の最後を飾る「超新星」の輝きとして観測される。超新星起源のニュートリノは、爆発する超新星の芯が「重力崩壊」を起こす瞬間に放出されるので、天空上の方位と発生時刻から、かなり明確に割り出すことができる。その解析は、今まで理論的にだけ組み立てられてきた恒星の内部構造と「重力崩壊」の仕組みを検証するのに、大きな力となった。スーパー・カミオカンデ計画は、このカミオカンデの成功を受けて、より感度の高い装置として計画された。

宇宙科学部会での審議が終わると、文部省予算の中にある「重点的に推進すべき基礎科学分野」に、「天文学」を加えるための具体的作業が進められた。

国立天文台の準備室では、次年度予算の概算要求書の詰めが、急ピッチで進められた。

「口径を八メートルにしよう」

と、海部さんが口火を切り、

「いいでしょう。もういいでしょう」

と、僕は素直に同意した。準備室の皆にも異存はなかった。

大望遠鏡の口径は、「三百インチ」という寸法から出発して、永い間七・五メートルという仕様で検討が続けられてきていた。その間に欧米ではメートル法を基本にして、きりの良い八メートルという数字が飛び交い始め、日本の計画を一周り上回るような形勢になっていた。と言って、一旦外に出した予算書の数字を変えるのも簡単ではなかった。口径の増大に伴う技術的設計変更、さらにはそれらのための経費増、そして説得力のある変更理由の提示、などの課題があるからだ。

「七半」という半ば蔑称に近い渾名《あだな》まで頂戴していた日本の大望遠鏡計画を、僕は、「口径こそ欧米で議論されている八メートルよりわずかに小さいが、それだけ鮮鋭《せんえい》な画像を結ぶように設計製作されるのだ」

と説明してきた。僕にはそれも一つの哲学のように思われ、また何でもかんでも大きさで競う今の風潮への反発もあった。エッフェル塔と東京タワー、エンパイヤステート・ビルと何とかビル、とにかく一メートルでも一センチでも大きいこと、「世界で一番」が、明治以来の日本では大切なのだ。僕の「七半」理論は説得力に乏しかった。○・五メートルだけ口径を小さくすると、どれだけ像がシャープになるのか。何故同じことが八メートルではできないのか。そして何よりも、やっぱり「世界一」でないと、皆の元気が出ない。質で「世界一」には自信が持てないが、大きさで「世界一」は一目瞭然だ。技術者も研究者も、事務官も、文部省の役人も国会議員も、同じだった。八メートルにしてしまうこと自体に反対する人はいなかった。しかしそれによって経費が増えることは、計画実現にとってマイナス要因だった。

「経費は据え置きでいこう」

これはやむを得ない話だった。

積み上げてみると、八メートルにするための影響はいろいろなところに響き、建物のコストにまで影響した。そのために別な面で切り詰めなくてはならず、しわ寄せによるトレード・オフを避けることはできなかった。しかし何よりも、「世界一」のレッテルを貼ることから生まれる元気は、技術者や事務官にも伝わって、「良い物をできるだけ安く造ろう」という気概を生み始めた。

夏前に提出された平成三年度概算要求書には、「八メートル級」と表現された。これと同時に、大望遠鏡を推進するための組織や、完成後の運用のための機構案も、文部省を通して提出された。この段階のどこかで、僕らの知らぬ間に、「情報通信処理センター」が削られてしまった。永年の調査に基づいて練り上げて来た構想の中で、大望遠鏡を支えるために不可欠な基盤として、「機器開発実験センター」と「情報通信処理センター」の二本柱を掲げてきたのに、全く残念なことだった。前者は欧米の天文台ならどこにでもある、装置開発のための実験施設である。日本の天文学に欠けている実証科学の精神を肉付けしていく上で、どうしても欠かせないのが明らかだった。それに対して後者は、今の段階ではそれほど必要性の自明な施設ではないかも知れない。しかし僕らの調査研究では、「計算機技術を含む情報通信技術の進展は非常に急速で、望遠鏡完成までの十年近くの年月の間には、こうした技術こそが最重要になるだろう」と結論されていた。情報の処理・伝達技術が、天体観測事業の生死を制するほどになるだろう、と予測された。このことは僕自身の銀河の研究経験からはっきりと感じ取れることだったが、この第二のセンター構想はあっさりと消されてしまった。

一九九〇年八月二十四日、たくさんのメッセージが届いた。天文台長と管理部長から正式に伝えられた以外に、一部の代議士を含む多方面の方々から、「大望遠鏡建設計画の概算要求を文部省から大蔵省に出すことが決まった。初年度に六・五億円を計上。永年の努力が報われ、おめでとう」という内容のファックスが届き、電話もかかってきた。野口君らがつかまらなくて残念だったが、僕と成相、安藤、それに増山の四人は、天文台の近くで、ささやかな昼食会をもって祝った。

(一年遅かったけれど、とにかく永年背負ってきた責任は果たせた。でも、これからが大変だ)

と思い、喜びと懼《おそ》れとの入り交じった、しかし一旦は解放された気分になれた。

秋になると、十月には東西ドイツが統一され、ウタと僕は東京のドイツ大使館での記念式典に出席した。十一月にはイギリスを永い間率いてきたサッチャー女史が、首相の座をメージャー氏に明け渡した。

実はその年、一九九〇年は、公私ともに悲しい知らせで始まっていた。年末のベルリン旅行から帰った途端の一月二日に、ウタの日本での無二の親友であるドイツ女性のご主人が急死した。声楽家であったご主人は、ウタと誕生日が同月同日でもあった。

もう一つ悲しい知らせが続いた。天文台の同僚の田中捷雄《かつお》さんが一月四日に他界した。田中君は僕より数年下の東大の後輩だが、理論家としても実験家としても、ずば抜けた能力の持ち主で、太陽物理学を専門にしていた。日本で最初の太陽観測衛星「ひのとり」で中心的な役割を果たしていた。そのデータ解析などで大活躍の最中に体調をくずし、病と闘いながら最後まで研究に情熱を傾けていたが、ついに悪性の病に負けてしまった。本人やご家族の無念さは筆舌に尽くしがたいが、日本の天文学にとっても、その痛手は大きかった。僕が担おうとして担えなかった天文台での大気圏外天文学（スペース・アストロノミー）の推進は、田中君の双肩にかかっていた。彼にリーダーシップを期待していた僕らの落胆は大きかった。

その年に建設の始まった「電波太陽望遠鏡」計画の推進責任者だった甲斐敬造さんも、少し前に五十代半ばで完全に体調を崩し、病院のベッドから離れられなくなっていた。原因不明の難病で、直接の理由は判らないが、計画推進のための心身の疲労が、病勢を加速しないわけはないと思われた。過去には、東京天文台時代に、長野県野辺山の大型宇宙電波望遠鏡建設の総指揮をとられた田中春夫先生が、完成の翌年、まだ六十そこそこの若さで他界されてもいた。

大きな計画の先頭に立った人たちがこうして亡くなるのは、単なる偶然とは思えなかった。もしも昨年からの明るい動きがもう一年遅れていたら、僕は自分の健康にも精神力にも見切りをつけていたかも知れない。そしてこの現実離れのした計画を吹聴して回った責任をとって、辞職していたに違いない。自分たちの心に巣くう「何が何でも世界一に」とか「決死の覚悟で」とかいうキャッチ・コピーは、本来は、科学者の近くに在ってはならないもののように思えた。

二

一九九一年度の予算が正式に認められて、望遠鏡製造の全体に責任を持つ主契約者の国際入札が行われたのは、もう夏に入ってからだった。三菱電機が落札して、この面倒なリスクの多い仕事を引き受けることが決まると、僕は正直言ってほっとした。国際入札にかける以上、外国の企業が主契約者になりうることも覚悟はしていたが、それは途方もない面倒を持ち込んで来るに違いなかった。設計仕様が固まっているとは言え、人類が初めて造る装置であり、しかも設置場所が日本で初めての外国領土内だ。総合性能試験は、四千二百メートルの山頂で組み上げてみて、初めて行える。そんなに随所に時時の判断を必要とし、多くの危機管理を要するような全体システムについて、アメリカやヨーロッパの企業と協議しながら実施するには、さらに輪をかけた莫大なオーバーヘッド、つまり余分な労力がかかるのは目に見えていた。落札に成功した三菱電機は、薄《うす》メニスカス鏡材の裏に穴をあけて支えるという天文台側の技術仕様にのっとって検討の上、コーニング社を鏡材メーカーとして選定した。完全にアモルファスな構造の鏡材の方が、内部ストレスに強いという判断からだった。

一九九一年秋口のこと、コーニング社のアッカーマン社長の飛行機がニューヨークから到着するのを待って、日本の大型光学赤外線望遠鏡の八メートル級主鏡製作開始を記念する簡単な式典がもたれた。

式典の会場はコーニングのガラス博物館の一室で、そこには半世紀近く前に鋳造したパロマーの二百インチ鏡の、使われなかった第一作が展示されている。照度を下げた部屋の一方の壁面一杯に、五メートル鏡が黄橙色《おうとうしょく》に輝いている。当時の軽量化のための苦心をうかがわせる蜂の巣状の空洞が裏面に鋳込まれているのが、光の濃淡でよく判る。

天文台からは、当初から専念してきた安藤さんと僕の二人、三菱電機からはプロジェクト・マネージャーの木下親郎氏が出席し、コーニング側はアッカーマン社長をはじめ副社長、大物鋳造のためのカントン工場の工場長、八メートル鏡プロジェクトの責任者など、約十名がテーブルを囲んだ。一同の顔には一種の安堵と緊張の入り交じった表情があった。

安堵感が漂うのは、ここ何年もの間、本予算の目処が立たないままに、予備調査を走らせてきた辛い時期が終わったからだった。

(何度ここへ足を運んだことだろう)

「来年度本予算を獲得すべく努力中です。とにかく日本の鏡を受注するつもりなら、素材工場の炉を、そのようにスケジュールしておいて下さい。長期の仕事を組んでしまって、日本の仕事がすぐ始められない状況には、しないでおいて下さい」

どこの会社にも、同じことをお願いして歩いた。とにかく全体で八年かかる仕事だ。それでいて、やっぱり科学者としては、一年でも早く完成させたい。それに欧米でも同クラスの計画に着手している。超低膨張ガラスの大物製造に意欲のある数少ない企業が、手一杯になってしまえば、一年や二年の遅れはすぐに出かねない。メーカー側も厳しかった。

「来年度に本予算を確保できる見込みはどのくらいか。五〇パーセントなのか、八〇パーセントなのか」

「阻害要因は何か。日本のこの種の学術予算は年間いくらか。競合している計画は何か」

「我が社で予備研究を進めるためのR&D経費は確保できないのか」

「希望は解るが、最終的には早い者勝ちだ。我が社も努力はするが、一番確かな道は、他国に先駆けて予算を確保することだ」

予算折衝の始まる夏前には、まだそんな会話を交わしていた。

「残念ながら来年度概算要求には盛り込めませんでした。しかしこれからすぐに、次の機会に向けて、全力を傾けた努力を開始しますので……」

秋の終わりには、また前年と同じお願いをする。言い訳をしても仕方ないことだし、お涙頂戴のお願いごとをしても無駄である。僕のできたことと言えば、星の一生や銀河の世界、人類と宇宙のかかわりなどを、情熱をこめて話すことだけだった。

「この大望遠鏡を造ることが、人類の夢をどんなに広げることか。人間が自分たちを宇宙から見る視点を、どのように持つようになるか。そして技術的に、どんなに先端的で挑戦的な事業なのか……」

この最後の一点については、僕らよりもガラス・メーカーの技術陣が、最も強く感じ取っている。でも、僕らの言えることは、他国の天文学者たちも語っているに違いない。

そこで僕は切り札を出す。

「これは日本の国にとって最初の事業なのです。日本はもっと国際的に開かれた国になる必要があると信じます。大規模な人類のためと言えるような事業を、主体的に担えるようにならなければなりません。今はまだ、そのための法的な整備も、基盤整備もできていません。僕はこの望遠鏡計画を通して、一歩でも二歩でも、日本の国の国際化を進めたいのです」

相手には通じなかったかも知れない。

(何かよくは解らないけれども、この男はこの計画を実現したい理由を、一つ余分に持っているらしい。ひょっとすると、回り回って我が社の得になる部分もあるのかも知れない)

と思ってくれたのなら有り難い。

何回ものそんなやり取りの挙げ句に契約が決まったのである。それだけに、双方の頰の筋肉が弛《ゆる》むのも仕方ない。しかしそれは初めだけで、テーブルの雰囲気はやや緊張の勝ったものとなった。低めの照明や高い天井のせいもあって、壁面で黄橙色に輝く五メートル鏡材の後ろから、その生みの親である故ヘール博士の亡霊が現れても不思議ではない雰囲気だった。

「パロマーの巨人望遠鏡を生んだコーニング社が、今また世界最大の天体望遠鏡の鏡材を製造する幸運に恵まれたのは、大変に名誉なことです。全社全力を傾けて、立派な鏡材を造れるように努力いたします。当社の永年の蓄積と最新の開発研究の成果によって、必ずやご期待に添えるものと信じます。そのためには、セントローレンス河に近いカントン工場に大型炉を新しく建造し、また若い頃にパロマー鏡を経験し既に退職した技師たちを呼び戻して、万全を期すつもりです。これを機に国立天文台を軸に日本の天文学が発展され、世界・人類に貢献されることを祈念します」

そんなことをアッカーマン社長は、いかにもアメリカの一流企業人らしく、流暢に述べた。僕は何をどう言ったのか、よくは覚えていない。それまでに言うべきことはすべて言ってきてしまっていたような気がしていた。何か発注元として、納期や品質についての期待とか、言うべきことがあったのかも知れないが、「宇宙の果て」の話だけをしたような気がする。

前年、フセイン大統領率いるイラク軍のクウェート侵攻に端を発した湾岸戦争は、この年の二月、アメリカ空軍のミサイル集中攻撃により、遂に幕を閉じた。そして夏には、ソビエト連邦が崩壊した。自由解放の旗手だったゴルバチョフ氏が追放され、混迷のロシアをエリツィン大統領が率いる時代が来た。

僕とウタは、統一されたドイツの混迷を、ロシアのそれと比較した。ウタはいつの間にか東京工業大学の勤めが永くなり、ゼミの学生の中から何人もの留学生を送り出して、ヨーロッパのドイツ語圏の大学との仲介役を自ら買って出ていた。

(解放された旧東独の大学とは、今こそ交流を始めなくては)

と思っていたウタは旧東独の大学を回って、新しい日本との絆《きずな》を模索してきたが、事態は絶望的なようだった。人為的な壁の構築と撤去は、東西の経済に予想以上の打撃を与えていた。イデオロギー支配から解放された旧東独の大学は、設備の遅れはともかく、適切な人材に欠けている。そこに西から様々な人が流れ込み始めて、混乱していた。そんな現実を知って深く失望したウタにとって、NHKの国際放送、ラジオ・ジャパンで担当している番組「ヤパノラマ」に、旧東独地域の聴取者からの便りが急増したことは、大きな喜びだった。せっせと返事を書くと、またたくさんの返信が届いた。ウタが日本の大望遠鏡計画開始を番組で取り上げると、「そんな計画を日本が持っているとは知らなかった」という手紙が、ヨーロッパから舞い込んだ。

とにかく、六・五億円の予算とはいえ、八年計画の初年次がスタートしたことで、国立天文台をはじめ日本の天文学界は急速に明るい気分に満たされ始めた。海部さんを室長とするプロジェクト室では、会議に次ぐ会議が開かれて、仕様の詰めや業者との打合わせが活発に進められた。今までは一字一句にも気を付けて遠慮がちだった新聞報道も、大手を振って発表できるようになった。そんな明るい気分の中で、次年度の予算要求作業が進められたが、見通しは必ずしも明るいわけではなかった。一九八〇年代の日本の景気は過熱して破綻し、「バブル」の崩壊が始まっていた。総額四百億円に上る予算のうち、初年度に付いたのは六・五億円だ。喜んではいられない。重い予算は先送りにされ、とにかく緩やかにでも立ち上げていくことにする以外に仕方がない。

「先々は見直しましょう」

と文部省の担当者も頭を抱えた。

文部省のような霞ヶ関の本省の担当者は、上から下まで、ほぼ二年から三年で異動する。自分が担当の時に難事業を始めるかどうか、ちょっと後の人に判断を先送りするか、その判断には決心の要ることだろう。後任の担当者にしてみれば、前任者の興した事業だからと言って、放り出すことはできない。どこかの国では大統領が代われば政策が変わり、学術分野の事業も中止変更されることがある。しかし官僚主導の今の日本では、良きにつけ悪しきにつけ、ある種の安定性と継続性がある。前任者を悪者にすることは難しいので、後任者は事業の継続に努力する。この大望遠鏡計画に関わった担当者は、上から下まで、本当に親身になって考えてくれた。直接の担当官は、この計画の苦労で健康を害してしまったほどだ。

いろいろと検討したが、どうしても八年計画を九年に延ばさなくてはならなくなった。九年計画でも、とにかく二年次要求には、マウナケア山頂の工事着工を盛り込んでもらえることになった。「これでいよいよ本格的だ」と喜ぶ一方、九年計画となれば、完成が僕の停年後になることは明らかだった。しかし僕はそのことを、なるたけ気にしないようにしていた。

(たとえ僕は、現役として最後まで参画できなくても、今ではたくさんの人が共有している「僕らの夢」を、皆で完成できれば、それで満足すべきだ)

と自分に言い聞かせるように努めた。

マウナケア着工の予算要求が動き出したので、僕は岩波映画製作所に出向いた。以前から「映像記録」を残すことを考えて、検討を重ねて来ていたのだ。湯島の岩波のオフィスには、藤瀬社長と営業担当の関さんがおられて、話は予定通りに進んだ。

事業を担う人々は、天文台も企業も含めて、変わっていくだろう。仕事は世界のあちらこちらに分散されて進む。その総体が、「望遠鏡計画の記録」として残されるべきだと思っていた。いろいろな所に相談してみた。経費については全く見当がつかなかったし、国の予算はまず当てにできそうもなかった。放送会社や日本映画協会を通じて紹介してもらった数人の方々に、提言をいただくことから始めた。どんなものを作るのか、全体工程を年次別に大きく分けてみた。天文台としての関心は、研究者としての苦心のしどころや、技術的な難関の詳細を記録に留めることにあった。しかし大概の相談相手は、「イベント」に注目した。いわゆる「見せ場」だ。ここの議論で相当にもめた。挙げ句の果てが、

「先生の言うものを作れとおっしゃるなら作りますよ。でも誰が見てくれるんです。倉

庫にしまって先生方が喜んでいても仕方ないでしょう。撮る者にしてみれば、見る人を想定しないで仕事はできませんよ。だいたいそんなもの、誰もお金を出しやしませんからね」

となった。

経費の方も、一億円から二億円はどうしてもかかることが判った。記録ものの場合には、とにかく記録しておかなくては話にならないので、最終的に使うものの約十倍は撮っておかなくてはいけないらしい。その上、この種の科学記録では、野外撮影もあれば室内の近接撮影、大構造物撮影等々、画像の解像度の高いことが重要だ、と指摘された。ハンディーなビデオでは役に立たない。できれば十六ミリのフィルム撮影が良いことが判った。

いろいろな判断から、

（これはもう、数々の優れた科学記録映画の製作で知られている岩波映画さんに頼み込んで、何とか助けてもらう以外に道はない）

と、僕は思い込んだ。他にも可能性はあったかも知れないが、とにかく直接にアポイントメントをとって、社長の藤瀬さんにお会いした。岩波映画の社長さんは比較的小柄な温厚な感じの方だった。

僕は趣旨と窮状を訴えて、答えを待った。

「即答はできませんが、社内で相談して、何らかの提案をさせていただきましょう」

そう藤瀬さんはおっしゃった。一週間もすると、簡単な提案書が届いた。それによれば、「まず天文台として基本計画を練るための契約を岩波と交わす。これは今年は五百万円くらいの額でよい。翌年からハワイなどでの撮影にかかる筋書きで、毎年平均千五百万円を、十年間にわたって必要とする。これは撮影をして資料フィルムの形にするまでの経費である。途中の三年目とか五年目には、それまでの一部を編集して、いわゆるプロモーション・フィルムを作る。五分ほどの短いもので、プロジェクトの宣伝に使い、また映像記録のための資金を集めるのに使われる。最後は完成後の観測成果を含めた三十分ないし四十分くらいの映画に編集する。これにはさらに三千万円くらいの経費がかかる。その時には、もう少しお金をかけると、一種類だけでなく、成人向き、青少年向き、学校向きなどを作れる」とあった。

こうして映像記録という仕事の全体像がどうやら理解できるようになったが、問題は資金だった。とにかく今年の構想確定のための契約だけは、天文台として認めてもらうことができたが、その後は見込みが立たなかった。しかし、それについても、岩波映画は、今までのいろいろな経験を基に、有効な提言をしてくれた。「この種の技術記録には、仕事を請負う企業も関心がある。企業としては、自社のPRや社内広報にも使える。天文台が請負企業と岩波とを含めて、何らかの合意を成立させることができれば、天文台はそうした仕事の潤滑油に相当する経費だけの負担で、目的を達成することができはしないか」というのだ。それは名案だと思った僕は、関係各社の担当者に当たってみた。ところが、

「バブルがはじけて、宣伝や広報がまず削られていますので」

と、初めは思いのほか渋かった。

「十年がかりの仕事ですよ。今までに十年かけて推進してきたのです。望遠鏡は完成すると三十年や五十年働くのです。今のことだけで決めないで下さい。お願いです」

何とか話がまとまるまでに一年近くかかった。それでもあっちこっちを削り込んで、編集経費はいずれその時になってから考えることにした。著作権や版権、映像権はややこしくなるが、そこは餅は餅屋で、岩波さんに任せることにした。翌年マウナケア山頂で始まった大成ハワイ社の地盤改良工事を皮切りに、映像記録はスタートを切った。

三

「大型光学赤外線望遠鏡」という名はいかにも長すぎる。正式の予算事項名としてはよいけれど、馴染み難い。国際的には「日本国設大型望遠鏡（JAPAN NATIONAL LARGE TELESCOPE=JNLT)」で通ってきたが、「ＪＮＬＴ」も舌を噛みそうだ。「建設が始ま

ったのだから、一つここらで、愛称か通称を募集しよう」ということになった。

応募してきたのは約三千五百通で、選考は委員会を設けて行われた。一番多かったのが「ビッグ・アイ（BIG EYE）」だった。これはかつてパロマーの巨人望遠鏡が誕生した時にも使われた名なので、敬遠することにした。次に「銀河」が多かった。ところが日本のエックス線科学衛星で同名のものが活躍中とあって、これも駄目だ。そんな風なのがいくつか並んだ次に、「みらい」と「すばる」が来た。

「日本が初めて外国に建造する大型科学施設だから、大和《やまと》言葉がよい」という意見は強かった。「アルファベットにしろ」という考え方もないわけではなかったが、大和言葉組の声が大きかった。事前の取沙汰では「まほろば」とか「まんだら」なども上がっていたが、応募してきた中では少数派に止まった。「すばる」は、清少納言が枕草子に「ほしはすばる」と書いている。同じく「はるはあけぼの」もあって、これも天象に関係がある。関取の曙にひっかければ、ハワイにも関係がある。そこまで言うなら、天文台の在る武蔵野にかけて、「武蔵丸」はどうかという説さえあった。選考委員会での決戦は「みらい」対「すばる」になった。それぞれに言い分があったらしい。「MIRAI」も「SUBARU」も三音節で簡明でよい。中央の母音Aを挟んで前者は「I」が、後者は「U」が繰り返される。

「Iは理知的で切れるが、Uは内に籠もって鈍い」

と未来派が主張する。

「やはり天象に関係がある方がよい」

と昴《すばる》派は応戦する。最後は古在天文台長の、

「『みらい』ではなかなか予算が付かないみたいだ」

の一言で、「すばる」に決着したと伝えられている。

「すばる」はいうまでもなく、プレアデス星団の和名だ。中国では昴宿《ぼうしゆく》。若い青い星が肉眼でも六〜七個集まっているのが認められるが、暗いものまで含めると、実は百個以上の若い星の大集団である。ほとんど同時に誕生したこれらの星の年齢は、一千万年くらいと推定されている。牡牛座にあって、冬の夜空にキラキラと輝く、目立つ存在だ。

自動車の名にも採用されていて、それを気にした人も多かった。とりわけ僕などは「スバル三六〇」といえば、乗用車普及の初期の、小容量エンジンの簡易車を想い出す世代である。今は乗用車として一流だとしても、何かその会社の寄付で造る望遠鏡だと思われてはかなわない。なにしろ、かつて「TMT」と呼ばれていたカリフォルニア連合の十メートル分割鏡は、実業家一族がポンと全額を出資し、その家名を冠した「ケック望遠鏡」として既に建設に着手していたのだから。

（なに、構わない。すばるはもともと星団の名。こちらが本家さ。自動車会社には貸してあると思えばいいさ）

と考えることにする。「すばる」は「すべる――統べる」の自動詞で、一つに集まる、の意味だそうだ。だから星団というわけだ。

「SUBARU＝プレアデス星団」の名がハワイに伝わると、ハワイ語ではこの星団を「マカリイ」と呼んで、古くから航海の目印に使われてきた、と教えてくれた。面白いことに、これはハワイ語で「小さな眼」（ただし複数形）という意味だそうだ。「BIG EYE」が「大きな目」なのに、結局は「小さな眼」になってしまった。そこが人間と宇宙の相対的なスケール感の差を表していて、実に当を得ている。太平洋を航海したハワイの人々にとっては、水平線に昇るプレアデス星団が、空から見つめる神々の小さな眼に思えたのだろう。振り返って、僕らが大望遠鏡と称している口径八メートルも、宇宙から見れば、ちっぽけなものだ。何億年も何十億年もかけて広がってくる光の波の、ほんの微少な一部分だけが、この鏡の面に入る。地上に降り注ぐ他の光子は、すべて無駄だ。僕はこうして「すばる」の名を納得した。「昴」の漢字に現れるきらびやかさではなく、「人類の小さな眼」としての八メートル望遠鏡に託した、謙虚な祈りのような気持ちの表象としてだった。

マウナケア山頂の「すばる望遠鏡起工式」は、とうとう一九九二年七月六日に実現した。日本時間では七夕の日に当たる。その日現地では風が強く、朝から天気が心配されたが、午前中の山頂での式典は、幸いにも晴天に恵まれた。午後にヒロの街に降りた頃から雨模様となり、夕方の祝賀パーティーの頃には雨脚も強くなった。東京・三鷹の国立天文台でも、「準備室」が転じての「すばる室」が企画して、起工祝賀パーティーが中庭で賑やかに開催された。

マウナケア山頂は、何と言っても四千二百メートルの高地だ。そこに百五十人近くもの人が集まるだけで、足や安全性の確保など、その準備は大変だ。「すばる室」からは「国立天文台ハワイ代表」として成相恭二さんがもう永いこと現地に張り付いていて、ハワイ大学や地元との折衝連絡に当たっていた。誰かが長期にわたって駐在してこうした仕事に当たらなくてはならないことは分かっていたが、「さて、それでは誰が行くか」となると、言葉や家族のことなど、難問だらけだった。そんななかで、率先して手を挙げたのが成相さんだった。とにかく数ヵ国語に堪能で、それ以上の適任者はいなかったが、ハワイで彼を支える態勢は全くないに等しかった。彼が行ってくれることになって皆はほっとしたが、彼自身は、島流しの刑にでも耐えるような気持ちで、献身的にこの重荷を背負ってくれたのだった。このとき、誰も行き手がなかったら、望遠鏡のハワイ設置計画は、本質的なところで挫折してしまっていただろう。

彼の仕事は、何も式の準備だけではなかった。実際に着工するためには、まず環境アセスメントを経なくてはならない。現地のコンサルタントと契約をして、植物・動物・

地質・地形への影響の評価や、遺跡調査も行った。あんな月世界のような岩山で、と思うかも知れないが、珍しいクモの一種が棲息している、とのことだった。また近くには、昔のハワイ人が石器造りをした採石跡も在る。すばる計画では、いったいどれだけの工事を行い、完成後はどう運用するのか。地ならしはどの範囲でするのか、残土はどこに運ぶのか、また、排水はどうするのか、道はどうつけるのか、等々、数え上げるときりがない。一通りそれが終わると、彼は測量会社と交渉して、正確な地図を作った。凹凸はあるものの、これという目印のないマウナケア山頂一帯では、借地域を設定するのも容易ではない。航空写真から割り出したハワイ島全体の測地座標に準拠して、約四エーカーの借地区域と、望遠鏡の水平軸と垂直軸の交差する「不動点」の位置を確定する。等高線図は一フィート以上の精度が必要だ。

こうした資料作りの後に、彼は現地の公聴会に立ち会わなくてはならなかった。現地の人たちのうちには、聖なる山が汚されていくのを好ましく思わないグループもある。（ハワイ島はマウナロア山を中心に火の女神「ペレ」が、またマウナケア山を中心に氷雪の女神「ポリアフ」が支配している。そこに天文学者どもが、しかも外国のまでがやって来て、変な建物を建てる。お蔭で美しかった山の稜線に妙なコブが生えてしまった。自動車や人が盛んに上り下りして、昔の静けさも失われていく）

こんな素朴な心は尊重したかった。それはどこかで、自然環境保護の気持ちとも繋がっている。すばる望遠鏡を造ることは、ある意味では自然に手を加え、環境を変えることになるが、それも破壊だろうか。「すばる」は新技術望遠鏡だ。昔の望遠鏡のように自然の中にひっそりと建てられて、機械捲きの垂下式時計仕掛けと、人間の眼と手で操作されるのとは違う。「すばる」は電子計算機で自動制御され、その建物は巨大な空調機によって温度コントロールされる。観測データは電子カメラからコンピュータに送られて蓄えられ、光ファイバーを通して麓の基地にも転送される。それでも僕は、

（宇宙を見る大望遠鏡は、地球に優しい道具だ）

と思いたかった。

巨大科学には、地球に優しい「ソフト」なビッグ・サイエンスと、地球に厳しい「ハード」なビッグ・サイエンスがある。そんなふうに考えてみた。地球に存在しなかった環境を人間の支配下に置こうとする加速器科学や核融合科学、大気圏外に飛び出す宇宙科学、新しい自然を作り出そうとする遺伝子科学は、ハードな科学のように思えた。天文学や地球科学は、たとえ装置が大がかりになったり、地球上の広い範囲に展開されても、基本的には受動的な科学だ。できるだけ在るがままの自然を知り、人類の智恵に加えていく。

（しかし待てよ、加速器だって、あるがままの自然を知ろうとして、何キロメートルもの高真空のトンネルを造り、超高エネルギーに加速した粒子を衝突させるのではないか。

どこかで天文学もハードな科学になってきているのではないか）

喉にひっかかった小骨のように、その気持ちはいつまでも消えないで残っている。

「公聴会は首尾よくいった」と成相さんから電話が入った。環境保持は地元の大きな関心だが、もっと大きな関心は経済効果にあった。

「いくらのお金が地元に落ちるのか。建設費はどのくらいか。完成したらどのくらいの人たちが常駐して働くのか。現地での雇用は……、消費電力量は……」

これはもっともなことだった。

起工式の当日、山頂の式典にはハワイ大学学長のほか、ハワイ選出の米連邦上院議員や地元関係の政治家も顔を見せた。そうした方面からの祝辞には、学術の発展や日米両国の親善と並んで、必ずと言ってよいほど、地元の経済振興への期待がこめられていた。日本側は、鳩山邦夫文部大臣が夫人を同伴して出席された。地元の日系の方々は文部大臣の来島とあって、それはそれは気を遣った。忙しい大臣のことだから、予定がくるくると変わって、地元との間に立った成相さんの苦労は相当なものだった。大臣が一泊されるかも知れないので、夜の会合が検討された。ハワイ島ヒロ市はアメリカの田舎町だ。普通は夜八時にもなれば、開いている店はない。

（それでもどこかのレストランを開けて、歓迎会をやろうではないか）

地元の日系人の方々が連絡を取り合って、何とか見込みが立った頃に、宿泊取りやめの知らせが届いた。

多少宗教色のある地鎮祭はハワイ大学の担当、起工式は日本の国立天文台の担当に分けた。地鎮祭はハワイ式でやった。神官の身なりや立ち居振る舞いは、日本の神道のものを連想させた。雲海の上に浮き出たマウナケア山頂で、衣装を風になびかせて舞いながら、神道そっくりの抑揚でハワイ語の祝詞《のりと》を謡う。榊《さかき》の代わりにハワイの木の枝で水を撒く。

(ああ、神道も南方から伝わったのだ)

と納得した。起工式はやはりハワイ式で、鍬《くわ》入れの代わりに、二メートル近い棒を持って、十人ぐらいの主賓が土の山を突く。昔タロ芋を耕作する時に使った耕具の名残りらしい。

「よいしょーう。よいしょーう。よいしょーう」

僕は無意識のうちに馬鹿でかい声を張り上げていた。

「あれは何という意味か」

アメリカ側の出席者から訊ねられた。訳は判らないが、威勢が良くて評判は悪くなかった。予定では、鳩山文部大臣が日本語で挨拶し、僕が一節ごとに英訳を読み上げることになっていた。僕が祝辞原稿をお渡ししようとすると、

「英語でやるさ」

と、英文の方を取られた。何しろ風が強いのでマイクを通さない会話は聞き取り難い。これは戸惑っている間に、大臣は演台代わりの箱に上がってマイクを握ってしまった。ウタは「すばる」の起工式にふさわしい大臣の即断で、アメリカ側には大変に受けた。ウタはこの様子をラジオ・ジャパンでヨーロッパに紹介するのだと、ハンディー・レコーダーをかついで頑張った。

大臣と夫人は、夕方の祝賀パーティーを中座して、ホノルルに戻らなければならなかった。宴たけなわの頃、僕とウタは大臣夫妻を後部座席にお乗せした車を運転して、そっと飛行場に向かった。あたりはしのつく雨だ。僕はこの機会にと、大臣にお願いをした。

「有り難うございました。これからがいろいろと大変です。何しろ外国領土での初めての試みですから。パイロット・プロジェクトとして是非宜しくお力添え下さい」

夫人とウタは、子供たちの話とか陶芸の話をしているようだった。お二人を送り出すと、急に疲労感に襲われた。普通の時でも、山頂往復のあとは疲れが溜まる。このところ準備のために会合が重なったが、気持ちが張り詰めていたから何ともなかった。海部さんは少し若いだけあってキビキビと指揮を取っていたが、やはり「歯が痛み始めた」と洩らしていた。僕はもうホテルの部屋に戻りたかったが、そうもいかなかった。腹がキリキリと痛んだ。

（ウタが付き添っていてくれて助かった）

と思った。

起工式に漕ぎ着けるには、成相さんが担当した法的手続きと並んで、ハワイ大学との「土地開発並びに望遠鏡の建設・運用に関する協定書（ＯＳＤＡ）」の成案作成という難題があった。こちらの作業は、主としてホノルルのハワイ大学天文研究所で進められた。二年前に設置調査費が認められた頃から、日本国内の研究者の合意形成は急速に進んだ。ハワイ大学に十五パーセントの共同利用時間を優先的に割り当てることや、各種委員会にハワイ側の代表者を加えて意見を反映させることなど、十年前に素案を検討し始めた頃には全く理解の得られなかった事項も、かなり当然のこととして受け容れられるようになった。この十年の間に、ハワイ側からも大学評議員をはじめ、何度か日本に人が来たが、たくさんの日本の若手研究者がハワイを訪れ、滞在して研究生活を送り、マウナケア山頂のハワイ大学の二・二メートル望遠鏡で観測をしてきた。ハワイ側は日本のためにこの望遠鏡の十パーセントの時間を提供してくれていた。机上の議論よりも、こうした実際の交流が、相互理解促進の大きな力となったことは見逃せない。

ＯＳＤＡ成案作成の難関は三つ残っていた。建設作業員宿舎、加入分担金、保険および著作権で、これについてはもっぱら僕が唐牛君と二人で交渉に当たった。四千二百メートルの山頂での工事のためには、二千八百メートルのハレポハクに、建設作業員の宿舎を用意する。ハレポハク一帯は自然保護地区で、貴重な動植物が分布している上に、狩猟指定区でもある。環境アセスメントが非常に厳しく、既に国際共同の中間宿泊施設を開設した時点で、地元から厳しい制約条件を課せられている。日本の山間の工事現場でよく見かけるような仮設小屋はまかりならぬとのことだ。「すばる」の宿舎だけでも、一旦造れば十年近くも使うことを考えねばならない。

そこへ来て、山頂で工事をするのは日本だけではない。既に隣接するケック望遠鏡が工事中で、そこが昔からハレポハクにあった古い宿舎を使っている。我々と同じか一年遅れでスタートするジェミニ計画も、マウナケアでの工事を予定している。これはアメリカの国立天文台を中心に進められてきた十六メートル合成鏡のNGT（新世代望遠鏡）計画が、最後には八メートル望遠鏡二台のジェミニ計画に転換されて、一台がチリに、もう一台がマウナケアとなったものだ。米・英・加ほかの国際共同プロジェクトになる予定である。ジェミニ計画の担当者から、日米共同で宿舎を造ろうという話が出てきた。アメリカ側は既に基本設計を発注済みだそうだ。ハワイ大学を間に挟んでの協議だが、建設を受注した企業がからむ話でもあり、特に経費分担の話が手に負えない。アメリカの制度と日本のとでは、こんな話になるとまるで違う。そのうちに相手側の担当者の交代もあったりして、とうとう丸一年を棒に振ってしまった。そして結局は、「すばる」側関係企業がお互いに相談して実現することで、ハワイ大学側との話がついた。

この件でハワイに一人で出向いていたある朝、ワイキキのホテルで突然腹部の激痛に襲われた。一時間ほどで静まったが、これがその後繰り返しやってくることになった最初だった。

分担金は、マウナケア国際観測所にその利用者として加入するためのものだ。観測所を今のようにするまでには、ハワイ州をはじめとして各参加天文台が、多くの資金を投下して基盤整備に当たってきた。僕が最初に調査に来島した頃に較べると、道路は格段に良くなり、中間宿泊所が改築され、市街電力線が山頂まで敷設され、現在は山頂地域の道路舗装が進められている。山頂と中間宿泊施設間の計算機ネットワークも完成し、宿泊所からも山頂の望遠鏡計算機にアクセスできる。マウナケア国際観測所のしきたりとして、新規加入者による分担金は、一旦預金口座に入れて運用され、将来の基盤整備に用いられる。「すばる」の場合には、八メートル鏡を安全に輸送するための道路の拡幅整備と、「すばる」建設地までの電気と通信線の延長工事が優先される。

ところが、今会計年度内に行う共同工事の経費を分担することはできるのだが、こうした一般的な「分担金」は、日本国の国立学校特別会計の枠内では支出が難しい。それに、こうした分担金の額の査定がまた難しい。ハワイ大学では、一九八三年にマウナケアの総合開発長期計画を策定して、「すばる」クラスの望遠鏡の場合の分担額を指定している。額は一九八三年米ドルで指定してあって、あとはホノルルの消費者物価指数に従ってスライドされる。

（日米間には円ドルの為替換算もあるし、支払い制度や会計年度の違いもある。何かもっと詰めておかないと思いもかけない問題が持ち上がる懼《おそ》れがある）

これは我々だけでなく、ハワイ大学側も憂慮していた。そこで、一応一九九二年の七月に着工を想定して、その時点で支払うべき額の算定を事前に行い、ＯＳＤＡの成案文中に書き込んでおこうということになった。支払いが遅れた場合には、その時点からスライド制で割り増される。それまでの両国の法制の違いによる困難のいろいろを勘案すると、「半年前、つまり一九九一年末には成案に漕ぎ着けて、日本とハワイの当局者に最終的に眼を通してもらうべきだ」と合意された。

その時点までに、分担金の条項は確定されたものの、保険と著作権の問題が積み残されてしまった。年が明けて一月に入ると、僕と唐牛君はこの問題に取り組んだ。日本では国立の機関は一般に保険を掛けない。万一何かがあって賠償責任が問われると、国が訴訟交渉に当たる。ところがハワイでは、保険を掛けるのはごく一般的なことだ。日本の天文台はハワイ州にとってはお役所ではない。当然安全を見込んで保険を掛けることが義務付けられる。「国立天文台は保険を掛ける」と原案にあったのを、結局は、「国立天文台は、保険を掛けるように措置する」とすることで決着をみた。

著作権や報道権の方は、日本の法制が不十分なので二月にもつれ込んだ。最後はハワイ大学の会議室と東京の天文台事務室、文部省の担当課を繋いだ長時間の電話打ち合わせをやったが、それも時間切れとなって妥協案で我慢した。その数日後に発表されたホノルルの物価指数が急落したために、後年になってから「分担金の額の決定が正当だったか」と問い質《ただ》される羽目になった。だが僕らには、疚《やま》しいところは全くなかった。

四

こうして「すばる」の建設は始まった。しかし毎年の予算については、相変わらず年ごとに折衝しなければならない。現行の文部省予算では、最も長期にわたって予算計画の立てられる国庫債務負担行為は三年ものだ。そこで、望遠鏡でも建物でも、建造に永くかかる項目は分解して、一年ずつずれてスタートする三年国債の積み上げでカバーするしか仕方がない。それもどれだけが認められるかは、その年その年の経済状況に左右されるのは致し方ないことだった。もちろん当初に全体の予算計画は立ててあるが、あくまでもそれは目標だ。既に二年ほど走ったところで見直して、当初の八年計画は九年計画に引き延ばされてしまっていた。

一九八〇年代には「地上げ」現象まで起こって加熱した日本の景気は、九〇年代に入ると「バブル」がはじけて、急速に凋落し始め、あれよあれよと騒ぐうちにどん底に落ち込んだ。追い打ちをかけるように貿易自由化の圧力がかかって国内企業を圧迫し、人手の安い海外への工場移転なども手伝って、国内産業空洞化の兆しも見え始めた。これがもう二〜三年早くに始まっていたら、大望遠鏡計画に予算が付いたかどうか判らない。日本の社会が天文学に四百億円もの予算を認めたのは、バブル景気と全く無関係とも思えなかった。七〇〜八〇年代に日本のビッグ・サイエンスが花開いたのには、それなりに日本の上向きの景気が背景に在ったからだろう。誰しもがこれからの日本の景気の先行きに不安を感じている今、「すばる」は辛うじて完成に漕ぎ着けられるとしても、花開き始めた日本の学術文化の将来は、決してバラ色ではない。

(しかし日本の社会は徐々に変わってきている。これからは学術文化を大切にする国になるのではないか)

そんな楽観的な希望も懐《いだ》いて、ハワイとの間を行き来する日が続いた。

皇太子ご成婚の儀式、米のクリントン大統領を迎えての東京サミットなどが華やかに行われたと思うと、宮沢内閣が降りて、日本新党の細川内閣が誕生した。日本新党は何か新しい風を吹き込みそうだとの期待をもたせて、新しい人材の掘り起こしに努力した。そのあおりで、ウタのところにも話が来た。どこまで本気の話だったか判らないが、ある日、党首脳との面談に招かれて、ウタは出掛けて行った。結果は明らかだった。そもそも日本国籍を持っていないウタに、国会議員選挙への立候補は不可能だった。

「えっ、日本国籍を持ってないいんですか」

党首脳は驚いた。

日本人の教授の妻で、もう三十年近くも日本に住んでいる。東京工業大学で十五年も教鞭を取っている。三人の日本人の娘たちの母親だ。NHKのラジオ・ジャパンでドイツ語番組を担当している。そして住民税も所得税も納めてきた。

ウタはこの頃になって、やっと永住許可を申請して認めてもらった。それでもドイツに行くたびに、何千円も払って再入国許可を貰わなくてはならないし、外国人登録もしなくてはならない。要するに「外人」なのだ。ウタはこの時とばかり、政治家に改善の必要性を訴えた。

「国籍そのものと、『市民権』とは切り離して考えるべきです。社会を支えている市民の持つ基本的な責任と権利があるはずです。『外人』は責任を負わされているけれど、権利が十分には認められていません」

「そうですか」と、話はそれっきりになった。外国生まれの人を登用すれば確かに新味はあったろうが、新味のことしか考えていなかったのかも知れない。

それでも僕やウタは、何かしら「戦後」が終わって、「新しい時代」が開けるような気分を誘われた。バブルがはじけるのも、その産みの苦しみのように思えた。以前、田中角栄首相が登場した時、二人で同じような話をしたのを想い出した。今までになかった異端の人物が浮上するのは、それなりに社会が変化を求めているからだ。

統一ドイツでも「戦後」が終わり、新しい苦悩の時代が始まった。旧東独の経済建て直しは重い負担としてのしかかり、ドイツ経済は失速した。ネオナチと呼ばれる勢力が台頭し、トルコ人を殺害する事件が起こった。少数勢力ではあっても、自分の体に巣くう悪性の腫瘍を見るようなおぞましさをもって、ウタはこのニュースを聞いた。

かつて労働力不足を補うために歓迎したトルコ人労働者が、失業率の高い昨今は目の敵《かたき》にされている。ドイツの「外人」は日本の「外人」よりも、市民としての権利が保障されているだけに、憎まれるとなるとかえって怖い。そしてドイツは、ボスニアでの国連軍支援のための派兵に踏み切った。

どこへ行き着くか判らない大きな潮流の中で、大望遠鏡計画はどんどん進み始めた。「すばる」プロジェクト室の舵取りを担った海部さんは、全体を掌握して、持ち前のリーダーシップを発揮した。大望遠鏡計画に伴って要求していた人員整備の手始めとして、計画第一年次には、「光赤外計測《ひかり》」という研究部門の新設が認められ、第二年次、つまり一九九二年には、さらに一部門が認められて、「大型光学赤外線望遠鏡計画推進部」という長い名前の部が新設され、僕が部長を引き受けることになった。この部の発足直前には、永年にわたって望遠鏡計画の推進に腐心されてこられた山下先生が停年退官され、代わりに天文学教室から移って来た田中済さんが加わって、家さん、安藤さん、唐牛さんらとともに、望遠鏡計画の実際面を担うことになった。田中さんは気球望遠鏡実験以来の旧知の仲間で、光学や制御技術に精通している頼もしい相棒だ。また部門の増加に伴って、公募により採用された実力派の若い人たちの数も次第に増えてきて、プロジェクト室はさらに活気づいた。活気づくほどに、今までの計画の経緯をよく知らない人たちが増えて来た。この計画のもつ多面的な意味合いと、それからまた、「海外設置」にまつわる大きな不確定性が潜んでいることを知ってもらおうとしたが、それらの事柄はあたかも遠い過去に属することででもあるかのように、うまく伝えることは難しかった。それぞれのスタッフが、それぞれの夢を抱いて、既に走り出している大プロジェクトの推進に参加していった。

マウナケア山頂での起工式の少し前に、「国際化シンポジウム」というものを企画して、日本学術会議の講堂で開催した。これはトヨタ財団からいただいた研究助成金による活動の一環で、大望遠鏡計画の背景や問題点をより鮮明に知ってもらうのが狙いであった。しかし、僕の意図は十分に伝わらず、企画の段階から空転し、実際の参加者も不足がちに終わった。「科学は優れて国際的である」というキャッチフレーズにもクレームがついた。このコピーは当たり前すぎたのかも知れない。「国際」などという何処でも使い古された言葉を、「科学」と並べるのが、馬鹿らしかったのかも知れない。それでも僕は訴えたかった。

（大望遠鏡計画の目指す宇宙の探求は、日本のためでもハワイのためでもなく、私たち人類の夢なのだ。「すばる」は「人類の眼」なのだ。基礎科学には、本質的にそうした側面がある。ビッグ・サイエンスは特にそうだ）

日本の科学は、西欧から移入された「科学技術」に始まって、国際競争を意識した「追い付き、追い越せ」の中で醸成されてきた。それは富国強兵の「如意棒《にょいぼう》」であり、「閉じて競争」する類《たぐい》の精神に支えられてきた。学術文化としての基礎科学は、その根底に、普遍に根ざした「開いて協力」する精神がなくては花開かない。精神が薄弱であれば、実体を支える組織も制度も整うはずがない。現在活動中の国際共同研究では、どの分野でも、過大なオーバーヘッドを研究者が背負っている。がんじがらめの国の会計法上の規制を、弾力的に解釈して運用するにも限界がある。それも担当事務官の判断次第だ。前任者が認めても、次の担当官がＯＫしないことはしょっちゅうある。外国との間に挟まって、研究者が、ほとんどすべての英語書類をこなさなければならない。明治以来百年余り、「和魂洋才」をよくモノにしてきた日本のシステムは、国際感覚において基本的には変わっていない。

「すばる」計画は進んでいる。外国領土のハワイに大望遠鏡を建設して、宇宙の果てまでを見通す。日本にはこれを禁じる法律がないから進んでいる。が、これを支える法律もない。外国領土に在る何百億円かの国有財産を、どう管理運用するのか。国立天文台の「観測所」を、ハワイに造ることができるのか。そこで日夜働く天文台の職員は、ハワイを勤務地として赴任できるのか。手当はどうなるのか。それらを決める法律は何もなかった。

「国際化シンポジウム」に参加した様々な科学分野の人々の意識も人それぞれだった。ただ一つ共通していたのは、「現在の国際共同研究の活動には、制約が多すぎる。何とか改善できないか」という思いだった。単年度会計のために、三月三十一日には外国出張から帰国していなければならない。研究活動にとって、この日付は本質的な意味合いはない。太陽を巡る地球の公転軌道上の一点にすぎない。そしてまた四月一日に出張する。ところが公用旅券で出るとなると、申請から交付までに時間がかかる。現地での仕事は休むわけではないから、どうしようもない。

マウナケア山頂での起工式から帰ると、増山さんと二人で、この不発に終わった「国際化シンポジウム」の集録を作成した。この集録は、後になっていろいろな所から、送付請求がきた。

(なにつけても、国のお金を使うのに規制は固い。ここ暫《しばら》く国際的な活動をするためには、トヨタ財団の助成金のような、弾力的に使える資金が必要だ)

僕は、かねてから考えていた財団設立を、本気で推進し始めた。財団といっても、個人でできるわけでもないし、天文台の事業も支えようとすれば、天文台と全く独立に動くわけにもいかない。しかし、天文台だけに張り付くのはいかにも視野が狭く、僕の本来の意図ではなかった。文部省や東京都などに当たって調べてみると、文部省認可の「学術助成財団」ならば、基本財産二億円で設立できそうなことが判った。二億円で利率五パーセントなら、毎年一千万円が活動資金として使える。最低限このくらいは、確かに必要だ。できればその倍は欲しい。けれどもバブルがはじけた今、二億円でさえ、どうやって集めるのか途方に暮れる額だ。しかも設立時の醵金《きよきん》は免税対象にはならない。だから、基金を醵出する企業にとっては、利益を捨てるのと同じだという。

しかし、どうしても、財団を作っておくことが不可欠なことのように思われた。というのも、それを天文学の広報普及にも役立てたいと思っていたからだった。国立天文台というお役所では、社会とのお付き合いにも、規制や限度がありそうだった。またハワイの観測所に関連して、国家ではない何らかの「法人格」が必要となったときに、暫定的にでも、財団がその身代わりになれるかも知れないと考えていた。

財団設立構想はまず管理部長に相談して、徐々に広い範囲に理解を求めていった。

「そんな武士の商法、駄目ですよ」

研究者の多くは、僕が「二億円集めたい」と言うのを聞いて、言下に否定した。ましてや基本財産集めに協力を頼むのは、極めて難しかった。

「この通り頭を下げてお願いします」

僕は今までに面識のある会社の社長さん、会長、相談役、取締役を次々に訪問して、お願いして歩いた。確かに時期が悪く、どの会社でも不景気のさ中での経営建て直しに努力中とあって、「断る理由」は山ほどあった。それでも辛抱して企業廻りをしていると、

「ほかはどこに声をかけているのですか」

と、軟化の兆しが見えてきた。日本式の「横並び」のメンツがポイントらしい。僕は思いきって、かつてマウナケア山頂で天文学の話に感動して下さった三菱電機会長の片山仁八郎氏のところに、発起人のお願いに上がった。片山さんが代表発起人を引き受けて下さってからは、比較的順調に、「一律同額醵出」の条件の下に賛同企業が出揃った。

一九九四年三月末、「財団」は発足に辿り着いた。僕が常務理事として実務を続けることを条件に、理事長は古在先生が引き受けて下さった。しかしその頃には、既にバブ

ルがはじけた後の不景気が本格的に悪化していて、日本は低金利政策に走り、公定歩合は最低線に近づきつつあった。財団の事業には、さらに賛助寄付を募って、運用利子に足さねばならず、これまた足で歩いて頼み廻る勧誘作業が待っていた。初めのうちは、財団を作ったご利益よりも、お荷物の重さの方が勝っていた。それでも一応、「天文学振興財団」の運用が始まり、次に取り組むべき課題として、天文台の中の技術開発基盤の整備が待っていた。

五

マウナケア山頂での地盤強化工事が開始され、尾根筋だった場所がまたたく間に平坦になり、そして広い大きな穴が掘られた。そこに何層ものコンクリート混じりの人工地盤が圧延《あつえん》されていく。さすがに四千二百メートルの高地だ。働いている作業員はみんな大男だ。それでも見ていると、息遣いが苦しそうだ。判断力が鈍るのだろう、自分の単純なミスでトラクターが倒れ、不運にも運転手が死ぬという事故も起こった。

工事が進むにつれて、ドーム建物基礎用の鉄骨材をカナダからハワイに輸入する期限が迫ってきた。これは資材の輸入だから、一般には当然関税の課税対象となる。今後、建物基礎だけではなく、上部建物や望遠鏡そのものも輸入することになるので、ここで関税を免除してもらえるかどうかは、大切な問題だった。

もう何年も前から、すでにハワイにある外国の天文台についての調査を行ってきていて、成相さんや安藤さんがまとめた調査報告書があった。成相さんは現地工事が始まると、「すばる」室代表としてヒロの仮事務所に駐在して山頂工事の監督連絡に当たりながら、諸々の折衝・調査も続けていた。いつも協力的な各国天文台も、免税については、肝心の書類のコピーの所在を明かさなかった。ハワイ大学側も、度重なる問い合わせに対して、

「こういうことは、二国間の相互性によります。最終的には日本と米合衆国との交渉事です。他国の事例は、まあ、何かの参考にはなるかも知れませんがね」

と、調査協力に積極的というわけではなかった。本国の外務省を通して米国務省と交渉するのだが、関税法でうたっている特別免税条項に該当するとしても、詰まるところは、米合衆国の裁定に委ねられている。実際に日本国の誰がどこで判断して上申するのか、裁量結果が申請者によることも考えられ、そこは微妙だった。大望遠鏡計画の初期から毎年のように進捗《しんちょく》状況の報告に行っていた外務省の担当窓口も、こうした具体的な話になってくると、研究者レベルではなく、やはり文部省の担当事務官から正式に話が出ないと動かないだろう。しかし常識的に考えてみると、輸入免税の話は、何も文部省のこの話だけではないはずだ。他の省庁の関係では、こんなことは珍しくなく、外務省

では機械的に対応しているに違いないと思われた。切羽詰まって、とにかく文部省を通して事務的に進めてみると、案ずるよりは産むが易し、日時は要したが、思ったより順調に事が運んだ。やがて外務省筋から米国務省の回答として、「JNLT」の符号を梱包に明示することで無税通関できる旨の知らせが届いた。他国の天文台の経験者からの忠告で、この過程は、並行してホノルル税関の関係者にも報告してあった。実際の通関の際には何の問題もなく、すべてがスムーズに運んだ。

もう少し面倒なのが、一種の「持込み料」にあたるハワイ州のユース・タックス（使用税）だった。米国は州制度を採っているので、他州から資材を持ち込んで事業をすると課税される。関税の方は「他国政府の非売品」というカテゴリーで免税になったのだが、ユース・タックスの免税条項にはこれがなく、「公益性の高い事業のために持ち込む」などに該当するのではないかと思われた。日本国にとっては公益的な事業だが、ハワイ州がそう認定するかどうかは分からない。ハワイは島国で、これと言った資源や産業に乏しい。日本から持ち込まれる多くの資材から上がる州税は、無視することはできないだろう。ハワイ大学も痛し痒しで、

「マウナケアに設置されている既存天文台の建設に当たって、課税された例は知らない」

と表明するに止まった。

国立天文台「すばる」プロジェクト室では、ホノルルの法律事務所の弁護士と契約して、当局との折衝に当たらせた。

「そもそもこれらの資材は日本国政府のものなのか」

弁護士は面倒な詮索を始めた。

「国の機関である天文台が契約した企業が持ち込むのではないか。州境を越える時点では、一企業の所有物ではないのか」

とにかく理詰めの法律論で、英語を日本語に、日本語を英語に訳し、企業の法務部や文部省にも相談する。こちらは関税よりも神経を使った。最後は、国立天文台が表に立って、州当局との交渉に当たることになってしまった。山のような書類のやり取りの結果、「資材を一旦天文台が受け取った上で州境を越し、再び企業に工事用に支給する」という便法で解決することにした。このための天文台事務官の手間も大変なものになった。このあたりの対外交渉は、プロジェクト室のマネージャーを引き受けた唐牛君と僕との担当だった。唐牛君はこうしたことのできる不思議な才能の持ち主で、決して焦らない所が良かった。ぎりぎりまで一見平気で構えているので、周囲の者はイライラすることもあったが、大概は、どうしてもという時までには仕上げてみせた。

僕らのハワイ行きは一層頻度が高くなった。計画が進んでいるので、気力は旺盛だったが、体の方は疲れが溜まっていくようだった。少し前にハワイで経験した、腹のキリキリする激痛は、だんだん回数が重なり、普段も鈍痛が消えなくなった。病気も永くなると、付き合いのコツが判ってくる。キリキリと来たら、まずベッドか椅子に腰掛けて、体を前に曲げて二つ折りになる。膝を抱えて海老のような格好をして力をこめる。三十分もすると痛みは嘘のように消える。鈍痛の方は始末が悪かった。なるたけ飲み食いを止めるより仕方ないらしい。人付き合いが多いと、これは苦労だった。そのせいか顔の皮膚の張りがなくなり、指で楽につまめるようになった。年のせいもあるのだろう。大望遠鏡の予算が認められるまではと頑張っていた論文書きも、予算の執行に時間を取られて、疎《おろそ》かになってきていた。研究論文を年に三編はものにしようと頑張ってきたが、一編がやっとになった。銀河の大規模な研究は難しくなり、「すばる」用に開発実用化される装置の試験観測に参加させてもらって、銀河の近赤外線域のデータを手に入れては、若い人たちと共同解析を試みるようになった。

アンドロメダ銀河や私たちの天の川銀河は、約一千億個の星の大集団だ。天の川やアンドロメダ銀河の写真を見ても判る通り、そこには暗黒星雲がある。眼にハッキリと映らない所にも薄く広がっていて、星の光を吸収散乱する。赤外線で見ると、吸収散乱が弱いので、暗黒星雲を貫いて全体が見えてくる。以前にやった可視光での銀河の解析がどれほど暗黒星雲の影響を受けているのか、気になっていた。赤外線で映像を撮って調べ、また、以前のデータを見直して、吸収の効果を評価してみた。私たちの太陽系はレンズ状の天の川銀河の中央面近くに在って、そこから宇宙を見上げている。レンズ面内の中心方向を見ると、いて座の方向に暗黒星雲の帯があって、とても天の川銀河の中心までは見通すことができない。けれども天の川に垂直な方向、つまりレンズの面に直角な方向を見ると、まるで吸収物質がないかのように透明だ。

（いったい、吸収物質は銀河の内にどう分布しているのか。どれくらい濃いのか。アンドロメダ銀河や他の銀河ではどうなっているのか）

これが僕の問題意識だった。

実はこの問題は、「すばる」で見ようとしている宇宙の果ての銀河の世界にとって、深刻な関わりを持っている。星は、星と星の間に漂う「星間雲」から生まれ、一生を終えると、その一部が放出されてまた星間雲に還る。星間雲の中には塵粒が生まれ、これが吸収の因《もと》になる。塵粒の芯は凝固しやすい金属や炭素、珪素の原子からできる。それを氷などの殻が覆って成長する。吸収の因となる星間塵は、その元となる星間雲の総量が多いほど多い。銀河が年をとって雲が使い果たされ、星ばかりになると、塵の絶対量も少なくなる。宇宙の初期に原始銀河が誕生した頃には、銀河の質量の大部分は、まず雲の形だったと考えられる。けれどもビッグ・バンでは水素とヘリウムしか生成されなかったという定説に従えば、これでは塵は育たない。初代の星が誕生して天然の原子炉が働き、重元素を合成して撒き散らすと、初めて塵粒が漂い始める。そうだとすると、宇宙の歴史の中で、雲がまだ豊富にあってしかも重元素がある程度増えた頃に、大量の塵粒が「栄えた」時代があったに違いない。

(それはいつ頃だったのか。百億年前なのか、百四十億年前なのか。その時代の銀河は、暗黒星雲で覆い尽くされていたのだろうか)

もしもそうならば、「すばる」望遠鏡の性能をもってしても、可視光や近赤外線では、その銀河を検出することは不可能だ。星や銀河中心核から出発する光は、すべて暗黒星雲に吸収され、温まった塵粒からの熱放射として、遠赤外線域に再放射されることになる。しかもまだ宇宙膨張が速かった昔の世界のことだから、私たちには大きな赤方偏移をした放射として届く。そんな銀河を検出できるのは、ミリ波かサブミリ波の電波領域でなのかも知れない。

リトアニアのヴィリニュス天文台から招いた外国人研究員、ヴラダス・ヴァンセヴィシウス氏と、この仕事に取り組んだ。ヴラダスは三十五歳の若手研究者で、旧ソ連の六メートル望遠鏡での観測経験もあったが、ソ連崩壊後は全く研究ができない状態に陥っていた。国際天文学連合で会ったリトアニアの先輩から頼まれて、日本学術振興会の特別外国人研究員として、一年間招くことになったのだ。

「ヴィリニュス天文台では、特に変わったことはないんです。月給も研究費も十年前と同じです。ただ物価だけが何十倍にもなりました。給料は貰っても貰わなくても、家計の苦しさはほとんど違いません。研究は、ペンと紙だけの仕事ならOKなのです」と、ブラック・ジョークを言った。大柄で丈夫なヴラダスさんは、日本の生活にすぐに溶け込んだ。天文台の近くの民間アパートに住み、自炊をした。学術振興会は文部省傘下とはいえ特殊法人なので、外国人への対応は極めて親切で弾力的だった。何しろ到着して出頭すると、月給や家賃を前払いし、旅費もすぐに精算してくれた。旅行保険料も払えば、日本語の学習経費も負担してくれる。文部省の国費による外国人研究者招聘《しょうへい》の現状に較べると遥かに人間的で、国際的な配慮がなされている。三十年前に僕が受けたドイツの国費留学生としての待遇に匹敵する。

僕はヴラダスさんと東大の有本信雄さんとのチームを作って、「埃っぽい銀河」の研究をやった。昔の銀河は確かにずっと埃っぽかった。宇宙の構造を知るために遠方の銀河を数えても、その数は銀河の年齢による明るさの進化や、とりわけ塵の進化を考慮に入れないと、大間違いをすることが判明した。

(「すばる」で、うまく宇宙の果てが見えるだろうか)

僕は少々心配になった。

少し前にNASAの打ち上げた「COBE衛星」が、宇宙の「背景放射」の正確な測定に成功していた。バークレー大のチームは、冷却した短ミリ波望遠鏡を人工衛星に搭載して、宇宙の背景放射が絶対温度二・七度の黒体放射であって、あらゆる方向に高い一様性をもって分布していることを突き止めた。そのデータは精度の非常に高いもので、一九六〇年代の地上観測から推定されていたビッグ・バンの「名残り火」放射を見事に暴《あば》き出した。その強度の天空上でのむらは、十万分の一以下だという。一方、そんなに一様な初期宇宙から、超銀河団や超空洞のような宇宙の大構造がどうして生まれてきたのか、新たな謎が生まれた。この成果を追うように、シカゴのフェルミ研究所のチームは、巨大加速器を使った実験で、トップ・クォークの検出を発表した。物質を構成する最も根元的な「素粒子」の一つとして、永年お尋ね者だった主犯格の粒子が捉えられた。これらの素粒子は、ビッグ・バンの最中、初期の宇宙で相互作用をしながら、物質世界の骨格を形成したと考えられている。

（ビッグ・バン直後の宇宙で、どんな物質粒子が生まれ、どのような揺らぎのもとに、どのような第一世代の天体を形成したのだろうか。それがクェーサーだったのか、「埃っぽい原始銀河」だったのか、それとも未知の天体なのか）

それを僕は知りたかった。後にこの吸収物質の研究は、国立天文台の優秀な若手研究者、田村元秀君たちと一緒にやった「アンドロメダ銀河の暗黒星雲の研究」へと発展していった。

「観測的宇宙論」の研究と、「すばる」の輸入問題に追われているうちに、国立天文台の台長改選の時期がやって来た。一九八八年に発足してからの初代台長は、東京天文台時代から引き続いて、古在由秀先生が務められてきた。国立天文台の台長は任期が四年で、再選されれば二年単位の留任が認められる。ただし着任時には満六十三歳以下とういう申し合わせがあった。古在先生は一九九二年の改選時に再選され、今回さらに留任される可能性も残っていた。

僕は自分が台長になる場合を考えてみた。五十七歳から四年間務めれば六十一歳、少なくとも普通の教授の停年よりは一年長く在職できる。それは「すばる」の組み上げが完成し、調整のためのテストを始める頃に当たるだろうと思われた。六十歳で辞めれば望遠鏡はまだ組立の最中だ。また一方、実際の計画推進を考えると、今では若い人たちが熱心に取り組んでいる。これからどうしても必要なのは、「海外設置」のための枠組み作りだ。そのためには、高いレベルでの対外的な働きかけが欠かせない。そう考えると、台長職に就くことにも意義があるように思われた。しかし、台長は天文台の全体に責任を持つ管理職だ。職員との交渉や予算の調整をし、いろいろな会議にも出席しなければならない。古在先生はこうしたことも上手に捌《さば》いておられたが、僕は苦手だ。どちらかと言えば研究の方が好きで、行政官には向いていない。できることなら、在職中は望遠鏡計画の推進と研究に邁進《まいしん》し、停年退官した後は、ハワイ大学の教授にでもなって、

「すばる」望遠鏡を使ってみたかった。望遠鏡計画の推進のために、自分の研究をととんまで推し進めることは出来なかったが、まだ余力は持っているつもりだ。それが四年間も行政官として台長職を務めるとなると、「すばる」との関係は間接的になり、研究の勘も失いそうだ。僕よりほかに、そうした行政官的な職務に向いている人がいると思えた。

(古在先生が続けて下さるのもよいし、海部さんが継いでもよい)

海部さんが台長になったとしても、今の「すばる」プロジェクト・チームなら、それなりに後を継げる人材は育つだろうと思われた。天文台の内外でも、おおかたの人たちは同様に考えて、次期台長候補者を絞っていった。ところが決定権をもつ評議会の判断は少し違っていた。

その日「すばる」室の皆と昼食をとっていると、評議会会長から電話がかかって来た。

「あなたが次期台長候補に選ばれたのですが、引き受けてもらえますか」

「……、はい、お引き受けいたします」

万一評議会レベルの判断がそうなった場合には、(引き受けて全力を尽くそう)と覚悟はしていたものの、自分の心を入れ替えるには数ヵ月ほどかかった。

(「すばる」プロジェクトの直接的な仕事よりも、大局的な枠組み作りに専念しよう。引き受けたからには、まずは台長としての役目を果たすように努力しよう。研究とはし

ばらくお別れだ）

家に帰って、

「台長に選ばれてしまったよ」

と言うと、ウタは、

「そう。どうにかなるわよ」

と、喜びも悲しみもしなかった。それまでは、僕の停年退官後について、

「ハワイ大学で教授をしたいって言っても、採ってくれなかったら、あなたどうするの」

「ヒロの街で、天文台の人たち相手のラーメン屋でも開くさ」

と二人でよく冗談を言い合ったものだ。

今は冗談を言うどころではなく、妙に沈んだ気分になった。

アストロ・ハート

台長の任期が始まる前に、ウタと流氷を見に行くことにした。

　　　一

旅行日が決まっても、網走に着いても、流氷は沖合三十キロメートルで止まっていた。それが、次の朝、一気にやって来た。北風が吹いたのだ。僕とウタはサロマ湖畔に泊まっていて、その日は早く起きてスキーを借りた。アノラックと靴も借りて、長く伸びた砂州の上に出た。砂州は厚い雪で覆われていて、二人のシュプールだけが刻まれる。左は一面に氷結したサロマ湖、右は流氷に埋まったオホーツク海だ。二人の吐く息も白い。大鷲が一羽、まっ青な空に、悠然と舞っている。彼方に知床の山々が、蜃気楼のように浮いて見える。大陸の川の水が氷となり、オホーツク海を漂ってここに押し寄せ、青みを帯びて重なっている。音が全くしない静寂の世界だ。クロスカントリー・スキーで汗ばんだ額に、北風が快い。

(体力は何とか持ちそうだ。まあ、やるしか仕方ないさ)

二人は、これからの台長職在任中のことを、それぞれに考えていた。オホーツクの北風に乗って流氷が接岸するように、僕らも、何か見えない力に突き動かされて、漂って行くような気分だった。

東京に戻ると、四月からの台長室の仕事に備えて、今までの荷物の整理にかかった。望遠鏡計画の総括責任者として溜めてきた資料は莫大なものだったが、既にかなりの部分は「すばる」プロジェクト室に移してあった。残りについても、是非とも手元に残しておきたい資料だけに絞って、あとは捨てることにした。ついでに、もう再びページを開きそうにもない専門書も手放すことにした。

天文台長の仕事をするには秘書が必要だった。天文台としての事務組織が後ろ盾としてあるにはあるが、ズボラな僕にはそれだけでは駄目だ。先任の古在先生はその面でも有能な方で、几帳面に何でもご自分でこなしておられた。僕の知る限り、台長室に秘書を置いたことはなさそうだった。今まで十年も助けてくれた増山禎さんは、僕よりも年が若く、相変わらず仕事をテキパキとやってくれていて、できることなら台長室秘書をお願いしたかった。しかし同時に、「すばる」プロジェクト・チームにも、今までの経緯をすべて呑み込んでいる必要な人に違いなかった。

（しばらくは「すばる」室の仕事も手助けしながら、台長室秘書をしていただこう）

そう思って増山さんに頼んでみた。最初はなかなか色好い返事が貰えなかったが、最後には快く承諾してくれた。

四月になって台長室に移ると、室内の模様替えをした。机や椅子の配置を変えて、できるだけ明るい雰囲気にし、扉は開け放しにして、皆が気安く入って来られるようにした。自分の机は入口の正面に移して、台長も事務職の一員という気構えを示すことにした。秘書机は入口の横に決めた。会議用の小テーブルは、それまでとは逆に奥に移し、会議のない合間には、時間をくすねて研究資料を広げるのに使えるように配慮した。入口から部屋を斜めに通して見えるコーナーに、接客用の応接セットをしつらえた。そちらは緑の中庭に面していて、春には早咲きのしだれ桜が美しかった。腰の高さより高い調度品は、壁際以外には置かないことにして、壁に二～三の絵を掛けてみた。

このスタイルは、一般の天文台職員に受けた。入りやすいので、思いがけない人まで、いろいろな人が立ち寄って意見を述べて行った。「廊下から明るい絵の見えるのがよい」と言う人もいた。奥に置いた会議用の小テーブルは、時に応じて研究用にも昼食用にも使われ、やがて昼の休み時間を利用しての「台長室ミニ・ゼミナール」にも使われるようになった。これは五～六人の三十分間ゼミで、天文台の様々な部局の若手研究者に声を掛けて出てもらう。一定のテーマ、一定のメンバーで一年くらい続けては、テーマと人を入れ替えていく。全員揃わないと開かない。発表は僕を含めて順繰りに担当する。台長にとって、若い研究者と話せるのは有り難い。楽しみでもあり、異なる研究室間の風通しを良くするのにも役立った。

何とか新米の台長が開業したのと同時に、永年の願いだった「天文機器開発実験センター」が発足した。その立ち上げのために、海部さんと初代センター長の重任を引き受けた小林行泰《ゆきやす》君は、海外の天文台施設の視察にも出掛けた。天文台の一角にドームの載った新しい建物が完成し、装置開発のできる場が設けられた。人員はまだ不十分だったが、大学院生や研究員も集まってきていて、「新しいことが始まるぞ」という雰囲気が醸成されつつあった。

成相さんと新しくハワイ駐在を買って出た中桐君とが頑張っているハワイ現地では、マウナケア山頂に建物の基礎が完成し、その監査に会計検査院から人が行くことになった。普段ならば気の重い会計検査も、この時ばかりは歓迎したかった。検査対象にするということは、いわば正式に国有財産として認めたも同然だ。二〜三のお叱りはあったものの、「外国領土に在る」点については、何のお咎《とが》めもなかった。山頂建物の基礎部は動かないので「建物」だが、次に工事にとりかかる上部の回転構造部は「機械」だ。構造設計はロンドンの会社が行い、鋼材はバンクーバーで製造、建設は現地ハワイの下請けだ。そこで、マウナケア山頂で仕事をする企業チームの組み合わせも入れ替わった。

また、主契約企業の三菱電機のプロジェクト・チームは次第に強力な若手を投入し、天文台との打ち合わせ会議にも新たに様々な分科会が設定された。望遠鏡そのものの部材製造やその制御系設計も並行して進んでいるので、打ち合わせ会議の頻度はうなぎ登りに増えて、お互いに我慢くらべに近い状態になってきた。天文台の連中もよく頑張ったが、三菱チームの主だった人たちは、「あれでよく病気にならないものだ」と感心するほど、タフにみえた。

二

「すばる」関係の、台長としての初めての表立った仕事は、八メートル主鏡材の出荷式に、日本側を代表して出席することだった。鋳造された鏡材をガラス会社から研磨会社へと送り出す式典だ。「すばる」プロジェクト室の連中が気遣って、台長の僕にこの役を回してくれたに違いない。好意を有り難く受け、一九九四年八月一日、ウタを同伴してニューヨーク州カントン市に向かった。ウタはラジオ・ジャパンの放送種《だね》にしようと、録音機とたくさんのカセット・テープを旅行鞄に詰め込んだ。

一九九一年の夏に契約式に臨んで以来三年ぶりのことで、出来上がった主鏡材と対面する期待に胸は一杯だった。何と言っても望遠鏡造りの要《かなめ》で、大望遠鏡の心臓部だ。その鏡材としての出来上がりは、すでにコーニング社および三菱電機によって詳細に検査・検討され、そのデータが「すばる」プロジェクト室に届いていた。半年ほど前に一・五メートル六角形素材が揃い、その配置をめぐって様々なシミュレーション計算が行われた。膨張率のわずかな残差によって発生する温度歪《ひず》みを最小に抑え、ロボット・アームの調節によって理想鏡面を達成するための配置だ。まだ望遠鏡造りの第一歩にすぎないが、構想段階で一番苦心し、製造企業探しにも苦労の多かった薄メニスカス型主鏡材が完成したことは、工程の明確な一歩前進だった。

初対面した直径八・三メートル、厚さ約二十センチの凹面主鏡材は、お皿を伏せたような格好で炉の上に載っていた。半透明でアメ色の超低膨張ガラスの巨《おお》きな板は、それでも、心に想い描いていたよりも小さ目に見えた。工場が大きかったことと、鏡が水平に寝かしてあるので、奥行き方向に眺めていたせいだろう。むしろ眼の前の厚みの方が強調されて、危惧していたよりもどっしりとした印象だった。先にハワイからやって来ていた宮下君や三菱の木下さんたちと合流して、鏡材の検視を行った。身につけている落ちそうな物はすべてはずし、一部にビニール・シートを敷いた鏡材の上に登って、特殊なルーペで中を見る。小さな泡がところどころに浮いている。下側に挿入した光源の明かりが、内部応力によって偏光に差を生じ、ムラになって見える。少々蒸し暑いのに防塵帽をかぶっているので、汗がじっとりと滲《にじ》んで来た。腹這いになってルーペを覗く。

「どうです」

と、コーニング社の技師が覗き込む。そう訊ねられても専門家でない僕には答えられない。

「ウタも覗いてみたら」

今度はウタが懼《おそ》る懼る鏡材の上に登ってルーペを持つ。そうしているうちに、少しずつ大きさの実感が湧いて来た。工場は大きく、クレーンが高い所を走っている。長方形の建物の一端には、すでに輸送用のトレーラーのお尻の荷台が突っ込んであって、その上に主鏡材を容《い》れるコンテナ枠が載っている。工場の真ん中に「すばる」主鏡材が鎮座していて、もう一方の側では、次の大物鋳造のための炉が組み立てられ、ガスバーナーのずらりと並んだ炉の上部構造が吊られていた。

「困りましたな。五大湖の曳き船のエンジンに故障が出たそうです」

木下さんが深刻な顔をしてやって来た。巨大な主鏡材は、トレーラーに積んでセントローレンス河に運び、トレーラーごと港で河船の台船に積む。それを曳き船で曳いてオンタリオ湖に入り、エリー湖に渡って、エリー港からハイウエーをピッツバーグの研磨工場に向かうことになっている。二つの湖の間にあるナイアガラ瀑布は、そのカナダ側にあるウィーランド運河を使って渡る。陸送部分は他の交通を遮断するから、四十八時間前に州警察の許可を取らなくてはならない。

（曳き船のエンジンが故障するなんて、何てドジなことだ。よほど古い船でも借り出したのか）

僕は『パロマーの巨人望遠鏡』に描写されていた、鏡材輸送の苦労を想い起こした。その時は貨車に積んでアメリカ大陸を横断し、コーニングからカリフォルニア州パサデナ市まで運んだのだ。トンネルが悩みの種だとあった。

鏡材を鋳込んだコーニング社と、研磨を請け負うピッツバーグのコントラヴェス社と、第一契約者の三菱電機の三者が、いつまでも協議を続けている。出荷式の祝典を撮ろうとやってきた岩波映画のカメラ・チームと僕たちは、地元の記者やはるばるとやって来た見学者たちと一緒に、協議の結果を待った。

「あの大型トレーラーの運転手の奥さんは、アメリカ鉄道の機関士ですって」

知らぬ間にウタはインタビューをして、情報を仕込んでいた。

「あのトレーラーは自分のものですって。仕事を斡旋《あっせん》する会社に登録しておいて、契約するのよ。普段はカナダとアメリカの国境を越える大物輸送をやるのよ。橋を渡れないほどの大物を台船に載せて、曳いてもらって河や湖を渡るんですって。今回が特別ってわけじゃないらしいわ」

彼は運転資格を持っているが、実は工学士で、機械技師の資格も持っている。それというのも、あのトレーラーの車軸は、油圧でそれぞれの高さを独立に調整できるようになっていて、凸凹道でも台車を水平に保つことができる。この仕組みの整備や調整は自分でやるのだという。「なるほどそうなのか」と納得し、ヒゲもじゃのヒッピーのような運転手の顔を想い浮かべた。できることなら奥さんの顔も見てみたかった。

協議が延々と続いたあげく、とにかく式典は挙行することになった。輸送開始は一両日延びるが、コーニング社の代表がすでにニューヨークを発ってカントンに向かっているとのことだった。三菱電機アメリカの代表者も同様だった。

午後少し遅れて、工場内の主鏡材の傍《かたわ》らにステージが設けられ、式典が行われた。来賓の僕らが壇上に座らされ、この主鏡材の製造に関わった四十〜五十人のコーニング社の人々が集まった。皆の表情に誇りと喜びが読みとれた。

(やがてこの鏡材が磨かれて、望遠鏡の中に取り付けられ、宇宙を睨む。世界最大の一枚ガラスの主鏡として、鮮鋭《せんえい》な画像を結びますように。「人類の眼」として、宇宙の英知をお与え下さい。そして、そして何よりも、途中で割れたりしませんように)

これは口にはしなかったけれども、僕はそう祈っていた。コーニング社の技師たちはガラスというものを知り抜いているのだろう、「正しく扱えば決して割れない」と頼もしい。感謝状が贈られ、地元労働組合の委員長にも感謝盾が贈られた。

「これが重要なんですよ。良い仕事をしてもらうには」

工場長さんの言葉だ。責任は所長に、栄誉は皆に、ということだった。労働組合委員長からは、後ほどお礼として、地元名産のカエデの木のシロップが届けられた。

式典を終えて八メートル主鏡材をトレーラーのコンテナに移す作業が始まった。さすがにコーニング社のチームは手慣れている。パロマー主鏡を駆け出しの職人として経験したという、大柄で太った男が総指揮に当たる。

「クレーン降下開始ッ」

いかにも叩き上げの職人という感じのその男は、両のズボン吊りに手を掛けて、太い声を張り上げた。二十人ほどのチームが、一斉に手分けして所定の持ち場に就く。クレーンや鏡材を吊る真空吸着盤は、すべて自動遠隔操作で作動するのだが、そこにこれだけの人間の眼を張り付けるところが凄い。降りて来た真空吸着盤は直径一メートルくらいのものが四個、鏡材の中央周辺にゆっくりと着地する。鏡材の周縁部に掛けたバンドにも吊り手が固定されて、大きな鋼鉄の枠が鏡材を抱きかかえる形となった。その固定の様子や力をチェックするのに、相当な時間がかかる。

「吊り上げ開始ッ」

また静かになった大きな工場内に太い声が響きわたる。再び念入りなチェックが行われ、また少し引き上げてはチェックが繰り返される。そしてとうとう、巨大な鏡が浮き上がると、どこからともなく拍手が起こった。ゆっくりと上がったクレーンは、やがて水平に滑ってコンテナの真上に来る。そして静かに下降にかかる。じりじりと降ろされた鏡材がコンテナの縁より内に沈んだところで、作業が一旦停止した。いろいろなチェックをしているらしい。それが三十分経ち一時間経ち、そのまま一時間半も経った。職人たちがざわめきだした。コントラヴェス社の輸送担当者が電話にしがみついて本社と連絡をとっている。

「いやあ驚きました。コンテナに入らんのです。揺れ止めに貼り付けた詰め物が三角形をしとるんですが、貼る向きが違っとると言うんです」

木下さんがやや青ざめた表情でニュースを伝えた。

「ウーン。何となく妙な気もしたんだがなあ」

僕は絶句してしまった。先ほど検視した時に、コンテナの縁の八方に貼り付けてある当てゴムの形が、虫の知らせか、妙に思えたのだ。鏡材の側面に当たるはずの三角形の辺の傾斜が、急すぎるように感じられた。平らな板を造って、それをお皿状に曲げたのだから、ひょっとすると側面も少しは傾斜しているかも知れないが、さっき鏡材に登って見た時の感じでは、傾斜があってもわずかなはずだ。

(まさか、止めゴムの貼る向きを間違えるなんて。大きな心配ばかりをしているものだから、こんなところにミスが出る。この程度のことで良かった)

と思ったが、口には出せない。

「吊り上げ開始ッ」

声が響いて、鏡材は勢いよくもと来た道を逆戻りし、凸状の炉床の上に、再びしずしずと降ろされた。もう夜になっている。

「特殊ゴムを特殊接着してあるので、剝がせないそうですよ。今晩これから切断作業にかかります」

木下さんが連絡説明役だ。カメラマンたちはこんなことには慣れているらしく、おとなしく引き揚げて行った。緊張が緩んだら僕の腹は痛み始めた。

翌日になると、さらに面倒が生じた。曳き船の都合で延ばした日程が、さらに延びることになったが、州警察には四十八時間前に申請しなくてはならない。一日延ばしというわけにはいかず、二日延びることになる。ところが曳き船のエンジンが修理できないので、新しい別の曳き船を調達することになってしまい、結局荷出しは一週間の延期となった。

それでもその日は仕方なく、当初の予定通りの慰労祝賀会を、セントローレンス河沿いのホテルで開催した。支障なく出荷できていれば、河船に載ったトレーラー上の主鏡材が、その頃ちょうどホテルの近くを航行するはずだった。そこにヨットで近づく趣向が台無しになったが、コーニング社の人たちは、まずまず自分たちの仕事が終わって、満足気だった。パーティーの始まる寸前に雲行きが危うくなったかと思うと、天の底が抜けたような大雨になった。美しい河口のイングランド風の風景が水しぶきに掻き消されて、ヨットに乗るどころではなくなってしまった。

「まあ、こういうものですよ。これくらいのことで動じてはいけません。それにしても、いろいろなことが起こりますな」

マネージャーの木下さんが、慰めるように言った。


僕とウタはただ待機しているわけにもいかないので、翌日からの予定を変更して、ピッツバーグにあるコントラヴェス社の研磨工場を視察することにした。大きな石灰岩の廃坑を掘削し直して三十メートルの縦坑を造り、ドイツからの大型研磨機を据え付けられるように整備中だ。以前訪ねて見覚えのあるピッツバーグ郊外の洞窟工場は、拡張されて広々となっていた。けれどもまだ水漏れなどがあり、最後の手を入れているところだった。

「立派な鏡材ができました。あれに魂を入れて下さい。世界一の鏡にしてやって下さい」

僕はその晩、研磨会社の社長と工場長に頭を下げた。ここも何年もの間調査し、予算がつかないままに協力を要請してきた相手の一つだ。最近になって三菱電機との間で本契約が結ばれ、現実に仕事が動き始めた。大型の研磨機は、ドイツのシース社に特別発注済みだ。予定外の訪問とあって、光学主任のスコット・スミス氏は不在だった。

「解っています。現場の連中によく言ってありますので任せて下さい」

と工場長は言った。

「しかし先日のような小さなミス、あれは今後、許されませんよ。万全を期して下さい。担当者は最善を尽くしていたのでしょうが」

弁護はしたものの、その担当者はやがてクビにされてしまった。アメリカの職場は厳しい。日本でもバブル経済がはじけたが、アメリカでは一足先に不況が始まって、各社とも組織再編に乗り出していた。おまけに冷戦の終結で軍関係の仕事が激減し、多くの企業が人減らしに大鉈《おおなた》を振るっている。コントラヴェス社も例外ではなかった。光学主任のスコット・スミス氏は変わらないものの、昔から調査で知り合った大部分のスタッフが去って、代わりの者の担当となっていた。本当ならどの企業にも、コーニング社の「世界一の鏡を創ろう」という、あの意気込みに習って欲しいと思った。

日本に戻って少しすると、向こうに居残った宮下君から報告が届いた。彼も待っている間に、ドーム建物の鉄骨材を請け負っているバンクーバーの会社へ検査に行っていたのだそうだ。

トレーラーが河船に乗ってカントンを出港した後は、電話連絡を取りながら湖岸を伴走した。コンテナに取り付けてある振動計の数値は、刻々と無線で伴走車のモニターに送られて来る。ウィーランド運河を通過したところで、また低気圧に襲われて、出港するかどうかの判断に迷いが出た。その連絡が遅れて、エリー港に着いた後の、ペンシルベニア州のハイウェーの通行許可が取れず、さらに二日間到着が延びてしまった。ペンシルベニア州警察は予定変更を周知させるために「指定のハイウェーへの車の乗り入れを控えるように」と短波放送で流したが、それを聞きつけた車が、今世紀最大の鏡材輸送を一目見ようと殺到し、かえって交通整理が大変になってしまった。やむを得ない事態とは言え、輸送に予想外の日数がかかってしまい、今後に課題を残すことになった。さすがの宮下君も相当に参っていた。それでもウタは、永い間話にだけ聞いていた八メートル鏡材の実物に触れることができて、

「あなたも頑張ったけど、私だって頑張ったんですからね」

と、ご満悦だった。この大望遠鏡計画では、たくさんの天文台職員とその家族たちが、みんな頑張って来たのだった。

三

今年は初めて台長として、次年度予算の概算要求を行った。事務官と文部省の担当者

に要求理由の説明をして廻る。ところが今年は運の良い巡り合わせで、心配したほどの苦労をしなくて済んだ。娘の名が売れていたものだから、「NHKテレビ、ニュース7《セブン》のスポーツキャスター、桂子アネットの父です」で、まず説明が一つ省けた。おまけにシューメーカー・レビ第九彗星が木星に衝突するという「世紀の天体ショー」があって、テレビ番組もそれで持ち切りだ。日頃ならば天文学の重要性を解説しなければならないところが、今年ばかりは説明抜きで通った。

太陽系の中には、地球のような惑星になり損なった小さな塊《かたまり》が小惑星として、もっと小さな塊が彗星として、飛び回っている。小惑星の大部分は木星と火星の間の軌道に集まっているが、時には地球とニアミスをおかすものもある。彗星は雪と砂の塊のようなもので、その故郷は惑星系の外縁部、太陽の光の届き難い遠方に在る。そこから内に落ちて来ると熱せられて一部が気化し、尾を曳いた箒星《ほうき》となる。途中で木星や土星といった大惑星の引力に捉えられると、そこと太陽の間を巡る「周期彗星」となる。小惑星も彗星も、太陽系の歴史を調べる上で貴重な天体だ。

しかしこれが地球に衝突するとなると、ただごとでは済まない。もっと小さな塵粒は流星となって大気中で燃え尽きるけれども、木星に衝突したシューメーカー・レビ第九彗星は、富士山ほどの大きさだ。地球に衝突していれば、その衝突のエネルギーは水爆何億個分にも相当するので、地上の生物圏を破壊するだけの威力を持っている。木星の引力圏に入って二十個ほどに分裂したシューメーカー・レビ第九彗星は、一週間にわたって次々と木星に衝突し、巨大なキノコ雲を巻き上げた。世界中の天文学者が次々に追って、二十四時間連続で監視観測を行い、ニュース・メディアは大々的にその様子を伝えた。世界中の人々が、嫌でも天文学に眼を向けさせられた。とりわけ、この衝突を予告する最初の軌道計算は、日本のアマチュア天文研究者、中野主一《しゅいち》氏によって発表されたのだから、なおさらのことだった。中野さんは、与謝野文部大臣から感謝状を受け取った。

かつては仲間内しか知らなかった日本の大型光学赤外線望遠鏡「すばる」計画は、いつの間にか国の内外に知れわたって、関心を持つ人の範囲は大きく広がっていた。人々の宇宙への関心の広がりは、ここ数年間活躍中のハッブル・スペース・テレスコープ（ＨＳＴ）が提供する素晴らしい宇宙映像のお陰で、望遠鏡計画の検討が始まった二十年近く前とは大違いだ。その間に日本の宇宙飛行士がスペース・シャトルに搭乗もした。昔は天文の記事など、よほどのことがなければ新聞の科学欄にさえ載らなかったのに、今ではしばしば社会面や、時には第一面にさえ掲載される。日本の社会が豊かになり、ちょうど家々に草花の鉢が目立つようになったのと同様に、人々の心が開かれてきたせいかも知れない。

「衝突天体ショー」が起こったかと思うと、百武《ひやくたけ》彗星が尾を曳いて北の空を飾った。九州のアマチュア天文家、百武裕司《ゆうじ》さんが発見したこの彗星は、それ自体の規模は大きくないが、地球に大変近づいたために、明るく大きく輝いて見えた。マスメディアも大々的に報道し、国立天文台にも天皇、皇后両陛下が見学に来られたいとのお申し越しもあった。万端の準備をしたが、あいにく予定日は曇って、残念ながら実現はしなかった。国立天文台では、一般市民の要望に応えるために、「広報普及室」を開設し、五十センチの望遠鏡を公開したり、全国に散在する公共天文台などと通信ネットワークで結んで、天体画像情報の交流を図っている。こうした仕事はいくらでも要望が膨らみ、実務には相当な覚悟が必要だった。広報普及室長の任に当たった渡部《わたなべ》潤一君をはじめとするスタッフは、献身的な努力をもってこれに対応した。

大彗星がやって来ると、普段は「ライト・アップ」している建築物や丘を、「ライト・ダウン」する運動が強まった。一般の街灯やネオンサインなども暗くして、美しい夜空を取り戻そうという趣旨だ。エネルギーの節約にもなるし、夜昼逆のような生活に自然のリズムを取り戻すにも、大いに結構だ。環境庁も協力に乗り出している。ちなみにハワイ島では、ハワイ大学天文研究所が運動を起こして、この世界一の天文観測適地の夜空の暗さを保つために、法律が制定された。屋外照明は「低圧ナトリウム灯」の橙色のものを基本として、照明器具は水平より下を照らすように、笠の構造を工夫するように求めている。これには罰則規定まで付いていて、規制に反する照明器具を売った業者も罰せられる。天文学者としては、いつでも暗い方が観測には良いに決まっているが、同じことを一般の市民に強制するわけにはいかない。テレビ塔のライト・アップされた姿は、星空と同様に美しい。ただ、テレビ塔を眺めていても、このかけがえのない人類や地球の運命に思いを馳せることはないだろう。人工衛星から夜の地球を見下ろして、地域的に一番明るく目立つのは日本だ。それだけ無駄なエネルギーが空に向かって放射されている。他の星から地球を詳しく観測できたとすると、光でも電波でも、日本のあたりが輝いて見えるのではなかろうか。それが変化する周期から、地球が二十四時間で自転していることが判るだろう。

天界でシューメーカー・レビ第九彗星が刻々と衝突軌道に近づいていた頃、地上では自民党と社会党の連立内閣誕生という、驚くべき現象が起こっていた。村山富市《とみいち》首相が誕生し、いわゆる日本政界の「五五年体制」が完全に崩壊した。

（何ということか）

僕は、安保闘争で国会に乱入した夜を、想い起こさずにはいられなかった。

終戦五十周年を目前に控えて、僕とウタはその年、韓国の田舎へ旅行した。韓国にも知人がいるが、日本と韓国との関係はいまだにギクシャクしている。ドイツと近隣諸国との関係とは、随分と違う。今の韓国は一見平和そのものに見えた。扶余《プヨ》の田舎道を歩いていると、奈良の大和路を散策しているかのような錯覚に陥った。

（大陸や朝鮮半島や南の島々、そしてオホーツクを渡ってきた文物の混淆以外に、本当に「日本的」なものが何かあるのだろうか）

と思った。「混淆」こそが、日本的なものなのかも知れなかった。自民党と社会党の連立も、この日本的なものたちの一つにすぎないように思われた。

慢性的に痛み出した僕の腹は、主鏡材の出荷式に行く前から我慢できなくなっていた。前古在台長の退官パーティーの席上、後を継ぐ者として先生のご業績を紹介した後、急に激痛に襲われ、気が遠くなるほどの目に遭った。

（これは何が何でも、一度医者に行かないといけない。台長職に在る責任上も逃れられない。ひょっとすると性《たち》の悪い病気で、それっきり入院ということもありうる）

僕のこんな様子を前々から心配していたウタと愛子は、愛子が勤めていた虎の門病院の先生に相談し、僕の診察を申し込んでしまった。いろいろ診察した結果、「総胆管結石」と判明した。

（よく誰でもやるやつだ。当面は痛むたびに体を二つ折りにしてやればよい）

と思ったら、先生は

「とんでもない、すぐに手術です」

と迫った。

延ばしに延ばして入院したのは師走も近くなってからだった。喉からファイバー・スコープを入れて十二指腸から総胆管に届かせ、入口を切って中の石を摑んで来る。これはそれほどうまく行かなかったらしく、石が砕けて半分残ってしまった。おまけに入口を切り過ぎたとかで、膵臓炎を併発してしまった。熱が出て下がらず、入院は十日と言っていたのが三週間にもなった。膵臓炎が収まって残りの石も取ったが、微熱は下がらない。「熱が下がったら胆嚢の方を取りましょう」ということだったが、暮れも迫って来たので、「自主退院」してしまった。胆嚢はまたいずれ、年が明けてから取ればよい。キリキリする痛みは起こらなくなった。

年が明けると神戸に大地震が起こった。その日は台長として、岡山観測所で新年の挨拶がてら職員と懇談するために、新幹線を予約していたが、朝のニュースでどうやら不通なのを知った。昼頃まで様子をみていると、被害は想像以上に大きいことが次第に判明、とても鉄道が復旧するどころではない。岡山に少しでも近づくために、すぐに広島行きの航空便を予約した。観測所に辿り着いたのはその日の夜中だった。神戸は惨憺たるありさまだ。一週間ほどしてウタは神戸に向かった。ラジオ・ジャパンを通じて報道した地震ニュースに、ヨーロッパ各地の聴取者から寄付が寄せられ、それを神戸のドイツ領事を通してドイツ学校に届けるためだった。すでにほとんどの外国人が本国に引き揚げていたが、ドイツ領事は神戸を離れる気になれず、ホテル住まいを続けていた。
やっと八月になって行った胆嚢摘出手術には、愛子ミッシェルは立ち会わなかった。すでにサリン事件の直後、三月末に日本を発ち、アメリカ東海岸のメリーランド大学の大学院に在籍していた。どうしても日本の看護婦業に納得できず、自分の生まれた国、アメリカ合衆国で、「癌の末期看護」の勉強をすることにしたからだった。

四

台長室の雑務に追われている間に、すばる計画は着々と進行していった。国立天文台の中の「すばる」プロジェクト室は、海部君をプロジェクト・ディレクター、家君をプロジェクト・サイエンチスト、唐牛君をプロジェクト・マネージャーとして運用され、野口、林正彦君らがプロジェクト運営の実務面を支えた。装置開発のエキスパートでアリゾナ大学から来た西村徹郎《てつお》さん、観測経験の豊富な南アフリカのケープ天文台から来た関口和寛《かずひろ》君をはじめ、その他最近入った若い人たちで活気に溢れている。西村さんも関口君も、すばる計画のために、特にお願いをして国立天文台に来てもらった。電波分野から、林正彦君と林左絵子さん、それに近田義広君にも移ってもらった。アイディアマンの近田君は、ソフトウェア開発を含めた計算機関連担当のチームに若い人たちを呼び集めて、見事に号令をかけた。幸いなことに、必要と考えて計画に組み込んだ人員は、ほとんどそのまま要求が叶えられている。他所の大学関係者からは、

「大学では定員削減で人が減っているのに、天文台では一年に三人も四人も増えたりして」

と恨まれることもあった。確かに言われる通りだった。天文台にも一律の定員削減割当が来たが、それを差し引いても、毎年何人かずつが増える勘定だった。

僕は参画したい気持ちを抑えて、あまり「すばる」プロジェクト室を覗かないように心掛けた。

(皆に任せたことだし、若い人たちが頑張っている。裏方としての台長の職務を精一杯やろう)

と思った。それでも週に一～二回は、昼の弁当を食べに、「すばる」室に出掛けて行った。人数も増えて席も窮屈になってきたが、お弁当組常連の田中済君たちやパートの事務補佐の女性たちが机を囲み、台長室から増山さんも顔を出していた。そんなわずかな昼休みに、何となく山頂の建設の様子や、主鏡研削の進行状況を聞くのは楽しかった。望遠鏡委員会などの正式報告書は見るものの、働いている人たちの生の話には温かみと実感があった。野口猛君は実直に、頻繁に行われるメーカーとの打ち合わせ会の手書き

速記録を、いつも届けてくれた。またハワイの仮オフィスからは「週報」が届き、そのコピーが台長室にも回って来た。ハワイへの出張から戻った人は、台長室に顔を出し、近況を報告してくれるのが常だった。

現地には代表の成相さんと中桐君が駐在し、数ヵ月単位で行ったり来たりしている沖田、宮下君らの常連に続いて、次第に多くの若手も訪れるようになっていた。ヒロの仮オフィスも、最初のハワイ大学天文研究所の出先にデスクを一つだけ借りた頃とは違って、ヒロ・ホテルの別棟にまとまったスペースを契約し、それなりの設備も備えている。しかし、成相さんも中桐君も長期外国出張中の身分で張り付いているだけなので、オフィスの運営にはいろいろな制約があり、金銭的な問題や責任の所在を巡って、難しい問題も時々起こった。

現地雇用の人数もようやく増え始めた。現地雇用は、ハワイ大学に付置されたリサーチ・コーポレーション（RCUH）という研究協力のための特殊法人を通して、「人材派遣」の形で行われている。ハワイ大学自体がハワイ州のいわば国立大学で、人の雇用も弾力的にできない。そこで教育研究に必要な弾力性を確保するために、このような制度を、州として制定している。その理事長に、前ハワイ大学学長のフジオ・マツダ氏がなっていて、親身になって我々の相談に乗ってくれた。雇用の直接責任はこのコーポレーションが引き受けるが、人選や職場の指揮権は、完全に日本側のものだ。マウナケアの他国の天文台でもこの制度を活用している。国立天文台の職員は公務員なので、いろいろな縛りがある。人材派遣によって、専門的な職種の人員を必要に応じて弾力的に雇用することができるのは、大きな助けだった。

（ただし、日本の職場感覚と欧米のそれを、うまく摺り合わせることができるだろうか）

そのあたりはまだ未知の領域だった。幸いなことに、現地で雇用した最初の数人は日本語にも堪能で、コミュニケーションに事欠くようなことはなかった。

「すばる」望遠鏡に付ける観測装置の設計や開発研究も、活発に進み始めた。京都大学からは物理学教室の舞原俊憲《まいはらとしのり》さんに宇宙物理学教室の大谷《おおたに》浩さん、国立天文台から名古屋大学物理学教室に移った佐藤修二さん、それに東京大学の岡村定矩さんらをはじめとして、錚々《そうそう》たる面々が関わっている。それでも大型の装置については、安藤、家、西村徹郎といった国立天文台のメンバーが噛まなくては、進まない側面もあった。新設の「天文機器開発実験センター」を率いる小林行泰君の努力で、いくつもの技術開発グループが育ちつつあったが、何と言っても日本の天文学の装置造りは、まだこれから伸びようという時期にある。電波天文学の分野では、検出器など、一部の技術開発については群を抜いているが、それは国立天文台野辺山宇宙電波観測所に限っての話である。国立天文台でもそうだから、各大学の現状はさらに遅れている。本場を渡り歩いて来た西村徹郎さんなどには、歯がゆくて仕方なかっただろう。

そんな中で、ハワイ大学のアラン・トクナガさんが、「赤外線の観測装置の一つを受け持ってもよい」と申し出てくれた。トクナガさんは、国立天文台が「すばる」計画関連で招いてきた何人かの外国人客員教授の一人だった。招いた人たちの中には、米国立光学天文台の主任工学者を務めたアリゾナのラリー・バーさん、アングロ・オーストラリアン天文台の開発研究者ピーター・ギリンハムさんなどもいた。トクナガさんが以前から日本の研究者と一緒の観測を行ったり、装置開発をしたりしていたこともあって、この話はトントン拍子にまとまった。日本から若い人をハワイ大学に送り込んで、一緒に開発・製作に当たらせる。彼は日系三世、四十歳を少し出たところで、黒い眼に黒いウェーブのかかった頭髪の、アジア的な顔立ちの好人物だ。英語を喋って育ったので、顔の筋肉はやっぱりアメリカ人だが、とても親しみが持てる。それがまた、なかなかの日本趣味で、温泉などが大好きと来ているから、日本での会議にもマメに通って来てくれるので助かる。もっとも、会議が日本語で進行すると、時々訊ねるための補助役が隣に座らなくてはならない。こんな役も今では人に事欠かないほど、「すばる」チームも人材が豊富になってきた。トクナガさんはコンパなども好きである。ある時は十畳間に三十人が座るような飲み屋の和室で、国際会議のパーティーの二次会があった。大概の

参加者が立ち上がれず、ふらふらしながら店の外に出てほっとしているのに、

「ああ、良い集まりでしたね」

と、トクナガさんは満足そうだった。こんな人がいるから、ハワイ大学との協力もどうにか進むのだろう。

望遠鏡本体の予算要求の説明に較べて、観測装置の方は予想よりも困難だった。「望遠鏡」は誰でも知っているが、「カンソク・ソーチ」は縁遠く、付録のようにみなされる。ところがそうではない。これこそが本命、というと言い過ぎかも知れないが、「観測装置」をおろそかにしては、せっかくのすばる望遠鏡の使命は果たせない。

望遠鏡でシャープに集めた天体の光を取り込んで、記録したり分析したりするのが観測装置だ。これは研究目的に合わせて設計製作するので、先端的な研究の場合、必ず最新の技術をフルに活用し、さらに開発研究を行って、新しいブレーク・スルーをしなければならない。天文学も知っていなければいけないし、技術的なことも知らなくてはいけない。光学はもちろん、半導体技術や電子技術もだ。それに最近では、その後に来る計算機技術やソフトウェア技術の比重がどんどん増えて、一人では手に負えなくなっている。とにかく天文学者という人種は、宇宙を相手に勝手なことを考える。観測装置に対する性能要求なども、常識を桁違いにハズれていることが多い。メーカーの技術者も、

それに尻をたたかれて、挑戦する気概を燃やすことになる。ニコン、キヤノンといった名の知れた光学関連会社に、検出器では世界的に有名な浜松ホトニクス社、それにソニー、富士通など、日本の各社も腕を競った。望遠鏡本体の技術が、半世紀とか四半世紀のタイムスケールで革新されるのに較べて、観測装置の方は、現在、「日進月歩」と言うにふさわしい。半導体や情報通信関連の技術は、進歩が速い。一級の望遠鏡に一級の観測装置を付けて一級の観測的研究を行うには、造り上げた装置を付けて観測するのと並行して、常に次の装置群の開発研究を行っていなければならない。

次期装置の候補の一つに、「多天体分光器」というのがある。これはすばる望遠鏡の焦点面に映る何百という天体の各位置に光ファイバーの端末を配置し、その光ファイバーを通して離れた場所にある分光器に天体の光を送り込む。入力側の端末ではバラバラの光ファイバーを、揃え直して再配列し、一列にして分光器に投入することで、何百もの天体の分光映像が、隣り合わせにズラリと整列した形で得られる。これを、これから国際協力でやろうという計画が、唐牛君の采配のもとに検討されている。

こうした話を聞いていると、僕の「研究心の虫」がうごめいて、つい口を出したくなる。台長の仕事といえば、大局的な判断や指揮のほかに、こまごまとした事務についての決裁など、日常の雑務が多い。少しは慣れてきたが、相変わらず苦痛だった。

台長室に移って二度目に迎えた一九九五年の秋には、「望遠鏡機械構造」の仮組が始まった。瀬戸内沿岸の川鉄マシーナリー社や大阪湾の日立造船桜島工場で、細心の注意を払って鋳造・溶接されてきた巨大なパーツが、次々と集積されて一体化されていった。十メートルで数ミクロンの相対たわみしか許されない大物の焼きなましには、何日もかかることもあった。僕たちはこうした仕事を「精密重工業」と呼びならわしていた。高さ二十メートル、重さ四百トンの機械構造を、一旦国内で組み上げて作動性能のテストを行い、結果が良好であれば、再び分解してハワイに送り出す。それに使える適当な工場探しは難航した。結局、日立造船桜島工場の埠頭に並ぶ大型組立工場の一番大きなスペースを使い、一部の床を掘り下げて行われた。

開発研究に最も精力を費やしたアクチュエーターも三百本近くが完成し、主鏡支持台にズラリと取り付けられて、総合性能テストを待った。かつて図面の上で見てきた構造が実物となって並んでいるのは、いかにも壮観だった。このために何度も何度も打ち合わせ会を持ち、プロジェクト室の皆と、工場の現場に通ったものだ。十一月に内輪の「仮組完成式」が催されて、初めて組み上がった「すばる」望遠鏡の動く姿が、テレビニュースなどでも報道された。「すばる」はさすがに大きかった。八メートルの主鏡こそまだ入っていないが、音もなく滑り動く巨大な鏡筒は、その偉力を発揮する時期があと数年に迫って来ていることを想い起こさせた。同時に、ここまで来るのにかかった年月をも、改めて想わずにはいられなかった。

「関係者のご努力には、甚大な敬意と感謝の意を表します。しかしながら、九十九里をもって半ばとせよ。本当の仕事はこれからです。気を引き締めて、一層の努力を傾けられんことを願っています」

と言わざるをえなかった。


年が明けると、僕の心配を先取りしたかのように、工事中のマウナケア山頂の「すばる」ドーム内で火災が発生した。その年は正月からして幸先が良くなかった。四日の日には、ウタが娘たちと後楽園にスケート・ボードをやりに行き、小学生に追突されて手首を折ってしまった。幸い応急手当を受けたものの、リハビリテーションにはドイツに行くハメになった。そんなこんなで落ち着かない松の内が過ぎ、神戸大震災の一周年目を迎えた一月十七日の朝、台長室で執務中に、「すばる」プロジェクト室からの一報が入った。

「マウナケア山頂建設現場で火災発生。死傷者の懼《おそ》れも」

すぐに事故対策室を設置して、情報の収集、対応を開始した。ところが情報はうまく集まらなかった。ハワイの仮オフィスのスタッフの懸命の努力にもかかわらず、状況の把握は徐々にしか進まない。責任問題や補償問題に発展するのが目に見えているので、めったな口は開かないというのが実状のようだった。誰に訊ねても、警察や消防の調査結果待ちだ。病院も口を閉ざすし、現地の工事にかかわっている下請け企業はもちろん一番慎重だ。

溶接工事の火が引火した。筒状の建物構造なので、最下部の火が壁を駆け上がるように上部に燃え広がった。空気が薄いせいか、煙が大量に発生してドームの中を満たした。大きな引き戸も開かれたが、運悪くドームの最上部で仕事をしていた人たちが煙に巻かれてしまい、三人の死者を出す惨事となった。焼失した物損は大したことがない割には、煙によっての汚損が広い範囲に及び、修復の手だてを即座には考えられないほどだという。何にもまして、尊い人命が失われたことは、悔いても悔いきれない、残念なことだった。三人ともハワイ州の住民で、内装工事の下請け企業の雇用人だった。家族の悲哀を思うと、すぐにでもお悔やみを言いにハワイに飛び出したかった。しかしこれは、厳しく止められた。第一に、建設中の事故である。天文台に直接の責任はない。地元の関係機関や保険業者の調査が終了しないと、現場を見ることも出来ない。それでもプロジェクト・ディレクターの海部君が、すぐにハワイに向かった。

僕がハワイに行けたのは、事故後二ヵ月ほど経った、三月も下旬になってからだった。火災発生と同時に、山頂の近隣の天文台から多くの人々が救助と消火活動に協力して駆けつけてくれて、命を賭して働いて下さった。特に、隣のケック望遠鏡からの助けがなかったならば、被害はもっと大きかったと思われる。そのお礼回りが主な任務だった。外見は誇らしげに青空に輝いているドームに踏み込むと、壁が煤《すす》にやられて黒くなっている。下部ではほんの一角だが、上広がりに広がって、最上部のクレーン階では、ほぼ全面にわたって煤がこびりついてしまっている。無惨だった。修復の手だてについての検討はかなり進み、翌月あたりに当局の許可が下りれば、作業を再開するとのことだった。企業と遺族らとの間での補償問題は進展中で、結局ご遺族には会えずに帰って来た。お礼を言いに寄ったケック天文台のドームの中には、三十六枚のピカピカの分割鏡が並んでいて、いささか羨ましかった。

山頂ではこうした経緯で一時的に工事が滞ったものの、山麓のヒロ市では、「すばる」望遠鏡の基地となる建物の建設が始まり、台長として鍬入《くわ》れ式に出席した。「すばる」の山麓基地は、ヒロ市に在るハワイ大学ヒロ・キャンパスの一角に開かれた「ユニバーシティー・パーク」と称される地区に建てられる。そこには、イギリス、オランダ、カナダなどの連合天文台のほか、カリフォルニア工科大学の電波天文台や、ハワイ大学の天文研究所の出先の建設も予定されていて、天文学の一大メッカとする構想の下に開発が進められている。山頂で建設中のジェミニ望遠鏡第一号機も、やはりここに山麓基地を予定している。ハワイ大学との協定は、山頂とほぼ同じ条件で、地代は年に一ドル、ただし研究教育上の協力を行うことが謳われている。二年がかりの建設が完了すると、事務官、技官、研究者を含めて合計三十人近い国立天文台職員が常駐し、ほぼ同数の現地雇用者とともに、観測事業の運用に入る。

「すばる」の建物は、英国の天文連合の建物に隣接し、反対側にはハワイ大学天文研究所の建物が建つ予定だ。ヒロ市街が海辺から山裾に広がる中で、ハワイ大学ヒロ・キャンパスは山の手に在る。そのキャンパス内でも山側に位置する「ユニバーシティー・パーク」からは、緑の木々の合間に大学の赤っぽい色の建物群を見渡せて、その先に、ヒロ湾が太平洋へと開いている。山側には、遠くマウナケア山を望むことができる。日本の山麓基地の建物は、隣の英国のものとは趣がやや異なって、コンクリートとガラスのモダンな外観に設計されている。二階建の研究実験棟には、コンピュータ室のほかに様様な実験室が入る。とりわけ、運びこまれた観測装置の最終チェックに使う「すばる」シミュレータや、山頂の活動をモニタし、場合によってはそこから指令を出せる「リモート・ターミナル室」が設けられる。ここからのネットワークは太平洋を越えて、三鷹の国立天文台本部や、そこを経由して日本国内の主要大学などにも繋がる予定だ。

ちなみにケック望遠鏡は、富豪で名の知られたパーカー牧場のオーナーから土地を贈られて、ワイミア市に山麓基地を構えた。おまけに、最初に望遠鏡に出資したケック一族が、さらに二号機を造って干渉計とする資金を提供し、私財の寄付だけで強力な天文台が実現する運びとなっていた。

一九九六年の秋九月には、桜島ドックで仮組された「すばる」の機械構造のテストも終了し、分解してハワイに送り出す日が訪れた。今度は企業が神主さんを招いて、「出荷式」を執り行った。こうして国内での大物作業が終了し、舞台はマウナケア山頂での組み上げ作業へと移っていった。

十一月に入ると、「主鏡の反転」が行われた。八メートルの主鏡は、コーニングで鏡材が製造されてピッツバーグに移送されて以来、凸面を上にしたままで、裏面の研削が続けられてきた。「すばる」主鏡は、裏面に三百近い穴を穿《うが》ってロボットの腕を差し込んで制御するという、世界でも初めての実験に挑戦するために、その穴あけ工程に予想以上の時間がかかった。慎重な上にも慎重を期したのだ。それが完了して、いよいよ最終研磨にとりかかるために、凸が下に向くように反転する。直径八メートル、厚さがたった二十センチの「すばる」主鏡にとって、上下ひっくり返すのは大事だ。ここで反転すれば、凹面鏡として一生涯、二度とひっくり返ることはない。

裏面研削作業は、丘陵地の奥深くに掘られた石灰岩廃坑内の工場で行われてきた。そこから野外に引き出された鏡は、両面をしっかりと挟んで外箱に固定され、ゆっくりと回転された。二日がかりで反転されると、また元の坑内の研磨工場へと戻って行った。

そして最終の研磨工程に入った。幸いに秋晴れに恵まれたが、立ち会った西村徹郎さんは、少し寿命が縮まったのではなかろうか。裏面研削の済んだ「すばる」主鏡は内部が透けて見え、三百近い制御穴には、スーパー・インバー材のソケットが装着されて並んでいる。超低膨張ガラスとスーパー・インバーの膨張率の差を吸収するために、ソケットは分割され、シリコン材で接着してある。

(果たして感度一万のロボット・アームによるコントロールは成功するだろうか)

僕は息を詰めて、岩波映画が撮影してきたフィルムのラッシュに見入った。

五

八〇年代に徒花《あだばな》を咲かせたバブル経済の崩壊後は、その中で膨らんでしまった日本社会の汚穢《おわい》が次々に表面化して、政治家も官僚も企業家も、出直しの必要に迫られるようになった。日本経済建て直し論は、表向き、日本建て直し論となり、行財政改革や教育改革が賑やかに議論され始めた。しかしその議論の進み方全体は、どこか近視眼的で、国家百年の計を立てるというよりは、当面の対策を立てるような腰の据え方になった。とにかくビッグ・サイエンスに対する風当たりも強くなった。機構改革と並んで、経済再建のために科学技術の振興が謳われたが、即効性のある投資や経済刺激にばかり目が向いていて、百三十年前の明治の科学技術振興策とは較べようもない、表面的な小手先いじりに堕しがちに見えてしまう。五年か十年くらいで、実利的に社会に役立つことを考えている。だから、天文学のようなタイムスケールの永い基礎科学中の基礎科学には、追加予算の風は吹いて来ない。

「何の役に立つのですか」

何度も聞かされた例の質問が思い起こされた。

望遠鏡の建設が進んで、マウナケア山頂のドーム建物は、雲海の上にその輝く全貌を現した。仮組をしてテストを終えた機械構造は、分解されてハワイに輸送され、山頂での組立作業が開始された。八メートルの主鏡にアルミニウムの薄膜を貼るための大真空槽も、搬入されてテスト中だ。うっすらと雪化粧したマウナケアの山道を、二日がかりでトレーラーに引かれて登って行った。主鏡はピッツバーグで最終研磨工程に入っている。ハワイ島ヒロ市での山麓基地建設も急ピッチで進んだ。観測装置類の開発製造も着々と行われている。「すばる」プロジェクト・チームは、ハワイ組も国内組も、一心不乱にプロジェクト推進に取り組み、内外の天文学研究者の眼も、次第に完成後の研究計画の検討へと向いてきている。一見すべてが順調に進んでいるようだったが、近視眼的な日本の政策状況は、僕の気持ちを暗くしていた。「すばる」計画は相変わらず、永い間の懸案をいくつも内包しているのだった。

すでにアメリカ合衆国の領土であるハワイ州ハワイ郡に、数百億円相当の国有財産が建造設置されている。その限りでは、「禁じる法律はない」という言葉で始まったこの計画は、実質的に設置を認められたことになっている。事実何回も会計検査院が現地を検査して、監査面ではOKを出している。しかし望遠鏡は戦没者慰霊塔とは違う。それを運用する組織が、現地についていなくてはならない。つまり、現地の「観測所」組織が要るのだ。

南極大陸には「昭和基地」がある。これはレッキとした国外に置かれた日本の国有科学施設だ。しかしその運用には、毎年観測隊や越冬隊を組織して派遣し、長期の出張者が交代でその運用任務に当たっている。南極大陸はどこの国家の領地でもないので、昭和基地の運用は、南極条約に違反しない範囲で、ほとんどすべて日本の法律の下に行うことができる。

ところがハワイは事情が違う。そこに置かれる組織は、外交公館を除けば、すべてアメリカ合衆国法やハワイ州法に縛られる。

(そこに日本の国立研究所の「組織」を置くことができるだろうか)

民間の企業では、今では当然のことが、「官」では前例がない。ハワイ側からみると、これは明らかに、合衆国や州の公的な組織ではない。学術上の機関間協定による非営利施設ということで、いくつかの特典はあるものの、強いて言えば、私的な施設にすぎないのだ。

　これは何も天文学に限ったことではない。「国際貢献」という言葉が飛び交っている現在、国家が国境を越えて恒常的に協力活動をしようとすれば、どんな分野でも生じるはずの状況だ。欧米の多くの国々は、植民地時代に築いた様々な半官半民的組織を用意していて、内では公的に、外では民的に働かせる工夫をしている。大望遠鏡計画推進の初期に、たくさんの労力を費やして行った調査でも、その微妙な使い分けを完全に把握しきることはできなかった。植民地時代の末期に大きな失敗を経験した日本には、そうした蓄積は全くないに等しい。そんな面倒なことを、天文学者のためだけに、国が考えてくれそうには思えなかった。

　僕の心の中に在った暗雲は、どんどんと濃くなって広がっていった。

（結局は物だけ造って、インフラストラクチャーの伴わない、今までと同じ轍《てつ》を踏むことになるかも知れない）

　望遠鏡や施設一式をハワイ大学に預けておいて、日本からは人が入れ替わり立ち替わり出張して仕事をこなす。そんな腰の据わらない状態では、世界第一級の装置を主体的に運用して、成果を挙げていけるはずがない。どこかが基本的に間違っているのだ。日本国内の観測施設でも、比較的に小型で僻地に在る場合には、何もそこに「観測所」という「組織」を置く必要はないとされ、人が交代で出掛けて行く。

（ハワイも結局はそんな扱いにされてしまうのかも知れない。一足飛びに新しいシステムを作れないにしても、少なくとも当面、文部省令によって設置する「省令施設」にできないだろうか。それも、その所在地を勤務地として勤めることのできる、いわゆる「在勤官署」としてだ）

「組織」だけ現地に置いて、それを担う人たちは交代で、出張によって派遣する方法もあるが、公務員の外国出張というのは、それはそれで制約が多い。長期の「外国出張」中は、本務地を離れているために、通常は研究費の申請や学生教育もできない。勿論、家族の同伴も正式にはできないのだ。


山頂のドーム建物工事が峠を越えた頃から、こうした問題についての請願をするために、再び僕の「都心通い」が始まった。国立天文台を管轄する文部省の担当局は、さすがに僕たちの言い分を理解してくれていたけれども、この話は国の組織の話とあって、一つのお役所の意向だけでは、どうにもならないらしかった。

「まア、いろいろな役所が関係してますのでねぇ……」

担当の事務官も甚《はなは》だ歯切れが悪い。

「正面切ってやっても、今は情勢が良いとは言えませんしねぇ……」

だから、どうすればよいのかは分からない。スジ論で行くと、「国家公務員が公権力の行使に当たって、現地法の制約を受けるのは不都合でして」と言われる。

「天文学者は何も行政権を行使しようとしているのではないんですよ。学術研究活動を行う上で、何も実質的な制約は受けないのですが」

そう反論してみても、水掛け論だった。

「それなら何か新しいシステムを、今から導入できますか」

「いやいや、それは時間のかかる話でして」

何度も相談を重ねたけれども、はっきりとした見込みは立たないままに、「ハワイ観測所新設」の概算要求をすることに踏み切るしか道はなさそうだった。

（天文台の職員がそこに住み着いて勤務する「在勤官署」を前提で要求しよう）

と決心した。この人事を含む予算要求事務は、想像以上に大変なものだった。天文台の要求を文部省から大蔵省に出すについては、いろいろな関係者の苦心があったに違いない。

一筋縄でいく話ではなかったが、夏が過ぎて、いよいよこの要求が文部省から外に持ち出されてみると、幸いなことに、表立っての「反対」で行き詰まるハメにはならずに済んだ。複雑に関係する各機関は、

「積極的に結構とは言いませんが、目下他に適切な方法がないのなら、おやりになるのを止める立場にはありません」

との感触だった。

非常に微妙な局面なので、台長の僕も、「すばる」プロジェクト・チームの面々も、ただただ固唾《かたず》を呑んで、推移を見守る以外に手はなかった。理解を求めるための説明に出掛けたり、マスメディアに働きかけることは、マイナスにさえなりかねなかった。これまでやってきた働きかけと、ここまで実現してきた計画の勢いに頼って、あせる気持ちを抑えてじっと待った。この時も、何処か高いレベルで、誰かが働いていてくれたのだろう。

一九九六年の暮れ、ついに朗報が届いた。在勤官署としての「ハワイ観測所」の設置が、平成九年度の内閣予算案に含まれていたのである。「望遠鏡システム」「観測装置システム」「天体観測」の三部門に事務部門の加わった、立派な組織だった。それに伴い、天文台の国内の関連研究系も改組して、「ハワイ観測所」への研究・開発支援態勢を強化することになった。

その年末、ペルーの日本大使館が武装グループに占拠され、「海外設置」の裏に隠されている問題の複雑さを、改めて思い知らされた。

六

「ハワイ観測所」設立の見込みがつき始めると、赴任する人たちの人選が急務となってきた。以前から現地の作業の進展につれて必要となる人員計画は立てられてきたが、今までは人数も少なかったので、出張で何とか対応してきた。入れ替りで詰める人もいれば、成相恭二さんや中桐正夫さんのように、悪条件の中で、献身的に行きっきりで頑張っている人たちもいた。しかしハワイ現地での建物関係がすべて完成し、望遠鏡本体の組み上げ調整が山頂で、またスーパー・コンピュータの立ち上げ作業が山麓基地で開始されると、これはもう、現地に腰を据えた赴任態勢でやらなくてはならない。地元とのお付き合いや、世界中から来ている各国の天文台とも協力関係を築いていかなければならない。単身の出張者でなく、できるだけ家族一緒のお付き合いが望ましいのは言うまでもないことだ。しかし、これだけの努力を払って建造し、省令施設を開設し、職員の赴任を可能にしてもらいながら、まだ肝心の一点が明らかではなかった。それは職員の「赴任手当」の問題だった。

「台長、手当の問題は解決したんですか」

年度末が近づいて、「ハワイ観測所」を開設する新しい年度が見えてくると、「すばる」プロジェクト・チームのメンバーから、そう尋ねられることが多くなった。

もう十年以上も前の、望遠鏡計画の可能性検討の頃、「海外設置」で全国的な足並みが揃い始めても、当事者である天文台の研究者たちの反応が良いとは言えなかった。海外に設置すれば、運用の任に当たるのは天文台の職員だ。少しは親しみのあるハワイとは言え、海外に赴任するには大きな障害がいくつもあると思われた。

子供の教育はどうするのか。当時の総合調査によれば、日本語補習校はホノルルには在るがハワイ島にはない。ハワイ島で日本の中学、高校に匹敵する高いレベルを持つ学校は、ワイミア市の寄宿学校だけだ。もちろん、英語での教育だ。その後、ヒロの中学、高校のレベルも決して悪くないのだ、と聞かされた。イギリスの合同天文台の研究者の子弟で通学している者もいるというのが理由だった。天文台の職員を見渡して、そこまで踏み切れる人が何人いるだろうか。子供が小学校低学年ならば問題は少ないだろう。若い助手の人たちには良いが、中堅の人たちにはきつい話だ。

配偶者が一緒にハワイに行くとなると、配偶者の職にも問題がある。中堅の研究者の配偶者の多くは、男女を問わず、何らかの社会的活動を行って収入を得ている。ハワイ島はアメリカの離島で、こうした人たちの意欲を満たす仕事は少ない。収入源にもなりにくい。たとえあっても、日本での仕事は中断され、帰国後の継続は保証されないだろう。

住居はどうだろうか。僕自身、何度かの外国住まいで苦労をした経験がある。向こうで住居を探すのは比較的簡単だが、日本の家財をどうするのか。公務員住宅などに入っている人はなおさら大変だ。公的に赴任するのだから空けなければならない。となると家財道具はどこに保管するのか。右ハンドルの車も、持っていく気にはなれない。国内ならば種々の電気用品も持って行けば役に立つが、ハワイでは役に立たない物が多い。持って行かないで保管したり処分しなくてはならない一方、それだけ向こうで購入しなくてはならない。二重生活だ。

医療はどうなのか。文部省の共済保険が利くとは言うものの、立て替えておいての事後精算だ。日本とハワイ州では医療体制が違う。思わぬ治療が高価だ。歯科の治療の高いことはよく知られている。入院費の計算も異なる。こうなると向こうで別に保険に加入しておかないと心配だ。子供がいればなおさらだ。車だって高い保険をかける。「安全はお金のかかるもの」が当たり前のアメリカ社会では、いろいろな保険に入るのが当然で、それが結構高くつく。

日常の生活の不便さは、言葉の障壁によって一段と高まる。赴任の可能性があると知って、英語学校に通って頑張り始めた職員が何人かいる。その学校では、この職員の真面目さと勤勉さが有名になったほどだ。それにしても、積極的な姿勢で臨んでも、初めのうちは、習慣その他の違いに戸惑うことも多いだろう。限られた時間帯の日本語テレビ放送や邦字新聞があるとは言え、これらはやっぱり例外だ。日本の雑誌も送って欲しいだろう。ハワイ島には映画館は二軒しかない。掛かるのはもちろんアメリカものだ。郡都のヒロでも常設の劇場はない。夜は八時を過ぎると、まず開いている店はない。その代わりに、ヒロの朝は早い。六時には人々は働きに出る。毎月一回くらいは家族でオアフ島まで飛んで、ホノルルの街で憂さ晴らしをしたくなるだろう。年に二回や三回は日本にも行くことになるに違いない。親族の冠婚葬祭や様々な会合などにも出なくてはならないことだろう。

こうした項目は、どれも余分な経費のかさむものばかりなのだ。十年くらい前にまとめられた調査報告書には、外国の天文台の実例が収録されている。それらの例では、ここに並べたような項目以外にも、細かな気配りがされている。海外に設置した高価な第一級の望遠鏡を活かすために、それだけの人材を送り込む仕組みが工夫されている。給与の本俸は本国で振り込まれるが、外地勤務手当はドル建てで現地で支給される。手当の額はこまかく積算されて、本俸と較べられるほどの額になっている。

同じ調査報告書には、日本の外地勤務手当の例が調べられて載っている。外交官は別格としても、日本語学校の先生は適切な赴任手当を受けている。先生はもともと地方公務員か文部省関連の公務員だったりするが、外務省に出向した形をとって赴任する。外務省領事部の担当で、在外邦人に便宜を図るために、要請を受けて派遣するのだそうだ。外その後の調査では、国際協力事業団（JICA）の派遣員も、嘱託として採用され、外務公務員に準じた赴任手当を受けていることが判った。ＪＩＣＡは外務省傘下の特殊法人だ。また最近では多くの地方自治体などが海外に連絡事務所を開設し、そこに地方公務員を赴任させている例も報告された。これらの地方自治体では適切な知事通達や法令によって、外務公務員に準じた手当を支給している。

「研究者の方々は違うでしょう。要請を受けて派遣されるのではなくて、自分たちが行きたくて行くのでしょう」

だから特別な赴任手当は不要ということらしい。観測所を支える事務官や技官は全く考慮の外なのだ。この「研究者は行きたくて行く」の考え方は、天文台の関係者の気持ちを動揺させた。この計画を推進してきて台長を務める僕や、「ハワイ観測所」の初代所長の任を担おうと決心している海部さんにとっては、横っ面をひっぱたかれる思いだった。

「あんなに大きな予算を注ぎ込んで、欲しいという望遠鏡を造ってあげたのだから、先生方は我慢して、辛酸を舐《な》める覚悟で頑張って下さい。まさか手当が出ないからといって、赴任しないわけじゃないでしょうね」

そんな声がどこからともなく聞こえてくる。日本式の精神主義だ。

今では名古屋大学の福井康雄さんや東京大学の長谷川哲夫さんが、南天サーベイのためにチリに小型の電波望遠鏡を持ち出して観測を開始している。東大の吉井譲《ゆずる》さんも、ハワイに二メートル級の望遠鏡を持ち出そうとしている。その苦労は大変なものだ。二十年前には想像もできなかったことだが、いずれも無理に無理を重ねて努力している。あのヒロのユニバーシティー・パークに展開される天文学の国際センターや、山頂に並ぶ各国の望遠鏡ドーム群、二千八百メートル地点の国際共同宿泊施設。それらを想い浮かべると、そこで身を小さくして苦労する日本人研究者の姿が連想されて、無性に腹立たしく悲しかった。

赴任手当の導入は、「ハワイ観測所」の設置以上に困難なことらしかった。観測所の設置は文部省令の改正だが、赴任手当の新設は、国家公務員の給与法の改正という面倒なことだった。文部省の関係者は一様に努力を約束してくれたが、見込みはまずなさそうに思えた。たった二十人かそこらのために、給与法を改正するなんてことが出来るはずがない。

「先生、こりゃあ、やっぱり無理ですよ」

担当事務官も匙《さじ》を投げそうになった。

「天文台長としては、職員を派遣しません」手当の目処《めど》が立たない限り、職員を派遣しません」

僕は憮然として宣言した。、既存の諸手当の弾力的運用を検討して下さった。天文台の「すばる」プロジェクト・チームでも知恵を絞って、諸手当の算定の元となる物価などの積み上げを行ってみた。天文台の観測所では、寒い地方に在ると「寒冷地手当」が出る。しかしハワイのヒロ市は、その点全く寒くなかった。気候は暖かく、衣服などはむしろ節約できそうだった。また公的交通機関の最寄り駅から遠い地域の観測所には「隔地手当」が出る。ヒロ市には国際空港が在るから当てはまらない。「都市手当」とか「特地手当」とかは、特別な地域のために生活費がかさむ場合に適用される。ハワイ州は離島なのでなんでも一般に割高で、ヒロ市の生活物価は、州都ホノルルよりもさらに高かった。それでも、米や肉や住宅は、東京に較べると格段に安い。かなりの広さのアパートが、月額十万円くらいの家賃で借りられる。

「先生、もっと他に積み上げの種はありませんか。このままでは、生活は東京より楽そうで……」

担当の事務官が同情してくれる。そうは言っても、国内を対象として定めてある法律上の諸手当は、いくら計算してみても大した額にはなりそうもなかった。

(このままで観測所が開設されると、これは厳しいことになる。職員を業務命令で縛ってハワイに飛ばさなくてはならない)

ほんの一部の教授、助教授を除くと、誰にも「特攻隊精神」を押しつける気にはなれなかった。そんなことでは良い人材も得られず、赴任したとしても士気は上がらず、第一級の成果を挙げられるかどうか、はなはだ怪しい。あの希望に燃える国際的研究センターの中にあって、恥ずかしい思いをするのは目に見えている。二十年にわたる努力の結果がこうなるのは、僕にもウタにも、そして力を合わせてやってきた天文台の皆にとっても、全く無念なことだった。

「野辺山観測所とどこが違いますか。ハワイまでの引っ越しの往復経費は出ます。その他必要な手当は、現行法の範囲内で最大限積み上げてみましょう」

と、事務的検討は打ち切られた。僕も、

（もうそれで当面は我慢するしか仕方ない）

と観念した。

（「特別調整手当」をどこまで出せるのかが鍵だろう。やがてこれが芽となって、少しずつでも海外施設が増えた暁《あかつき》には、またいずれ、海外赴任手当が導入される時期が来るだろう。でも、「こんな悪条件の下では、出張手当の方が良い」という主張もあって、海外赴任そのものも増えないかも知れない。そして日本は、「物は出すが人の顔は見えない」、相変わらずの「国際貢献」を続けることになるのだろうか）

と暗い気持ちになった。

七

ところが思いがけないことになった。僕らの知らないところで世論が動き、高いレベルの人たちが働いていてくれたのだ。いよいよの土壇場に来て、急に風向きが変わった。

「先生、一度、人事院に、直接に説明に上がったらどうです。もう正攻法しか残っていませんので」

と、ある日突然に、担当事務官の上司から言われた。

(「科学技術基本法」などに則《のっと》って、日本が活力を持つ未来を拓くには、国際的な活動のための枠組み整備も必要だ、という話になったのだろうか。「すばる」計画が提起している海外勤務手当がその一例だ、とでもいうのだろうか)

僕と唐牛君は早速に人事院に出向いて、直接、高官に理解を求めることにした。

人事院は祝田橋近くの皇居の濠に面した仮庁舎に在った。文部省から「正攻法で」と言われたので、単刀直入に実情を訴えて筋論を述べよう、と覚悟を決めて玄関を入った。かなり上の階の役員室で僕らを迎えたのは、役人にありがちな硬い表情をした男ではなく、柔和な笑みを浮かべた紳士だった。その時になって、この人が理工系の大学教授のキャリアを持っていることに思い当たった。

(そうだ、誰かに聞いたことがある。この人なら分かってくれるかも知れない)

挨拶もそこそこに、僕は切り出した。

「是非とも、ハワイ観測所の職員が安心して、また品格と誇りをもって、活動できる下地を整えて下さい」

と、必死になって説明を重ねた。当の高官はしばらく静かに耳を傾けていたが、僕たちの要求内容をあらかじめ知っていたものとみえて、

「全くそのとおりですね」

と受け、

「できるだけ期待に沿うように、前向きに検討してみます」

と約束して下さった。さらにいくつかの点について僕らの希望を聞き糺《ただ》すと、

「大切なことですから、やるならば、きちんとやらなくてはなりませんからね」

とも言われた。

「ハワイ観測所赴任手当」を導入するには、国家公務員の給与法を改正する。それには、いずれにせよ今からでは、毎年出す人事院勧告に盛り込んで、国会に諮《はか》らなければならない。時間の制約もあるが、基礎的な検討を開始し、ハワイにも調査に行かせる。こう丁寧に解説して下さった。

（人事院勧告は八月頃に出されて、四月に遡って実施される。しかし、支払いは順調にいって年末になる。それでも年末に支給されることが分かっていれば、ハワイに赴任する皆も納得してくれることだろう。その間は借金でもしてもらって、こんな時のために設立した天文学振興財団の助けを借りて何とか凌《しの》ごう。これが実現すれば、本当に計画

推進の責任を果たせたことになる。そうすれば、もう完全に皆に任せることができそうだ）

僕の心を読んだかのように、

「すこし遅れても、きちんとした方が良いでしょう」

と、もう一度念を押された。

責任ある立場の人からそう言われて、僕の心は急に明るくなった。そして何よりも、こうした大切な役職に、この高官のような人が就いていることを知って、日本の将来に光が射し始めているような気がしてきた。

四月に入ってしばらくしてから、都心に出るついでに、再びその高官を人事院に訪ねた。

「ハワイ観測所」はすでに発足していて、海部所長以下十人以上が赴任し、前から頑張っていた成相、中桐両氏に合流して、「組織」の整備が始まっていた。成相さんが渉外担当副所長を務め、建設担当副所長の西村徹郎、総務担当の関口和寛、計算機担当の小笠原隆亮《りゅうすけ》、制御系担当の佐々木敏由紀《としゆき》らの教授、助教授の面々をはじめ、若い助手や技官、第一期の事務官グループ、それに現地雇用の職員らが加わって、大奮闘の最中だ。山麓基地ではスーパー・コンピュータが稼働し、マウナケア山頂では、空を映して青白色に輝くドームの中で、望遠鏡本体の組み上げ作業が進行している。八メートル主鏡の研磨はすでに最終工程に入っていた。一方、東京・三鷹の「すばる」プロジェクト室では、取り次ぎ事務が急増した。ハワイとのテレビ会議では十分にカバーするのが難しく、唐牛室長、林正彦マネージャーに、安藤、家、野口猛といった古強者《ふるつわもの》が、てんてこ舞いをしていた。日本の景気が低迷する中で、「ハワイ観測所」の次年度概算要求の前哨戦が始まっていた。橋本内閣の行財政改革の波の中では、例年以上に気を引き締めてかからなければならない。今年度建設が認められた三鷹の「すばる」解析研究棟についても、建物内部の詳細を詰めなくてはならない。この解析研究棟には、ハワイからライブ映像が送られてくるのだ。プロジェクト室がこうした事務官との共同作業に追い捲《ま》くられているのに加えて、さらにたくさんの若手研究者や大学院生が、観測装置の開発・製作に忙殺されていた。「ハワイ観測所」とともに「光学赤外線天文学・観測システム研究系」が誕生して安藤さんが主幹や共同利用関連の研究交流委員会委員長を務め、家さんは「すばる」専門委員会委員長や大学院教育委員会の委員長を務めることになった。国立天文台で研究指導を受けている大学院生は、全分野を合わせると百人を超える大所帯になっていた。

（赴任手当の問題が解決すれば、望遠鏡計画の枠組みはほぼ完成なのだが……）

一抹の不安を抱きながら、人事院の受付に来意を伝え、エレベーターで上がって行った。今回来て改めて気がつくと、その高官の執務室の壁には、秋の信州の高原を想わせる絵画や、野原を駆ける躍動的な子供の姿態を撮った芸術写真の額が掛けてあった。

「お陰様で、無事ハワイ観測所が発足して職員が赴任し、仕事を始めました」

答えを聞くのが少しためらわれて、僕はくどくどと「すばる」計画の現況を報告した。そして、

「お忙しいところを、調査班を派遣して下さり有り難うございました。大変丁寧にご視察いただいたそうで、現地でも喜んでおりました」

と、肝心の話題を切り出した。

「よかったですね。私も調査結果を聞きました。まだ最終報告書は検討中ですが、おそらく、外交官並みとはいかないまでも、それに近い線でまとめることになりそうです。もちろん勧告ですから、出るまでは内々の話ですが」

と、思いがけず、明快な返事が返ってきた。

丁寧に礼を言って外に出ると、さすがにこの朗報を黙っていることができずに、主だった人たちには、すぐに電話で伝えた。霞ヶ関の官庁街を、こんなに晴れ晴れとした気分で歩けるのは、久しぶりのことだ。いつものように文部省に寄って報告を済ますと、口笛でも吹きたくなるような気持ちを抑えて車を拾い、六本木へと向かった。

その日の夕方、ウタの退官記念パーティーが、六本木のドイツ・レストラン「アインホルン」で開かれることになっていた。結局ウタは、東京工業大学の外国人教師を十九年間務めたことになる。その間に留学などで面倒をみたり、自由討論のゼミに出席したりした学生たちが中心になって、今日のパーティーを開いてくれるとのことだった。ウタは濃緑のプリーツのボディ・スーツの上に、赤のコートを羽織って、同色のプリーツの大きなショールを巻いてやって来た。昔栗色だったウタの髪は、すっかり銀色になって、短髪に刈ってある。

ビールの乾杯に続いて、ウタの「最終講義」があった。「自分の生い立ちなどを振り返ってみたい」と前置きして、戦後のドイツでの生活や大学時代、僕との出会い、日本に同化しようと努力してもうまくいかなかったことなどを、日本語でやり出した。「変な日本人」になるよりも「立派な外国人」として生きようと決心したことや、僕を通しての望遠鏡計画との関わり、NHK国際放送「ラジオ・ジャパン」のこと、それから、東工大での学生たちとの想い出に及んだ。「十五分くらい」と司会者が言ったのに、三十分を過ぎても終わりそうにない。何年か前、勤続年数の多い外国人教師の契約を打ち切る動きがあった時に、学生たちが自発的に、ウタのために継続嘆願の署名運動を展開してくれた。そのくだりにかかると、さすがにウタも涙声になってしまった。

〈ここにいる若い人たちは、世界に様々な文化があり、様々な人々がいることを、身をもって知っている。こんな人たちが増えれば、日本も世界に、多くの友達を持つことができるだろう。けれども、道は険しいかも知れない。「留学生十万人計画」を達成するには、掛け声やお金よりも、それを支える制度や、制度を支える心が大切だ。今のままでは、たとえ十万人を招いたとしても、九万人が、日本や日本人に対して不満や不信を抱いて母国に帰ることにもなりかねない。大学での外国語授業は、実用語学修得のためというよりも、異なる文化圏への憧憬や理解への窓口であって欲しい。他国の文化を学ぶことは、自国の文化を正しく知ることにつながる。宇宙を探求することによって、人類や地球の位置づけを知る天文学と、どこか似ているところがあるようだ)

そう思って学生たちとウタの顔を眺めていると、「教えるとは、共に希望を語ること」という、頭の片隅にあった誰かの言葉が浮かんで来た。

(ウタは学生たちと、希望を語り合ってきたのではないだろうか。日本の社会の中に埋没せずに、役立てるようにと願いながら)

そんなことを、ふっと思った。

僕には一時間も経ったように思えた。そのあと、立食をはさんで、卒業生たちの話があった。終わって若い人たちは二次会へと出て行った。「一緒にどうですか」と言うのを断って通りに出ると、夕方から強まった春の風が、少し勢いを増して吹きまくっていた。

タクシーの座席に身を沈めた僕とウタは、それぞれにその日の感慨に浸った。

（僕が退官する時はどんなだろうか）と想像してみたが、さっぱりイメージが湧いて来ない。まだ台長任期は一年残っている。台長の務めが来年で終わりになるか、再選されて続けることになるかは、今のところ分からない。再選されれば、今からもう三年間勤めることになる。その三年目に当たる西暦二〇〇〇年の春からは、「すばる」の本格的な共同利用観測が開始される予定だ。

（アジア太平洋地域の国々の研究者とも一緒になって、国際共同研究も進められるだろう）

そんなことを考えていると、午後の人事院での高官の話が、改めて生き生きと蘇ってきた。そして、自分でも驚くほど新鮮な気持ちが急に湧いてきた。

（赴任手当は実現するぞ！　大望遠鏡の建設は、もう若い人たちが誇りを持って担っていくのだ。よし、僕も観測のことを考えよう！）

二十一世紀に入ると、南半球のヨーロッパ南天天文台（ＥＳＯ）による超大型望遠鏡（ＶＬＹ）や、北半球の「すばる」をはじめとする大望遠鏡群が、本格的な活躍を開始する。今、若い人たちと一緒にデータ解析を進めているアンドロメダ銀河は、二百三十万光年の彼方にある。したがって、解析中のアンドロメダ銀河の映像は、二百三十万年前のものだ。「すばる」の観測では十億光年、百億光年と、より遠くを見ることで、どんどん昔の宇宙へと遡って行くことができる。ちょうど地面を掘り下げ、古墳を発掘して大和朝廷のルーツを探ったり、地層深くの化石から古生代の謎を解き明かすように、天文学者は、宇宙を遠くへ遠くへと「掘り」進んで、物質世界の原初までをも見究めようとしている。すでに稼働しだしたケック望遠鏡は、十メートル分割鏡の大集光力を活かして、数十億光年彼方の銀河やクェーサーの分光観測に威力を発揮し始めている。

（ビッグ・バン宇宙モデルで、すべての観測を説明し切れるだろうか）

古代、人は自分が世界の中心に在ると考えていた。天動説が地動説に変わっても、太陽系が世界の中心だと考えた。二十世紀になって、太陽系が天の川銀河の端に在ると分かっても、天の川銀河を宇宙の中心だと考えたがった。しかし、私たちの住む天の川銀河は、膨張する宇宙に漂う無数の銀河の一つにすぎない。人類は決して宇宙の中心にいるのではないのだ。

それでもまだ私たちは、（地球上の生命が唯一のものだ）と考えがちだが、それも根拠のないことだ。昨年、アメリカの科学者が火星の隕石に生命の痕跡らしいものを発見した、と報じられた。NASAはすかさず「オリジン計画」を提唱して、「宇宙の創成や生命の起源の探査に乗り出す」と発表した。太陽系のほかにも、たくさんの惑星系が存在することについては、すでに多くの観測的な傍証が得られている。「すばる」は

「第二、第三の太陽系」の探索にも乗り出すことだろう。

（地球以外の惑星にも、生命の兆候が見つかるだろうか）

間もなく、宇宙の全歴史を遡って、地球や人類の位置づけを把握できる世紀がやってくる。同時に、生命科学や脳の研究の進歩は、生命の仕組みや人間の認識機能の構造も、次第に解き明かしてくれることだろう。そうすれば、人間の「内にある宇宙」と、自然科学の「外にある宇宙」が融合されて、もっと雄大な世界観に統一されていくに違いない。自然科学は、人間の精神活動のごく一部にすぎないのだ。

（そしていつか皆が、宇宙から自分を眺めるような視点を身につけて、自己中心的な思考を抜け出し、小さな地球の上で互いに争い殺戮《さつりく》を繰り返すような時代に、ピリオドを打てる日が来るだろう）

車の中で、そんなことをとりとめもなく想っているうちに、浜田山の自宅に戻った。贈られたたくさんの花を、長女が焼いた大きな花瓶に活けると、ワインを一本抜いて、二人だけの食卓に座り込んだ。窓の外では相変わらず春の嵐が吹き荒れていた。

変革の風の中に

ウタは停年で東京工業大学の外国人教師を退官すると、暇になるどころか逆に忙しくなった。スケジュールを自由に組めるものだから、東工大のフェンシング・クラブのコーチ、相変わらずのラジオ・ジャパンのための自主取材、それに盲人学生のためのボランティア活動など、盛りだくさんのプログラムを組んで動き回り始めた。長女の陽子モニクの陶芸制作にもつき合って、窯《かま》のある白州鳥原へと頻繁に通うようになった。一九九七年六月のハワイ観測所の山麓基地完成披露にも、僕と一緒にやって来た。

その日のヒロ市は朝から雨で、ホテルのベランダから見渡せるヒロ湾も波立っていた。その向こうに雄大な裾野を引いて朝日に輝くはずのマウナケア山の姿は、厚い雨雲に覆われていて見えない。四千メートル級のマウナケア山の東側に位置するヒロ市は、かつて砂糖キビの一大生産拠点であった事実が物語るように、多湿な地域にあって、雨は日常のことである。それにしても、その日の朝の雨脚は強く、午後からの披露式典の準備が危ぶまれた。こんな場合に備えて、山麓基地の中庭に大きなテントを張る予定とは聞いていた。

「あら、あそこの島に人が集まって来たわ。お祭りでもあるのかしら」

最初に気付いたのはウタだった。ホテルの並ぶこの小さな岬の突端には「日本庭園公園」が在る。なるほど、そこから渡れる小島の緑の芝の上に、点々と人影が見える。よく見ると手に手に色彩豊かな布や椅子、それに机のような物までも運んできている。橋のたもとに止めた車から続々と降りて来て、見るまに人数が膨れ上がった。それは遠目にも土着のハワイ系の人たちの集会と見てとれた。ポリネシア系の音楽が響き始め、でっぷりと太った大きな男女が賑やかに踊りだした。子供たちも群がっている。

こうなるとウタはじっとしていられず、レコーダーを担ぐと部屋を飛び出して行った。それはハワイ土着のお祭りで、一種の豊作祈願の儀式だと判った。ハワイでは大雨が吉兆なのだそうだ。大地の汚れを洗い流し、万物に生気を与えてくれる。それだから、お祭りの日に大雨が降っても、喜々として踊っていたのだと解った。

一時小降りになった雨は、午後になって再び本降りになった。ハワイ観測所山麓基地の在る「ユニバーシティー・パーク」は、湾から坂上りにヒロ市街を少し登ったハワイ大学ヒロ・キャンパスの一角に広がっている。パーク内のメイン・ストリートに接して広い芝庭があり、それを建物がコの字型に囲んでいる。ヒロ市には珍しく淡い色合いのコンクリート二階建の瀟洒《しょうしゃ》な設計で、庭越しにメイン・ストリートに面する部分は、一面のガラス壁だ。芝庭の片側にはまだ若いヤシの木が列をなしているが、その低い並木を覆い隠すほどの大きなテントが張られていた。建物の中では、受付で来賓にレイを掛ける人たち、ビデオ撮りの準備をする人たち、式の後の祝宴の料理や飲み物を準備する人たちと、たくさんの人で混雑している。わざわざ来て下さった小田稔先生ご夫妻や古在先生の顔も見える。廊下に沿って並ぶ大小の部屋を覗いてみると、研究室と計算機室には人の気配があったが、実験室や図書室などには、まだ荷箱が積み上げられたままになっていた。職員たちに赴任手当の見込みなどを伝えているうちに、ホノルルからのハワイ大学の一行も着いた。僕は急いで天文研究所のドン・ホール所長を探した。

実は一カ月ほど前に、彼が所長の職を解かれるという話が伝わり、前日正式にその通告を受理したはずだった。この話は急に降って湧いたもので、ハワイ州内の各島の政治的な絡みがあり、学長が評議会の提案を受け容れて即決したと伝えられている。ホール所長は、マウナケア国際観測所の発展に永年にわたって尽力し、このユニバーシティ・パークの開発にも大きな役割を果たしてきた。ハワイ島には恩人だが、隣接する他の島々の政治勢力からは、敵視されていたのかも知れない。

彼は僕とウタを見つけると真っ直ぐに近づいて来て、いつもと変わらない親しさで再会を喜ぶと、淡々とした表情で、「通告を受諾した」と話した。この先一年間は、普通の教授として大学に在職することが許されているという。こんな短期間の予告での解職は裁判に訴えることも可能だが、そんな厄介なことまでする気はない、とも語った。近くで話していると、さすがに彼の顔には疲れが滲んで見えた。ウタも、彼の家族の近況を訊ねる気にはなれなかった。望遠鏡のハワイ設置交渉は、ホール氏の前任者だったジェフリース所長の時代に始めた。しかしこの「すばる」計画は、ホール所長と十年以上にわたって努力を積み上げ、今日を迎えるに至ったのだ。山麓基地の披露式の直前に、こんな不幸な形で解任通告を受けるとは、誰も思ってもいなかった。

彼に解任通告を出したハワイ大学学長のラチモア教授も姿を見せた。たくさんのマウナケア国際観測所関係の天文学者たちの中で、専門違いのラチモア学長は、やや硬い表情でレイをかけてもらっていた。ハワイ大学は州立で、日本の国立大学に当たるが、その評議会は実業家や政治家など、社会一般の識者で構成されていて、そこの決定は大きな力を持っている。今度の場合には、たぶん学長といえども、異を唱えることが難しかったのかも知れない。腹を割って話せるマクラーレン副所長やトクナガさんたちは、急な話に当惑してはいたものの、評議会の持つ大きな影響力については、仕方ないものとして受け止めているようだった。

「すばる」望遠鏡ハワイ観測所山麓基地の完成披露式典は、土砂降りの雨の中で始まった。いつもの聖職者によるハワイ式の安全祈願「チャンタ」に続いて、僕の挨拶の番が回って来た。挨拶では、特に二つの事柄に触れるように心掛けた。一つは山頂での「すばる」建物での火災事故に際して亡くなられた方々への慰霊と、その際にもいつもと変わらず示されたマウナケア・コミュニティーの連帯への謝意を表明することだった。そしてもう一つは、ホール所長への永年の努力に対する感謝と、彼の科学者としての業績を讃えることだった。

海部ハワイ観測所長は、地元の協力に対する謝辞とともに、「すばる」観測所としての抱負を元気良く述べた。さすがに司会の唐牛君は、ハウイでは大雨が縁起の良いのを知っていて、「雨降って地固まる」という諺が日本にもあることを紹介した。国立天文台の評議会を代表して、副会長の樋口敬二先生は、中谷宇吉郎《なかやうきちろう》の「ハワイの雪」に関する記念品を観測所に贈呈した。それは戦後間もない頃に、雪の研究で有名な中谷先生が、世界一純粋な雪の結晶を求めて、このハワイ島のマウナロア山に登られた記録に関するものだった。

ホール所長とラチモア学長の型通りの挨拶の後に、ハワイ州政府を代表して通商産業観光局のセイジ・ナヤ局長が演壇に上った。彼の話は、経済効果に言及しながらも、学術研究の意義に触れた点で、いくつもの挨拶の中で際立っていた。

「ハワイ州の観光以外の産業振興のために、高度技術産業の誘致にも努力しているが、科学技術の基礎には学術研究がある。マウナケア国際観測所は、ハワイの誇るべき財産である」

と述べた。お世辞半分としても高い見識である。終わってお礼かたがた握手を求めに行くと、「Dr.」の肩書きのついた名刺を渡された。ハワイ通の成相さんによれば、彼は理工系の博士号を持っているとのことだった。

宴がたけなわになると、テントの下では小田稔先生がウタとワルツを踊り、地元日系人有志のカラオケまでがとび出した。「バンザイ・ソング」をやるというので、何だろうと不審に思っていると、皆で万歳三唱をやったのには、少々冷や汗をかいた。

次の日の夕方、ハワイ観測所山麓基地の完成を機に、ホノルルの総領事館で総領事主催のレセプション・パーティーが開かれることになっていた。そのために、今回のマウナケア山頂での滞在は、ごく短時間のものとなった。扉を閉ざしたドーム建物の中では、巨大な望遠鏡がほぼ全容を現し、周辺の観測床には部品類が並んで、制御用のケーブルがむき出しのままで這い回っていた。隣接する制御棟では、新しい什器《じゅうき》類が整えられ、望遠鏡を遠隔操作するための計算機が動き始めていた。

その次に僕がハワイ観測所に行けたのは十ヵ月近くも経った一九九八年の三月だった。年末に国立天文台の台長改選があったが、「すばる」計画が山場に差し掛かっていることでもあり、僕が再選されて四月以降の留任が決まっていた。

二

さすがに外から眺める山麓基地の建物や芝庭も落ち着いてきて、幾何学的に並んで植えられている庭のヤシの木さえも、もう何年もそこで根付いているかのような印象を与えた。世界的なエルニーニョ現象のおかげで、ハワイ島の冬は異常な晴天続きとなり、芝の水撒きにも困ったそうだ。マウナケア山頂は平年にも増して快晴に恵まれ、望遠鏡組み上げ作業は予想外にはかどっていた。泊まっているホテルのベランダからも、朝霞の向こうに浮かび上がった薄紅色のマウナケア山頂に、ドーム群が朝日にキラキラと輝くのが望見された。

今回は、観測所が発足してから一年が経ったので、台長として現地の職員たちと直接に懇談するのが目的だった。東京・三鷹の国立天文台本部とハワイ観測所との間にはテレビ会議システムがあって頻繁に使われていたが、「懇談」という雰囲気での利用は難しかった。今年は、大望遠鏡建設計画の第八年次を迎えようとしていて、国立天文台発足のちょうど十周年に当たっている。国立天文台では、発足当時の大目標が大型光学赤外線望遠鏡の建設だったが、それもどうやら目鼻がついてきたということもあって、「第二期整備計画」が練られてきた。つまり、これから先十年間の研究活動目標を設定して、それに沿って組織の見直しや設備の一層の充実を図ろうというのである。昨年の十一月には、天文台全体を部外者の眼で評価するために、国際委員会も開催され、その第三者評価報告書に盛り込まれた諸提案にも配慮して、「第二期整備計画基本構想」が策定された。ハワイ観測所の職員にその経緯を報告し、計画の内容を説明して意見を聞くのが、今回の来島の目的だった。

現地で雇用した日本語のよく解らない職員の数が増えてきているので、和英両方の資料を用意しなければならないのが少々面倒だった。日本から赴任している職員は、日常業務は何とか英語で対応していても、こうした自分の専門とは関係の薄い一般的な話となると、やはり日本人の台長からは日本語で聞きたがった。海部所長と相談の末、まず全員を対象に英語の説明会をやり、その後で日本語での懇談会をすることになった。現地雇用の職員は、そのままいても構わないし退席してもよい。また、英語での懇談を希望する者は、個別に台長のところへ来るようにとのアナウンスをした。

国立天文台「第二期整備計画」の目玉は、南米チリ北部の海抜五千メートルの砂漠高原に、国際共同で超大型の「電波干渉アレイ」を構築することだった。それに伴っての古い観測所の廃止転換や、大幅な組織の改編も含まれている。日本国内ではこの種の問題についても、一般職員全員に説明をして意見交換をするスタイルが定着しているが、現地雇用の外国籍の職員たちは、やや面食らったようだった。彼らにしてみると、そうした事柄は所長や台長の仕事であって、自分たちの責任や権限の範囲ではない。わざわざ集めて懇談会をやられても困るのだろう。

日本から赴任している職員たちは、「第二期整備計画」よりも、ここでの仕事や生活条件についての懇談をしたがった。昨年の八月に出された人事院勧告は、十二月になってから国会で承認された。公務員給与法が改定されて、「ハワイ州観測所勤務手当」が新設され、四月に遡って実施された。手当は本俸の八割と定められ、為替変動に応じた調整措置も導入された。それでも、東京勤務の時についていた都市調整手当等がすべてなくなるので、実際には思ったほどの余裕はない。住宅については、国が借り上げて職員に有償貸与する形になったが、その決定が一年以上も遅れたために、すでに現地でアパートを買ってしまい、悩んでいる職員もいた。

仕事の上では、次々に新しい職員が増えて組織が膨らみ、日・英バイリンガルの命令系統の調整には、さらに工夫が要るようだった。

日本人職員との懇談を終えて廊下に出ると、早速に現地雇用の技師の一人が話しにやってきた。話といっても、自己紹介を兼ねた「売り込み」である。

「自分はこれこれのところでこんな仕事を手掛けてきた。ハワィ島は火山があるので好きだ。条件さえ合えば、しばらく働きたいと思っている」

自分で撮った火山の写真と略歴書を僕に手渡すと、

「どうぞよろしく」

と日本語でつけ足した。一人が去ると、すぐにもう一人の現地雇用職員が現れた。そして三人目が。皆自信にみちた腕の良さそうな人たちで、個性も強そうだ。ハワイ大学リサーチ・コーポレーションを通じて出した公募広告を見て、世界中から応募してきた中から選ばれた連中だ。こういう連中と毎日つき合う日本人職員の苦労も、少なくはないだろうと思われた。

こうしたいくつかの問題を抱えてはいるものの、観測所全体の士気は高く、組織として急速に立ち上がりつつあるように見てとれた。

帰途ホノルルで、いつものように天文研究所に挨拶に寄った折に、思いがけずも、解任されたドン・ホール前所長の姿を見かけた。僕の車が研究所の駐車場に着いた時、彼は反対側の端で車に乗り込もうとしていた。走り寄って握手を交わし、

「やあ、お元気ですか」

と訊ねると、

「元気ですよ。『すばる』は順調のようですね」

と、以前と変わらない親しみのこもった声が返ってきた。

「ええ、お陰さまで。ご家族は」

「長男は本土の大学に入りました。私も本土に行こうかと思っています。また会いましょう」

「ええ、また会いましょう、お元気で」

急いでいるようだったので、それ以上の言葉は交わさなかった。見たところ血色も良かったが、やはりどこか寂しそうだった。ボブ・マクラーレン所長代行の話では、後任所長はまだ決まっていないとのことだった。

僕が帰京すると間もなく、六年間もハワイで献身的に頑張ってきた成相さんが、停年を迎えて日本に戻って来た。彼の渉外担当副所長の仕事は、西村徹郎さんや若い人たちに引き継がれたが、彼が六年間に築いたハワイ州での幅広い人脈を保つには、かなりの努力が必要なように思えた。ヒロでのお別れ講演会で、成相さんが「私の三つのカメラ」と題して英語で話をした時には、なんと二百人を超える聴衆が詰め掛けたそうだ。三つのカメラの一つ目は「すばる」そのもので、二つ目はやはり「すばる」の分光器用に開発製作した特殊カメラである。三つ目は日本の太陽観測用衛星に搭載されたエックス線望遠鏡で、穏やかな「母なる太陽」のイメージに一大転換をもたらすような迫力のある動的映像を撮るのに成功した。日本に戻った成相さんは、「東京は狭い」と嘆きながらも、「これからはまた研究に専念できそうだ」と張り切った。

僕が三度目にハワイ観測所山麓基地を訪れたのは、それから四ヵ月後の一九九八年八月だった。この時には山麓基地の建物の中もすっかり落ち着いて、実験室でも幾組かのチームが観測装置の調整を始めていた。春に見た時には空いていた部屋も職員で埋まり、観測所全体が完全稼働の状態に近づいていた。海部さんのベター・ハーフである茂美夫人もハワイに移り住んでいて、僕がウタと一緒でないのを残念がった。茂美さんは、日本では大学で教鞭をとっていたが、この春に職を辞してご主人を追ってやって来た。マウナケア国際観測所コミュニティーの中で、所長夫人としての役割を果たすかたわら、新任職員の家族の世話を焼いたり、時には転がり込んでくる大学院生の面倒までもみていた。四人の男の子を育て上げた海部夫妻には、学生たちの世話もさほど苦にはならないように見受けられた。

「奥さんが来て、落ち着いたでしょう」

と、海部さんに言うと、

「これで本格的になったかな」

と少し照れたが、大いに幸せそうだった。

望遠鏡計画の調査時代に三年間をヒロ市で過ごした林左絵子さんも、夫の正彦氏やお子さんと一緒にハワイの古巣に戻って、新しい生活を始めていた。また、この計画のためにアメリカに住み着いていたのを日本に来てもらった西村徹郎さんも、アリゾナから奥さんを呼び寄せて、再びアメリカ式の生活に戻りつつあった。

山頂のドーム建物の中はすっかり整理が行き届き、まだ到着しない八メートル主鏡を受け入れる準備が進行していた。制御棟の観測待機室兼休憩室にもテレビ・セットとソファが入り、隅の簡易炊事台のあたりにも生活臭が漂っていた。制御室では企業のエンジニアに混じって、観測所職員や大学院生が、ずらりと並んだ計算機の端末を睨んでいた。望遠鏡制御機能の調整作業は、すでに目標を達成しているとのことだった。

この時も山頂に上がって望遠鏡と対面できたのは一日だけで、あとは交渉事に時間をとられ、海部所長と一緒にホノルルとコナを回った。ホノルルでは、来年以降の建設完了時のことについて、ハワイ大学や州関係者、日本の在ホノルル総領事館などと相談しておくのが、主な仕事だった。ハワイ大学天文研究所では、そろそろ後任所長候補が決まりそうだと聞いた。永かった望遠鏡計画が来年にも完了する予定だと聞いて、総領事館や州関係者も大変に喜んでくれた。とりわけ日系人協会連合会の古参の役員の方々は、これを機会に両国の友好を一段と深めるために、盛大に祝いたいとおっしゃられた。ハワイ州の通商産業観光局のナヤ局長は、州知事室にも連絡をとって下さった。カエタノ知事が多忙で、その代わりに午後遅くになってからヒロノ副知事のアポイントメントが取れた。海部さんは予定があってハワイ島に戻らねばならず、僕一人の面会となった。ハワイ州庁の内部には木調の美しい大きな扉が並び、ハワイの風物を主題とした装飾が施されている。日系女性のヒロノ副知事は、細い身にゆったりとした青のドレスをまとって現れた。僕がドレスを褒めようと思った瞬間に、先を越されてしまった。

「そのネクタイ素敵ですね。星があしらってあって」

「有り難うございます。貴女のドレスこそ素晴らしくお似合いです。お忙しい中をお時間をさいていただき、有り難うございます」

会話は英語である。ナヤ局長が副知事の忙しいのを察して、すぐに話を切りだした。

「いよいよ日本の望遠鏡が完成間近になってきたので、国立天文台の台長さんをご挨拶にお連れしました」

「望遠鏡ですね……」

副知事は「すばる」望遠鏡のことをあまりご存じないようなので、僕は今までの経過を簡単に説明し、ハワイ州の理解と協力に対して礼を述べた。ホール所長解任の一件もあるので、マウナケア国際観測所を巡っての政治的立場にはなるたけ関わりのないように気を配りながら、今後のスケジュールを伝えた。ヒロノ副知事は、

「そうですか、来年ねえ。天文学者は来年の出来事を確実に予告できて、実に羨ましい

ですね」

と、にこやかに笑ってナヤ局長と顔を見合わせた。

「今年の十一月に選挙があるのです。現州知事に強力な対立候補が出てきましてね。知事が代われば私どもも皆交代ですから」

とナヤ局長が解説した。

最終日には、ヒロ市からハワイ島の反対側にあるコナ市に車で向かい、そこで開催されている望遠鏡関連の大きな国際会議の会場に駆けつけた。会議に出席するのではなく、そこに来ているヨーロッパ南天天文台のジャッコーニ台長や、アメリカ国立電波天文台のファンデンボート台長と一緒に、日米欧の三極協議をするのが目的だった。話題は南米チリ北部の海抜五千メートルの砂漠高原に構想されている大型の「電波干渉アレイ」計画だ。

昨年の夏に京都で開催された国際天文学連合の総会開催中に、すでに予備折衝は開始されていた。京都総会では日本の若い研究者たちが大活躍し、躍進する日本の天文学関連分野の成果発表は、各国研究者に強い印象を与えた。また二週間にわたる総会を見事に運営して好評を博したことも、日本の実力を世界に再認識させる結果となった。そうした雰囲気の中で、「すばる」計画に次ぐ日本の大型計画を巡り、国際共同の話が進展し始めた。日本が先鞭をつけて調査を行い、波長一ミリメートル以下のサブミリ波領域での電波観測に最適であると折り紙をつけたチリの高地は、まだ全くの手つかずの砂漠地帯だ。天文台を建設するためには、土地開発をし、基盤施設の整備から始めなくてはならない。日本とアメリカは、昨年から共同でその候補地の詳細調査を実施してきた。ところが最近になって、ヨーロッパ勢がアメリカ勢に働きかけて、共同の建設構想を検討し始めた。その結果、日米欧が合流して「国際共同電波干渉アレイ」にしようという気運が生まれたのだった。本来ならば、日本はアジアの国々と組んで欧米亜の三極共同を謳いたいところだが、それはまだ無理だろうと思われた。

コナでの夕食をしながらの協議は、日米欧の電波天文学研究者も三、四人加わって、和気藹々《あいあい》のうちに進められたが、水面下での外交的駆け引きには、予断を許さないものがあった。特に日本にとっては、これが本格的国際共同の最初のものとなるはずで、その実現には「すばる」計画よりも遥かに進んだ国際対応が必要となりそうだった。僕の頭の中には、二十年前の「海外設置」をめぐる激論の様子が甦ってきた。

(もうあんなことはあるまい。経済事情さえ許せば、学界も政府も前向きに考えてくれることだろう)

そう思うことにして、翌日早朝の便でハワイ島を離れた。

三

「すばる」望遠鏡の八メートル主鏡の研磨作業は遅れていた。ピッツバーグの研磨会社に鏡材を送り込んだ時点の計画では、すでに今年、一九九八年の三月には完成しているはずだった。その期限をもう半年も過ぎようとしている。

三月の時点では、最も細かい研ぎ粉を使うような最終工程にかかってはいたのだが、鏡の厚さが二十センチしかなく、また裏面にロボットの腕を差し込むための二百六十一個もの穴が掘ってあるために、次第に研ぎづらくなっていた。鏡の中央に開けた直径一メートルほどの穴の周辺や、直径八・三メートルの外周部分では、研磨盤に力をかけても、鏡がたわんで逃げてしまい、どうしてもうまく磨けない。似たことがロボット腕の支点間でも起こるだろうと予期されていた。ところがさらに磨いていくと、支点間よりも、支点の真上の方が磨きにくいという、逆の現象が起こってきた。これは、ロボット腕の頭がガラスに直接当たるのを避けるために隙間を作ってあり、その上部のガラスの厚さが五センチしかないことに原因があるらしかった。したがって磨き残しの凹凸模様はかなり細かく、鏡の全面にわたっていた。

「そろそろ切り上げないといけないんですが、もう少し頑張ってみようと思うんです」

主鏡担当の安藤君や家君は、そう言って粘った。僕も同感だった、

「そうだよ。早く造ることより、良いものを造ることが大切だ。一旦出来上がってマウナケアの山頂に運んだら、簡単には修正できない。半世紀くらいはそのままだからね」と励まし、企業側にもそう頼み込んだ。

三月の期限が一ヵ月、二ヵ月と過ぎ、じりじりと時が経った。マウナケア山頂での機械構造の組み上げが完了し、制御系の試験も進んでくると、遅れた主鏡の研磨作業は極度の神経戦となった。ピッツバーグの研磨工場の現場には、元請けの三菱チームからとハワイ観測所からの若い技術関係者がそれぞれ一人ずつ、長期にわたって張り付いていたが、国立天文台三鷹の「すばる」プロジェクト室からも、交代で応援に詰める態勢を組んだ。

七月下旬になって、いよいよ研磨作業打ち切りの判断を下す頃には、数週間にわたって頑張っていた田中済君が、安藤君と交代した帰途体調を崩し、ハワイ観測所に立ち寄ったところで、胃潰瘍で入院してしまった。研磨打ち切りに際しては、工場の研磨台の上に載せたままでレーザー光を使った鏡面検査を行い、その結果に基づいて予想される星像を理論的に計算して、最終判断を下すことになっている。小さな凸凹が残っていると、星の光は焦点の中心に鋭く集まるものの、その周りの広い範囲にごく弱い暈《かさ》がかかる。「すばる」望遠鏡で「第二の地球」、つまり近距離の太陽のような恒星に付随している惑星を探す場合に、太陽に相当する中央の明るい恒星の像の周りに暈が広がってしまえば、そのすぐ近くに在るはずの暗い惑星は観測できなくなってしまう。何度も何度も鏡面測定をやっては計算し直して、慎重に決断しなければならないのは、そのためだった。石灰岩を採掘した廃坑の奥深くに研磨工場を設けて空気の安定化を図ったとはいうものの、このレベルの測定となると、往復六十メートル近くもある測定光路中のごくわずかな空気の揺らぎも邪魔になる。何度も測定を繰り返して、揺らぎの成分を分離する必要がある。最終段階では、じかに人間の手で磨くことさえあった。そこは流石《さすが》に研磨のエキスパートだ。われわれ素人が心配するよりはずっと勘所《かんどころ》を心得ていて、最後の手作業は思いのほかスムーズに運んだ。

作業の完了した鏡を研磨会社から受け取ると、その場でロボットの腕の付いた本物の支持台に載せ替えて、鏡面テストを行った。これには選手交代して、三鷹の「すばる」室から家君が出掛けて行った。本物の支持台上では能動的に支持力を変えることができるので、研磨台の上でのテストよりも一層良い結果が期待できるはずだった。しかし、十年も前に一メートル鏡を使っての工学実験を行っただけで、あとはすべて理論的な予測であるだけに、全く心配がないわけではなかった。

八月初旬のハワイへの出張から戻り、東京での来年度予算の概算要求作業が一段落すると、八月の末近く、僕は遅い夏休みをとって、ウタと一緒に南ヨーロッパにやって来た。本来ならば、鏡の検査がすべて完了して、ハワイに向けて出荷できているはずの頃を見計らっての夏休みのはずだったのが、現実には旅先で毎日気を揉む結果になった。台長室の留守を預けてきた秘書の増山さんが、「すばる」プロジェクト室と連絡をとりながら、僕らの行く先々にファックスを送ってくれることになっている。

夏休みとは言っても、永いこと無沙汰しているウタの知人や親族を訪ねるのが主目的で、そのついでに少しは骨休めをしようと考えていた。旅程はローマ経由でシシリー島に飛び、そこでカタニア天文台長夫妻の家に数日間滞在し、その後ローマ経由でニースに渡って、そこからレンタカーでプロバンスに住むウタの姉さん夫婦を訪ね、十日間ほどのうちにまた東京に戻るという、忙しいものだった。ヨーロッパでは行く先々で、「暑い夏だった」と誰もが口を揃えて言った。

二人とも画家の義姉夫婦は、すでにドイツの高校の先生を退官し、お気に入りのプロバンスに引っ越して気ままな生活を送っていた。大きな農家を改造したアトリエ風の家で、見晴らしが素晴らしかった。乾いた風が渡ってくるので僕が好んで座った裏庭のベランダからは、ハーブやブドウ畑の続く向こうに、巨大なモン・バントウの丘が太陽の光に白く輝いていた。シシリー島シラクサの夜に、ギリシャ野外劇場で聞いた盲目のオペラ歌手アンドレア・ボッチェリの歌声の響きや、コートダジュールの小さな港町、サン・ラファエルで泳いだ時の紺青《こんじょう》の地中海の温かさ、プロバンスの田舎町イル・スル・

ソルグで出会った、水と緑いっぱいの真昼時の静けさ。旅で出逢ったそんな感覚をベランダに座って想い起こしていると、東京の増山さんからのファックスが届いた。八月二十八日の記者発表文の転送だった。

「八メートル主鏡の研磨が完了し、能動支持機構で支えると、世界一の性能を達成した。残存する凸凹は平均で十二ナノメートル」

とあった。一ナノメートルは一ミリメートルの百万分の一だ。八メートルの鏡面を関東平野くらいに拡大したとしても、その凸凹が十分の一ミリメートル程度ということだ。それは今までに公表されている世界中のどの大型主鏡の鏡面精度よりも、優れていた。少し前に発表されたヨーロッパ南天天文台（ESO）のVLT1号機で試し撮りした映像には、ハッブル・スペース・テレスコープのものよりも暗い銀河が写っていた。「すばる」の鏡に補償光学系を組み合わせれば、相当な仕事ができそうだ。

「ついにやった！　ねばった甲斐があった！」

思わず声に出すと、心配顔に覗いていたウタも姉さん夫婦も、一緒になって歓声を上げた。感度一万のアクチュエーターを開発しただけのことはあったのだ。本物の支持台に載せたこの最終テストのお陰で、「すばる」の薄板鏡の剛性が、予想よりもかなり低いことも判った。それは裏面にたくさんの穴を開けた効果として理解できそうで、これからの実際の使用を前にして、大変に有用なデータとなった。

九月の東京に舞い戻ると、財政改革・行政改革の厳しい現実が待っていた。日本の景気は底をつき、アジア諸国を覆った不況にもまだ回復の兆しは見えなかった。

今年の平成十年度の予算では、国立天文台の観測所運営費などが一律に一五パーセント削減されてしまった。この一旦減らされた経費の回復については、来年度も見込みは立たない、との情報だった。運営費で動かすのが冷蔵庫のような単純な物であれば、止めておいて電気代を一五パーセント節約することもできる。しかし、世界第一級の望遠鏡ともなれば訳が違う。確かに毎年の運営費から電気代も払うが、日進月歩の技術を導入して改良を施しながら動かすことで、常に世界第一級のレベルを保っているのだ。全国の大学研究者が共同利用する装置だから、期待どおりに運用を続けようとすれば、開発経費が出せなくなる。その結果として第一線から脱落すれば、一級の成果を出せないので利用者も減り、悪循環に陥って回復は容易ではなくなる。つまり実質上、冷蔵庫が止まり、中の物が腐ってしまうというわけだ。長い間かかって築いてきた財産を、腐らせて捨ててしまうことになる。

科学技術基本法が制定されて基本計画が立てられ、苦しい財政状況の中で科学技術振興のために特別予算が執行されているというのに、何とも納得のいかないチグハグな状況が生まれていた。それに加えて行政改革で、国立の研究機関の独立行政法人化という問題も持ち上がってきた。我が国の基礎科学分野の国立研究所は、一九七〇年代から八〇年代にかけての経済成長期に、国立天文台のような大学共同利用機関として設立され、今こそ学術文化の担い手としてその花を咲かせ実を付けようという時期に差しかかっている。それを、多くの古い行政システムと一緒にして一律に整理し、効率やサービス向上のために独立経営をさせようとするのは、暴論に近いように思われた。確かに国の固い枠組みから独立することによって、予算執行にしても人の雇用にしても、今までより弾力的にできるメリットはあった。また天文学のように国境を越えた事業の多い学術分野では、国の後ろ盾を得ながらも国そのものではない組織の方が、やりやすい面もあるには違いなかった。しかし、そうした新組織への移行は、財政状況の良い時に十分な手だてを施してするのならば良いが、節約のために急いでやるというのでは納得がいかない。せっかく育ちかけた大切な樹木を、陽気の悪い季節に、肥料を節約しながら植え替えるようなもので、誰が考えても心配になる。しかし日本全体が迎えようとしている変革の時代には、希望を持って前向きに臨むことも大切であるに違いなかった。

僕らの希望の一つは、物理学者で元東大総長の有馬朗人《あきと》先生が文部大臣に就任したことだった。七月の参議院議員選挙で民主党が予想外の善戦をしたために橋本内閣が降りて小渕内閣が登場し、有馬先生が文部大臣になったのだ。先生は国立天文台をはじめとする多くの大学共同利用機関の評議員会の会長経験者でもあった。

(日本は変わりつつある。良い方向に変えようと努力している人たちもたくさんいる)

僕は自分にそう言い聞かせた。

世界の政治環境も急速に変わりつつあった。昨年の英国での労働党ブレア政権の発足に始まり、フランスのジョスパン社会党政権の誕生に続いて、今年九月のドイツ総選挙では、シュレーダー氏の率いる社会民主党が圧勝した。その結果、ドイツ統一を成し遂げたコール長期政権に代わって、民主党と「緑の党」の連立政権が発足することになった。当のドイツ国民自身も、その変化の大きさに戸惑うほどだと報じられている。五月にはインドとパキスタンが原爆実験を行って世界を失望させたが、隣の韓国では金大中大統領が誕生し、十月の来日に際しては、未来志向の日韓関係に向けての新たな扉が開かれた。また十一月には、中国から江沢民国家主席の来日が予定されていて、アジアにも新しい潮流が興ろうとしているように感じられた。

四

九月十七日、研磨工場から運び出された「すばる」八メートル主鏡は、厳重に梱包の上、八角形の外箱に入れられてオハイオ河の河船に積み込まれた。ペンシルベニア州ピッツバーグからオハイオ河を下ってミシシッピー河に入り、テネシー州のメンフィスまで来たところで足止めを食らった。カリブ海一帯を襲ったハリケーン「ジョージ」が北上の気配を見せ、ミシシッピー河の河口近くの航行を妨げてしまったのだ。

国立天文台三鷹の台長室では、僕も増山さんも、毎日のように気を揉んでいた。台長室から見える中庭のエンジェルス・トランペットが薄紅の大きな花を付けているのを眺めながら、

「今日あたりは、出港できたのかしら」

と話し合った。間もなくハワイの海部さんから連絡があって、ハリケーンの直接の被害はなく、無事にミシシッピー河の終点ニューオーリンズに到着して、外洋貨物船「モク・パフ」号に積み替えられたことを知った。「すばる」プロジェクト室長の唐牛さんの話では、船倉に降ろすのが良いか、上部甲板に積むのが良いか、いろいろと安全性について検討したらしい。結局は船倉の底に横たえて運ぶことになった。パナマ運河の通過が十月の半ばだった。

そこからはもう、主鏡の山頂到着は時間読みに入り、ハワイ観測所では海部所長以下全員が臨戦態勢に入った。国立天文台三鷹の開発実験センターでは、鏡の洗浄やアルミ薄膜の蒸着実験を繰り返してきていたが、それを担当していた十人近くの大部隊が、やはりハワイに出向いて、マウナケア山頂の本物の大型真空槽でリハーサルをやった。

「洗浄した後、八メートル主鏡の拭き上げはどうするんだ」

僕はリハーサルから帰ってきた連中に訊ねた。自動洗浄装置は、大まかにいえば、自動車の自動洗車装置を平らにしたようなものだ。自動車でさえも、最後の拭き上げは人間がやっているのを見かける。反射望遠鏡の鏡を真空槽に入れる前ともなれば、洗いざらした乾いた木綿の布で、キュッキュッと音が出るくらいに力を入れて拭くのが普通だ。

「やっぱり最後は人力でやるらしいです。八人くらいが鏡面に乗ってやります」

皆は平気でそんなことを言った。コーニング社で鋳造された鏡材に登って検視した時のことを考えると、案外何でもないことのようにも思えたが、平均十二ナノメートルの凸凹にまで磨き込んだ鏡面だから、足がすくみはしないかと気になった。

「安全にはくれぐれも気をつけてくれよ。山頂は空気も薄いし、作業に熱中すると具合が悪くなるかも知れない。誰かが倒れた時の救出法も研究しておくべきだよ」

と余分なことまで言ってしまった。後に実際の洗浄作業の際には、鏡の表面に貼られた保護膜の接着剤を完全に取り除くために、何人もが鏡の上にあがるハメになった。また洗浄薬液の洩れを防ぐために貼った粘着テープの方は、気温が下がって粘着力が低下し、思わぬ洩れが生じて苦労したと聞いた。

太平洋に出た「モク・パフ」号は、途中でハリケーン「レスター」を回避したり、少少のエンジン・トラブルがあったものの、無事十一月二日にホノルル港に入港した。ハワイ島カワイハエ港の浅い水深にそなえて、ホノルルでは再び河船への積み替えが行われた。主鏡本体と能動支持台の二つの大きな荷箱がホノルルの港の桟橋に並び、主鏡の方はトレーラーの荷台に載せられて河船に移された。その様子は、ハワイ観測所の広報担当者によって刻々とインターネットのホームページに映像化され、日本にも送られて来た。

僕らが三鷹の台長室でその映像を眺めていた頃、ウタはハワイに飛んでいた。僕が仕事の都合でどうしても日本を離れられないことが判ると、ウタは「少なくとも私が行く。ラジオ・ジャパンの取材もしたい」と言い張った。ラジオ・ジャパンの自主取材のこともあったが、やっぱり「一人前に仕上がった」八メートル主鏡に逢いたかったのだろう。急に決めたものだから、どうなることかと心配したが、ジョンズ・ホプキンス大学病院で実習中の愛子ミッシェルが付き添いを引き受けたのと、海部さんの奥さんが大変に喜んで「是非来るように」と気を遣ってくれたので、なんとか実現した。

「すばる」主鏡は、ハワイ現地時間で一九九八年十一月五日の午後三時三十五分に、山頂の「すばる」ドームに到着した。即刻に海部ハワイ観測所長からの電子メールが発せられ、追って直接に台長室へも山頂から電話が入った。観測所からの連絡によれば、四日にカワイハエ港に入港したのを受けて、翌五日早暁から輸送作戦が開始された。六車軸油圧調整装置つきのトレーラーが、故障に備えて予備牽引車を随《したが》えて、マウナケアへと向かった。途中で牽引車の燃料が尽きて随行車から補給したところ、微妙な油質の違いで不具合を起こし、二時間の遅れが出たという。

この日にはアメリカ合衆国の総選挙の最終結果が報道された。民主党が善戦し、ハワイのカエタノ現州知事の続投も決まった。主鏡の山頂無事到着と同時に、ハワイの政情もしばらくは安定しそうなことを知って、僕は胸を撫で下ろした。

ウタは帰って来ると、興奮いまだ冷めやらずといった調子で、「すばる」主鏡の真空蒸着の時の様子を話した。その日、山頂は晴れてはいたが、時々どこからともなく薄雲が来ては陽の光の中を雪片が舞っていた。ドーム下部では、アノラックを着込みマスクをかけて作業している。蒸着が始まると、真空槽内部の様子をモニター・テレビで凝視する皆の眼だけが異様に光っていた。やがて蒸着完了の合図とともに、静かに真空槽の巨大な上蓋が引き上げられて、ピカピカの八メートル主鏡が現れると、皆「結果やいかに」と固唾を呑んで検査作業を見守った。慎重な検査の結果、百パーセントの出来ではないが、この手の鏡の最初のアルミ薄膜としてはほどほどの出来と判定され、これで一カ月ほど後の試験観測に臨むことになった。この「すばる」主鏡蒸着の記念すべき日には、スペース・シャトルで二回目の飛行をした向井千秋さんが、米上院議員のグレン飛行士とともに地球に帰還した。

「出来上がった薄メニスカス主鏡、とてもエレガントに見えたの」

と、ウタは満足そうだった。そして、

「海部さんはじめ、皆本当によくやっているわ。それにしても、茂美さんがいるから大丈夫とは思うけれど、一番気をつけるべきは、海部さんがオーバーワークにならないことよ」

と海部所長の健康を気遣った。それほどにハワイ現地の作業日程はたてこんでいたらしい。実は蒸着作業の前日の夕刻、次の日のための準備を終えて下山するジープの一台が路肩を越えて斜面に転落し、「すばる」チーム所属の四人が負傷する事故があった。海部所長から東京の僕にも即時連絡が入り、現地では十分な医療対応をとるための態勢が敷かれた。幸いにも大事には至らなかったが、今後の山頂作業への大きな教訓となった。

ウタはハワイの他の最新情報も仕込んで帰って来た。

昨年ハワイ大学天文研究所の所長を突如解任されたホール教授は、結局のところ、アメリカ本土には渡らずに、ヒロに新しくできる天文研究所の支所で開発研究をやることに決心したらしい。また、そろそろ決まりかけていた彼の後任所長候補は、ある条件が満たされないからと言って最終的に降りてしまい、選考は一旦後戻りする事態となっていた。また、ハワイ大学の客員制度についても話を聞いてきた。国立天文台と同じように、ハワイ大学天文研究所にも客員のポストがあって、ホノルル・マノアの本部以外にも、来年あたりからはハワイ島・ヒロの支所でも受け入れるとのことだった。僕はこの話を聞くと、将来のマウナケアでの観測のことを考えて、もう少し詳しく調べておこうという気にもなった。

八メートル主鏡が洗浄されてアルミ薄膜の蒸着が施されている間に、主鏡の支持台も山頂に運ばれて、いよいよ作業は本格化した。まずはロボットの腕にあたる「アクチュエーター」を、一本一本検査しながら支持台に取り付ける作業が開始された。なにしろ数が多いので、これには十日近くもかかるものと予想された。

この頃、試験観測に向けての観測装置の製作も追い込みに入っていたが、一番気遣われたのが副鏡部分の製作だった。八メートルの凹面主鏡に入る星の光は、反射されて十五メートル先の望遠鏡筒の先端部に集まる。そこにカメラをつける代わりに凸面副鏡をつけてもう一度反射すると、星の光は再び主鏡に向かい、中央の穴をくぐり抜けて主鏡を支える能動支持台の裏側に集まって結像する。ここは望遠鏡の筒先と異なり最下部に位置するために、大きな観測装置を装着することもでき、すべての作業がやりやすい。そこで、最初の試験観測はこの位置で行う予定なのだが、まだ肝心の副鏡がハワイには届いていなかった。

獅子座流星群の出現に日本中が沸いた十一月中旬、試験観測に使う装置類も、三鷹の開発実験センターでテストされて、次々にハワイへと送りだされていった。ピッツバーグでの副鏡研磨が急ピッチで進められる一方、日本国内で行われている副鏡機械部分製作も最終段階を迎えていた。

試験観測の終了後に共同利用に供される本格装置の製作も山場を迎えていた。最も暗い天体の分光をする微光天体分光撮像装置担当の家さん、原始惑星系探査をする恒星用「コロナグラフ」担当の田村さん、宇宙塵の放射を捉える中間赤外線観測装置担当の山下さん、一万色以上に光を分ける高分散分光器担当の安藤さん、皆それぞれがチームを率いて最後の追い込みに全力を挙げていた。また、赤外線天体を観測する分光撮像装置や、そのまた特に暗いもののための特殊装置の主要部分は、ハワイ大学のトクナガさんや京都大学の舞原さんの率いるチームの下で、完成に近づいていた。原始銀河探しをする広写野カメラ担当の東大の岡村さんのチームは、すでに世界一の大きな検出器を完成していたが、望遠鏡の筒先で使うための巨大なカメラ・レンズ・システムの開発製作は、やっと難関を突破したところだった。それは四枚玉の光学系で、一番大きな玉の直径が六十センチもあるメニスカス状レンズという難物だった。これもキヤノンの技術陣の奮闘で、とうとう目鼻がついた。

十二月も半ばをすぎると副鏡部もハワイへと空輸されて、いよいよ望遠鏡の全体がひと通り揃い、光軸合わせや鏡面調整が開始される運びとなった。榊原修氏をリーダーとする三菱電機の技師たちも、国立天文台側の担当者たちも皆一様に、(さあ、勝負はこれからだ)と勢い込んだ。

こうなるとハワイに行ってみたいのは山々だったが、台長として日本を離れるのは容易ではなかった。日本の不景気は底を突いたとはいうものの、企業の月別倒産件数や失業率は上昇の一途を辿り、第三次補正予算や平成十一年度概算要求の行方も予断を許さなかった。十一月初めに中央公論社が読売新聞社に吸収されたかと思えば、十二月初めには岩波映画製作所が自己破産申告を行なった。しかし、一部の旧社員が「すばる」の映像記録の仕事はなんとか続けてくれる。良心的な仕事をしてきた企業が成り立たなくなっていくのを見るのは、時代の流れとはいっても辛いものだ。世話になってきた我々に何もできないのが情けなかった。景気回復を優先するために財政改革は棚上げになったものの、行政改革のほうは、その分だけ一層「スリム化と効率化」が強調された。ソ連とアメリカが初のスペース・ステーション構造体を打ち上げてドッキングさせた頃には、大学や関連研究所も改革を迫られる状況にあった。戦後の日本が営々として築き上げてきた貴重な財産を一挙に失いかねない近視眼的な発想に、僕は精一杯の抵抗を試みようとしていた。そこへ来て一方では、国立天文台がチリに建設を構想している国際共同の「大型電波干渉アレイ」計画についての欧米間の動きが活発化し、年明け早々にもワシントンで日米欧の三極会議を持たねばならず、早急な日本側の対応が迫られる状況にあった。

国際社会が米英のイラク攻撃に揺れ、国内が自民・自由両党の連立合意に唖然とする中、クリスマス・イブから始まった「すばる」望遠鏡の初期光学調整は、最初の試行錯誤はあったものの、一旦要領が呑み込めた後は比較的順調に進んだ。来年度予算の内閣原案内示が済んで台長室の仕事が休みに入ると、僕は「すばる」室に出かけて、毎日のようにハワイ観測所からライブで送られてくる「マウナケア山頂中継」に眺め入った。山頂の制御棟の中の観測室にあるモニター・スクリーン上の星の映像は、ヒロ市街の山麓基地に光ファイバー・ケーブルで送られ、そこからテレビ会議システムを通して東京・三鷹の「すばる」解析研究棟のモニター室に転送されてきた。「すばる」望遠鏡の総合性能を追い込むための工学実験観測は、星の位置を変え焦点の位置を変えては次々にデータを取り込んで、忍耐強く遂行されていった。ハワイの山頂と山麓基地、そして東京の三鷹と、今まで「すばる」計画に関わってきた人たちが見守る中で、初めは広がっていた星像が日を追って小さくなっていった。僕も日頃の行財政改革にまつわる煩わしい雑事をさっぱりと忘れて、「すばる」室の皆と一緒に映像に見入った。

現地時間で一九九八年十二月三十日の夜中近く、日本の大型光学赤外線望遠鏡「すばる」は、四千二百メートルのマウナケア山頂で、初めて工学実験目標とする星像を受け止めた。現地の気温は一度、風は毎秒五メートルとやや強かったが快晴で、気流の状態は「並み」だった。ハワイは前日の夜中だが東京は大晦日の午後五時だ。国立天文台三鷹の一般職員はすでに年末休暇に入っていたが、「すばる」解析研究棟のテレビ会議室には、僕のほかにも在京のプロジェクト関係者が数人集まっていた。星の高度が低いと主鏡の姿勢が斜めになって、どうしても調整要素が複雑になる。そこで高度が八十度から七十度の星を選び、ジリジリと副鏡位置を変えながら、能動支持のロボット腕の力分布を調整していく。しばらくの間微調整が続いたが、やがて画面中央の星像は鋭い光の点に収束していった。

「ほう、シャープになったじゃないか!」

誰からともなく声が上がり、ざわめきが広がっていった。

マウナケア山頂でもわずかな大気ゆらぎが残っている。星像分析システムが働き出して、評価には少し時間がかかりそうだったので、中継はそこで一旦打ち切られた。後に海部所長から受けた報告によれば、星像は〇・五秒角近くにまで小さくなっていた。

(この調子なら、一〜二週間中には必要なデータを取り尽くして、試験的に天文学的な映像取得を開始することができるだろう。あとは時間をかけて、慎重に追い込んでいくことだ。いよいよ観測ができるぞ!)

「これでやっとお正月が迎えられますね」

「ほんとうに、いよいよです。いい年を迎えて下さい」

挨拶を交わして外に出ると、気づかない間に東京でもとっぷりと日が暮れていて、大晦日の夕べの冷え込みは一段と厳しさを増し、黒々とした武蔵野の木立の上に、満月に近い月が煌々と照っていた。眼を凝らして見ると、オリオンの星々が東の空に昇ってい て、それらを導くかのように頭上高く、プレアデス星団「すばる」の六つ星たちが肩を寄せ合っているのが、幽《かす》かに認められた。

五

年が明けると一月四日の夜から天文画像の試験取得が始まった。在京の「すばる」関係者は、退官した成相さんらや奥さんたちも含めて、杉並の狭い我が家に集まり、心ばかりの新年ホーム・パーティーを開いて、これを祝った。一月も十日が過ぎる頃には、早々にアンドロメダ銀河の試験画像がハワイから持ち帰られた。そこには、今までに見たこともないような無数の暗い星ぼしが写っていた。肉眼で普通に認められる六等星の一億分の一ほどの明るさの星までが、ビッシリと画面を埋めている。まるで広大な海中を埋め尽くした無数の魚卵のようだ。それを撮った検出器の製作者・宮崎聡君に共同研究者らが加わって、議論が始まった。

「これはすごい。測光精度では完全にハッブル画像を凌ぐだろう」

「データをハワイから転送できますか」

「評価用にテープに入れて持って来ています。計算機に落としてみましょうか」

「よし、どこまで測れるか確かめてみよう」

「ちょっと時間が掛かりますよ。明後日またハワイに戻るまでに、やる事が山とあるんです」

皆ウキウキとしていたが、それぞれの仕事に追われていて、ゆっくりと解析している余裕は無かった。

続いて家さんがハワイから戻って来た。三鷹「すばる」室では、唐牛さんや安藤さんも集まって、持ち帰られた遠い銀河団の画像を取り囲んだ。

「ハッブル画像にはない銀河が写っているぞ！」

「きっと塵の多い赤方偏移の大きな銀河ですよ！」

「そうかも知れない。やったぞ！」

思わず歓声が上がった。しかしこの三人も、それぞれの仕事が一杯あって、データ解析には手が回らない。なかでも唐牛「すばる」プロジェクト室長は、報道陣への対応にも追われていた。試験画像は月末の記者発表まで公表できないのに、もう問い合わせが殺到していた。

一月下旬になると、僕とウタは日本学士院長の藤田良雄先生を案内して、マウナケアでの試験観測に立ち会った。どういう訳かウマが合うので、ウタが先生の秘書役をかってでた。ウタは、ハワイの友達との再会を嬉しがったが、何よりも、藤田先生のお供ができて喜んだ。

先生は、僕が少年の日に読んだ『パロマーの巨人望遠鏡』の翻訳に当たって、天文学者としてのアドバイスをされた。また一九六〇年に完成した岡山の百八十八センチ望遠鏡の建設に際しては、困難を極めた海外での調査や交渉を担当された。そして僕はといえば、大学院で先生の講義を拝聴し、後には教室主任だった先生から学位をいただいている。この大望遠鏡計画の推進中にも、先生は何かにつけて励ましの言葉を掛けて下さり、その完成を人一倍楽しみに待ち望んでおられたのだ。その藤田先生が偶然にも今年の皇室の歌会始の「召人《めしうど》」に選ばれて、

「青空の星を究《きわ》むとマウナケア
　動き初《そ》めにしすばる称《たた》へむ」

と詠まれた。こうなっては、先生を現地にご案内するのは、当然の成りゆきというものだ。

半年ぶりに訪れたハワイ観測所では、誰も彼もが試験観測と観測結果の解析、それに、間近に迫ってきた初画像を公開する「ファースト・ライト」記者発表の準備に追われていた。発足から二年近くになって、一部は既に二代目に交代した事務官や、三年交代が原則の研究者、技術者、それに現地雇用の職員らが、見る目にも忙しく立ち働いていた。先生は九十歳の高齢だが、僕らにも負けないくらい元気で、活気のある観測所を喜ばれた。通された所長室で、海部さんをはじめ、昔の学生たちに囲まれて相好をくずした。

「星像直径〇・二秒角のチャンピオン・レコードがでました」

との朗報に、

「もう観測は諦めてましたが、やっぱり観測をしたくなりました！」

「ファースト・ライト」画像を手にして、藤田先生は眼を輝かせた。

元気な先生は、時差の疲れも何のその、山頂では「すばる」だけではなく、他の大望遠鏡も見て廻った。「すばる」に対面した時には、さすがに感極まって、その場の人たちと固い握手を交わされた。

翌日には、先生と一緒に夜間観測に付き合った。その夜の山頂は、風が秒速一〇メートル、気温零下四度と、条件はやや厳しかった。ドーム建物上部をぐるりと巡っている「キャッツ・ウォーク」と称する回廊に出ると、たちまちに息が凍った。暗闇に馴れた眼に、半月がまばゆい。気流が少し不安定で、べったりと広がった雲海から、所々にきのこ状の雲が頭をもたげている。西空低くに金星が光芒を放ち、中空に木星が、そして半月の肩に土星が寄り添っている。天頂の月から東に眼をやると、オリオン座のリゲル、ベテルギュウス、双子座のポルックス、そしてシリウスと、明るい星ぼしが夜空を飾っている。南東の雲海すれすれに、「寿星《ことぶきぼし》」とも呼ばれる、りゅうこつ座の主星カノープスが昇ってきた。地球の自転が感じられるような瞬間だ。

月の光を受けて、隣のケック望遠鏡の丸屋根が二つ、白く浮き出ている。その後方の尾根にはフランス・カナダ・ハワイ望遠鏡をはじめとするドーム群が淡く認められる。風向きは一定しないようで、キャッツ・ウォークを巡る間に、何回かまともに正面からの風を受けた。状況を良く知る中桐君の案内とはいえ、だんだん心配になってきた。先生は一向に戻るとはおっしゃらない。とうとうウタがドクター・ストップをかけ、エレベーターで下へ降りた。制御棟の休憩室に戻って「SUBARU」名入りのアノラックを脱ぎ、熱いお茶で一息入れると、廊下をはさんだ向かいの観測室へと移った。

観測室の望遠鏡操作卓には三菱電機の技師も含めて三人が、また観測装置制御卓には京都大学、東京大学の助手、大学院生を含めて五～六人が張り付いている。熱気が溢れているのは、熱を出すコンピュータが並んでいるからだけではなさそうだ。こんなに大勢が一緒に作業をしているのは、まだ作業が一連のシステムとして自動化され切っていないからだろう。共同利用に供する頃には、望遠鏡は一人、観測装置も一～二人で操作できるようにしなくてはならない。

先生は計算機の操作表示画面に顔を寄せて、細かい図や数字を熱心に読まれた。そして若い人たちに質問を連発された。かつて先生が撮りたくても撮れなかった暗い炭素異常星について、どれくらいの露出時間で写るだろうか、と訊ねられた。銀河の研究を専門にしているので恒星のことは判らない、という答えに、

「もっと広く勉強して下さい」

と注文も出された。

「今晩は少し気流が乱れているようです。星像直径がなかなか一秒角を切らないので、少し待ちます」

との説明に、（今までなら、一秒角だったら喜び勇んで観測したのに）と、新しい時代が開けたことを改めて悟った。やがて気流の乱れが少し治まって、遠い銀河団の観測が始まり、十五〜二十分の露出が繰り返された。

モニター画面に見入ってなかなか離れない藤田先生に、またウタがドクター・ストップをかけて、二人は十時過ぎに山を降りて行った。僕は残って試験観測を見守った。チャンピオン・レコードが出ているとはいうものの、効率良く観測するには、まだまだたくさんの作業が必要だ。それに良く見ていると、時々理解できない奇妙なデータが現れる。こうした僅かな異常の徴候を注意して捉えて、分析・理解することが大切だ。そん

なことを見届けて、僕も夜中過ぎには山を降りた。下界は雨だった。

　翌日は日曜日で、島の反対側に在るケック天文台やカナダ・フランス・ハワイ天文台の山麓基地を見学するために、ドライブをすることになった。両天文台の垢抜けしたオフィスが建つワイミア市では、雲間から洩れる陽の光が、霧雨と戯れて虹を架けていた。街を過ぎて峠道を少し下ると、北コハラ地区の高地を走る溶岩の道へと出た。「すばる」の八メートル主鏡を運搬した道だ。さらにコナ市に向かって暫《しば》く走り、見晴らしの良い高台で車を止めた。

　降り立った僕らを、暖かい島の風が吹き抜ける。乾いた日差しは強く、空気は透明だ。足元から続く広大な溶岩の斜面の果てに、海岸線が白く曲線を描き、紺青の海と黒い溶岩の大地を分けて、どこまでも延びている。それが霞むあたりからマウナケアの雄大な裾野が立ち上がり、雲の上へと消えていた。波の砕ける音は届かない。風に髪をあおられながら立ち並んで、僕らは遠くを見はるかした。

「永いことよく頑張りましたね」

　先生はマウナケアに掛かる雲を見つめたままで、隣りの僕らに言われた。

「でもこれからです。やっと健康な赤ン坊が産まれ落ちたというところです。一人前の望遠鏡に仕上げるには、まだまだしなくてはいけないことがたくさんあります」

「そうでしょう、皆で力を合わせて頑張って下さい」

三人とも、遠い雲に眼をやったまま、風に吹かれていた。

(望遠鏡の技術的な面だけではなく、初めて海外に設置されたハワイ観測所の運用や、赴任している人々の生活も、これからが本番だ)

僕は「ファースト・ライト」の成果を喜ぶと同時に、皆の立ち向かっている責務の重さを改めて想い起こした。それはハワイ観測所のスタッフだけではなく、国内で支援し交代で赴任してくる三鷹のスタッフも含めた、皆の共同の責務だった。

足元の灌木で、繁茂して枯れたサヤエンドウのような実の殻が、風にカラカラと鳴った。小柄な藤田先生は背筋を伸ばして両足を踏ん張り、いつまでも天地を睨んでいる。

「明日の出発の荷造りや、日本での記者発表の準備もありますので、よろしかったらそろそろ引き返しましょうか」

頃合いを見計らって先生を促し、車に戻った。

その日の夜は、海部さんのお宅の夕食に招かれて、望遠鏡計画で奮闘してきた田中済さん夫妻と共に藤田先生を囲んだ。ご馳走に酔ってホテルに帰ると、東京からファックスが入っていた。二月にワシントンで開かれる「大型電波干渉アレイ」計画のための日米欧会議の予定と、行政改革での独立行政法人化の動きが加速したとの知らせだった。

一月十四日、自民・自由両党の連立政権成立を受けて、科学技術庁長官を兼任されることになった時の有馬文部大臣の引き締まった表情が思い起こされた。

翌日、ホノルルのハワイ大学天文研究所に立ち寄ると、既に「ファースト・ライト」のニュースが伝わっていて、永年の間計画推進に力を貸してきてくれた女性秘書たちが飛びついて来て、小躍りしながら「おめでとう」を連発した。やり遂げるとは思っていたが、「すばる」がこんなに順調に立ち上がるとは驚いた、というのが、ハワイ大学やマウナケア国際観測所コミュニティの反応だった。在ホノルル日本総領事館でも皆、我が事のように喜んでくれた。

その夜、今はハワイ島に住まいを移して開発研究に専念しているドン・ホール前天文研究所長から、わざわざホテルの部屋に電話が入った。

「聞いたよ。良かったなあ。本当におめでとう！」

天文研究所の秘書たちが知らせたに違いなかった。僕は目頭が熱くなるのを覚えた。

一九九九年一月二十九日（ハワイ時間二十八日）、ついに「すばる」望遠鏡が取得した最初の天文画像を公表する日が訪れた。ハワイと日本をテレビ回線で繋いだ同時発表で、文部省記者会見室は超満員になった。

「コングラチュレーション！」

テレビ画面中のハワイ大学天文研究所長代行のボブ・マクラーレン博士の手が、握手を求めるかのように伸びて来た。画面の中はハワイ島ヒロ市の「すばる」山麓基地内の会議室、こちらは東京虎ノ門の文部省記者会見室だ。

学術的背景に触れた文部省挨拶と、望遠鏡の目的・仕様・建設経緯についての天文台説明に続いて、ハワイ観測所から「ファースト・ライト」の所見が発表された。

「昨年十二月二十四日から工学試験観測を開始、本年一月四日には試験観測カメラによる天文画像の取得を開始しました。一昨日まで、山頂の天候はやや不順な時もありましたが、お手元に配りましたような各種天体の素晴らしい画像を得ることができました。最良のものでは、近赤外域での星像直径が〇・二秒角というチャンピオン・データが出ています。また五十億光年の遠方にある銀河団の画像では、ハッブル・スペース・テレスコープの三分の一以下の露出時間で、より暗い天体が検出されています。オリオン星雲の中心部の近赤外画像でも、ハッブル・テレスコープで見えなかった暗黒星雲の向こう側や、淡く拡がった細《こま》かな構造が認められています。

こうした結果は、『すばる』が世界の大望遠鏡のトップレベルの性能を有することを示しています。これから時間をかけて更に性能を向上させ、試験観測カメラに代えて本格的な装置を取り付けて観測を行えば、必ず大きな成果が得られるものと確信します」

続いてマウナケア山頂の観測室へと回線が繋がれて、京都大学や東京大学の試験観測チームが実際の観測作業に携わっている様子が映し出された。東京は午後の三時、マウナケアは夜の八時だ。実時間で見たいという要望を容れて、「すばる」に装着してあるNHKハイビジョン・カメラによる映像が流された。次々に星雲や星団を追って、望遠鏡が滑らかに、確実に作動していく。超高感度カメラによるカラー映像が「すばる」の威力を紹介していくと、記者席からは一様に感嘆の声が洩れた。最後に、発表された「ファースト・ライト」画像が即時にインターネット上に流される旨の説明があって、公式の記者会見は終わった。

部屋の中には興奮が渦巻いていた。まだ中継画面の中に映っているハワイ観測所の皆の顔には、無事に発表を終えた喜びと安堵の色が見て取れた。記者発表が終わった時点で一番興奮していたのは、実は国立天文台の研究者たちだった。つい先日までは、第一線のこの種の観測データを全て外国に依存していたのが、今日からは、我々が第一線に躍り出たのだ。「ファースト・ライト」の画像の一部は、解析すれば、すぐにでも新しい発見を論文として発表できそうな内容を含んでいる。

「オリオン星雲の水素分子の画像、あれはまるで水中の大爆発を思わせる。淡いジェットが一番端までも延びているのは、今度初めて判ったんだ」

「何十人になってもいいから、関係者全員が著者になって、早速に論文をまとめよう」

「しかし慎重にやれよ。まだカメラ性能の厳密な評価が済んでいないのだから。内部反射によるニセ映像も重なっているかも知れないぞ」

まだ質問をしようと待っている人たちがいるのに、天文台の連中は、ともすると議論に熱中し勝ちだった。やがて質問を終えた記者たちは、資料を手にして慌ただしく会見室を飛び出して行った。構想検討の開始から二十年余りが経った一九九九年一月、誕生したばかりの「すばる」望遠鏡による初成果は、こうして全世界に向けて発信されていった。

あとがき

これは日本が初めて外国領土に造ることになった大型科学施設、ハワイの大望遠鏡「すばる」ができるまでの計画推進の軌跡を、著者の目から綴ったものである。漏れのない客観的な記録とはいえないが、大望遠鏡計画推進の背景にあった心情の流れを自分なりに伝えたくて、筆を執った。望遠鏡建設そのものの記録や、その学術的・技術的成果は、いずれ別に出版され、また推進の経緯についても、本書とは違った視点からも纏《まと》められることだろう。

大望遠鏡の「海外設置」構想の検討は一九七〇年代の後半に開始され、構想が具体化した「すばる」望遠鏡は一九九一年に着工、一九九九年に完成、引き続き二〇〇〇年の春から観測運用を開始する予定である。日本が戦後の経済成長期を経て変革の時代へと進む中での「一人の天文学者の歩み」としてもお読みいただけたなら幸いである。

「計画推進」の物語はこれで終わるが、大望遠鏡の永い一生と「ハワイ観測所」の新しい歴史は始まったばかりである。共に立派に成長することを念じているが、それにはさらに多くの努力が必要となるだろう。この「すばる」の物語が、これからの若い世代にも立派に引き継がれていくことを期待したい。

望遠鏡の完成に漕ぎつけるまでには、非常に多くの人たちが力を合わせて献身的に努力し、またそれ以上に多くの人々の力添えが必要だった。この場を借りて、本書に登場される方々や、紙幅などの都合からお名前を一人一人挙げられなかった関係者の方々の健闘を称え、また、心からのお礼を申し上げたい。

書き溜めた日記から元原稿を起こす仕事は、本文に登場する増山禎さんに助けていただいた。その元原稿を頼りに本書をまとめるに当たっては、文藝春秋の第一文藝部長寺田英視氏と編集を担当して下さった田中光子氏に一方《ひとかた》ならぬお世話になった。お二人の熱心な御支援と御教示なしには、本書は陽の目を見なかったことだろう。ここに改めてご両人に対し感謝の意を表したい。なお、装丁に用いられた国立天文台「すばる」プロジェクト室提供の写真は宮下暁彦氏の撮影によるもの、また各章扉のスケッチは、望遠鏡計画推進中に折にふれて著者が描いたものである。

一九九九年二月

著者

ハヤカワ・ノンフィクション文庫版の出版に際して

本書の初版はハードカバーの単行本（文藝春秋版）であったが、その後も多くの方々から本書入手への希望が寄せられていたのを受けて、今回早川書房から文庫本の形で出版されることになった。より広い範囲の読者に供することができるようになったものと、著者としても喜んでいる。本書の入手がむずかしかった一時期、大望遠鏡計画の推進で共に中核的役割を担った成相恭二氏（国立天文台名誉教授、現明星大学教授）が尽力され、また折り良く早川書房編集部の伊藤浩氏のご理解を得て、このような幸運に恵まれた。紙面を借りて、両氏には心から御礼申し上げたい。

この文庫版の出版に際して、読みやすくするために改めて本文に手を加えたが、大きな内容的な追加・修正は行わなかった。その代わりにここでは、完成後七年が経った大望遠鏡の計画推進を振り返り、統括責任者としての感慨やその後のエピソードを、いくつか紹介しておく。

「宇宙の果てまで」——その後

二〇〇六年二月十七日、私は久しぶりにマウナケア山頂の「すばる」望遠鏡を見上げていた。数日前に降った雪がまだ至る所に残っていたが、頭の上には抜けるように青い空が広がっていた。ハワイの「すばる」観測所は、当初の建物を建て増して、研究者、技術者、事務担当者などを合わせると百三十人もの人たちが働く大所帯に膨らんでいた。今回は「すばる」の山麓基地の在《あ》るユニバーシティー・パークに「マウナケア天文教育センター」が完成し、その完成記念行事に招かれて、妻のウタと一緒に訪れた。この天文教育センターは、ハワイ語で「イミロア」センターと呼ばれる。「イミロア」は「遥か彼方を探し求める」の意で、かつてハワイ原住民が南太平洋からハワイ諸島を目指してカヌーで漕ぎ渡ってきた史実と、現在マウナケア山頂の大望遠鏡群が宇宙の彼方を探っていることとの両方に掛けている。私が国立天文台長を退いた当時、長い間苦楽を共にしてきた妻のウタと共に、一年間ほど、ハワイ、ロンドン、ベルリンなどの外国滞在を楽しんだ。その時、退任記念に皆さんからいただいた浄財で、ハワイ大学ヒロ校のカヌー・クラブに、六人乗りアウトリガーを二艘寄贈した。ハワイ滞在中には大学のカヌー練習にも参加させてもらい、ハワイの海を満喫したこともあり、「イミロア」のネーミングは気に入った。このセンターの展示は、最先端の天文学と、ハワイの自然や歴史を取り合わせ、科学と文化を融合させた素晴らしいものになっている。このセンターの設立には、数多いハワイの天文台のなかでも、「すばる」の貢献が大きかったと言われている。大望遠鏡計画が単に狭義の科学目的ではなく、国境を越えた文化的な事業として推進された結果が、このセンターにも一つの実を結んで反映されているものと感じられた。

＊

ここでまず「すばる」が挙げた成果の一部を紹介しておこう。私の属した観測チームは、人類がそれまでに見た最も遠方の銀河を発見し、二〇〇三年三月に記者発表を行った。宇宙の年齢は今では百三十七億年と推算され、宇宙の果ては百三十七億光年の彼方とされているが、百二十八億光年のところにある銀河を発見した。その後百二十九億光年にある銀河も発見し、同年十一月には、《「遠い銀河、日本が独占」「すばる」で発見ラッシュ》の記事が出たほどで、最も遠い銀河の上位十個のうちの五位までを占めるに至った。さらに二〇〇五年二月になると、百二十七億光年のところにある六個の銀河が集団を作っていることを突き止め、人類の知る最も古い銀河団の発見となった。やがて、銀河分布の密な部分が一億光年単位の網状に連なる宇宙の大構造も、百億年近い昔に既に形成されていた証拠をつかみ、宇宙の原始時代から古代にあたる頃の理解に大きな手がかりを与えることになった。

「すばる」は、近い宇宙の精密探査でも大きな成果を挙げた。太陽系周辺部にある冥王星とその衛星を分離して観測し、水が冥王星本体には見えないのに、衛星のほうに氷の状態で大量にあることを明らかにした。太陽系以外の惑星系の研究では、がか座のベータ星に地球軌道の六倍、十六倍、三十倍のところに、非晶質の珪酸塩からなる塵の環を発見し、生まれて二千万年しか経っていないこの若い恒星に惑星衝突の痕跡のあることを突き止めた。

また、カタログ番号HD一四九〇二六の恒星を巡っている大型惑星では、大きさが土星よりもやや小さいのに密度が二倍もあって、その中心には岩石や氷からなる巨大な核が存在し、私たちの太陽系の大型惑星である木星や土星とは誕生の過程が大きく異なる可能性のあることを示した。こうした発見は、私たち人類が住む地球の生い立ちや生命の起源を探るうえで、重要な手がかりとなる。

ビッグバンに始まる宇宙の膨張は、依然として大きな謎である。高温・高密な初期宇宙の「なごり火」とも言われる宇宙背景放射の空間的強度揺らぎの精密観測から、最近の宇宙膨張は減速するどころか加速しているモデルのほうが正しいとされている。宇宙の空間を押し広げる原動力は「ダークエネルギー」と名付けられた正体不明の役者である。これが普通の物質の一桁も多く在るとされる、これまた正体未知の、「ダークマター」の数倍の勢力で働いているという。宇宙膨張の加速を観測的に検証するには、数億光年以遠の超新星を観測するのが一番の近道とされている。超新星のピーク時の絶対光度に規則性があるので、見かけの明るさから距離が求まる。それと共に、波長の延びの測定から相手の遠ざかる速さを求めれば、いろいろな場所での膨張速度が知れて、加速や減速の割合が知れる。しかし、いくら超新星が明るいとは言っても、数億光年を越える彼方に在っては、発見すら難しい。しかし「すばる」では、二〇〇一年春から約一年半の観測で、特別に規則性の優れた遠方の超新星を十八個も発見し、さらにデータ数を増やし続けている。やがて、加速問題に答えが与えられるだろう。

目下私自身は、二百五十万光年離れたアンドロメダ銀河の星の精密な測定に興味を持っている。とにかく「すばる」は、初めてアンドロメダ銀河の個々の星を分解して詳細に研究する道を開いてくれた（口絵写真参照）。今現在人類が受け止めるアンドロメダ銀河の光は二百五十万年前の星の世界の姿を伝えている。アンドロメダ銀河は、私たちの太陽系を含む天の川銀河と非常によく似た渦巻き状の銀河である。天の川銀河の全体を外から観察することはできないが、アンドロメダ銀河ではそれができる。一千億個もの恒星が群集する銀河で、果たしてどのように星は生まれ死んでいくのだろうか、その全体像をつかみたいと解析を続けている。

ここに挙げたのは一部に過ぎない。天文学の広い分野で「すばる」は活躍を続け、世界中の天文学者との共同研究が展開されて、第一線の論文が発表され続けている。

＊

「すばる」望遠鏡が活動し始めて天文学者たちに最も高く評価されたのは、他の大望遠鏡計画では手を出さなかった「主焦点カメラ」である。満月ほどの大きさの広い空の領域を一度に観測することができて、しかも解像力が〇・四角度秒までいく抜群の能力の持ち主だからである。成相恭二氏が設計に係わりキヤノンが開発製作に当たったこのカメラは、「すばる」観測所プロジェクトを始めとして、国際的にも多くの天文学者の観測プロジェクトに利用され、大きな成果を挙げている。成功の秘訣は、日本の天文学者が徹底的に「鮮鋭な映像」に拘《こだわ》って、ドーム構造に工夫を凝らしたこと、薄メニスカス型の鏡の裏に三百個近くの穴を刳り抜いてロボットアームを差し込む「指人形方式」を採用したこと、などにある。鏡面の研磨を最後まで粘り抜いて世界一の精度に仕上げたことや、望遠鏡の筒先に着く重量装置の着脱ロボットシステムを完成させ、大きな補正レンズ系も独自設計で克服したことも見逃せない。振り返ってみると、主焦点カメラ以外にも、そこかしこに、日本伝統の「ものづくり」の職人気質が息づいていたことを悟る。

「すばる」望遠鏡が、主鏡の組み込みを終えて一ヵ月程度で目標性能を達成したことは、世界の天文学者を驚かせた。それまでの常識では、組み上げた望遠鏡のチューニングには年単位の時間を要すると考えられていたからである。いわんや経験の無い日本の、他国では取り入れなかった先進的要素を盛り込んだ大望遠鏡計画であったから無理もない。この種の大型先端装置では、国際的には一般に建設費の約十パーセントが事前の開発検討予算に充てられるが、我が国の場合には一パーセントに過ぎず、企業リスクは非常に大きかった筈《はず》である。総合契約者であった三菱電機株式会社は、建設経費ではかなりの赤字被害を蒙《こうむ》ったに違いないが、その総合技術の高さへの惜しみない賞賛と、人類の知の地平線を切り開く挑戦に大きな貢献をした誇りとを勝ち取ることになった。一、二の例を挙げれば、三菱電機は支持機構の開発製作に対して二〇〇〇年度の恩賜発明賞を、またロボットアームのセンサーを開発した新光電子は二〇〇二年度の発明大賞の最高賞を受けている。

一九八〇年代終わりから十年以上に亘って撮り続けられた「すばる」計画の映像記録は、岩波映画製作所が破産した後、ヴォランティア・グループ（代表今泉文子氏）に引き継がれ、「すばる大望遠鏡建設の記録」を始めとする、いくつものドキュメンタリー・フィルムとして完成を見た。中でも最初に作られた子ども向き映画「マカリイ――大きな島の小さな子どもたち」（「マカリイ」はプレアデス星団＝「すばる」のハワイ語で「（天空の）小さな目たち」の意）は、製作者・今泉さんたちの強い希望により、映写機ごと車に乗せて全国各地を巡回し、小学校の校庭で映写会が催された。「マカリイ」もそうだが、その他の長編記録映画やＣＤも、教育関係、科学技術関係、産業関係の輝かしい賞を沢山いただいた。

国立天文台の「すばる」プロジェクト・チームは、その創造性豊かな業績をかわれて、「東京クリエイション大賞」というのをいただき、また、社会への貢献により「菊池寛賞」を受けた。私は皆を代表する形で、天文学を通しての学術と文化への貢献に対し、ドイツ国際天文学会からカール・シュヴァルツシルト賞をいただき、小惑星六五〇〇番に「ＫＯＤＡＩＲＡ」の名を授かった。一種の成果競技となりつつある狭い科学や技術の仕事とは違って、沢山の人々の夢を紡がせていただいたことを実感した。今改めて、関係者の皆様に再度敬意を表し、深く感謝している次第である。ＮＨＫが二〇〇〇年に開始した人気番組「プロジェクトＸ」にも早い時期に取り上げられ、観測成果が次々に報道されるのと相まって、「すばる」望遠鏡は一般市民の間にも知れ渡るようになった。「すばる」が建設された十年間は、日本のバブル経済が破綻して、「失われた十年」とも呼ばれるほどに日本社会には沈滞した空気が漂っていた。二十一世紀が始まっても重苦しい雰囲気が続いた中で、「すばる」は明るい話題を提供し続けた。

「すばる」大望遠鏡の完成式典は、一九九九年九月十七日にハワイ・マウナケア山頂で行われた。その時には昨年ご結婚された紀宮清子内親王殿下にご臨席いただいた。完成式典に際して紀宮様がお手植えになられたハワイ州のシンボル樹「くこ」の苗木は、今は立派な成木となって、緑の葉を生い茂らせている。完成式典の祝賀会の席で、「またどうぞお越し下さい」と申し上げたとき、「皇族としては自由に来ることはできませんが、いつか結婚したら来られるかも知れません」とお答えになられた。以前から陛下と皇后様には天文学のお話で御所にお招きいただいたりしていたのが、このあとは紀宮様に私の家族も加わって、和やかな歓談の時間を持つ機会を賜るようになった。ハワイ現地では、皆が再度のご訪問に期待を寄せている。

私は二〇〇〇年三月に国立天文台長の職を退き、二〇〇一年四月からは現職の総合研究大学院大学（「総研大」）の学長を務めることになって、夫婦二人で大学本部の在る神奈川県の葉山町に移り住んだ。葉山という町は、どことなくハワイに近い開放的な雰囲気を持っていて、人々の間の垣根が低く、思いも寄らないお付き合いが自然に生まれる。移って間もない初夏のある日、ウタと海岸を歩いていると、向こうから一団の人々が近づいてきた。それが、葉山ご用邸に滞在されて市民と散歩を楽しんでおられた両陛下と秋篠宮様ご一家と判ったのは、もう目と鼻の近さだった。と、思う間もなく、ウタは皇后様と握手をして、言葉を交わし始めてしまった。ウタの皇后様との出逢いは、今から十年以上も前に京都で開催された国際天文学会のレセプションの席でのことだった。「何年日本にお住まいですか」という皇后様のお問いかけに、ウタが「もう三十年近くになります」とお答えしたところ、「お幸せですか」と重ねてお尋ねになられた。私たちが葉山に住んでいることをお知りになられてからは、ご用邸にお招きにあずかったり、ウタのドイツ家庭料理をお試し下さったりが繰り返されている。私どもが葉山に移り住む大分前のことになるが、秋篠宮様は生命科学分野の論文を総研大に提出して博士号を取得されておられ、現在は本学の葉山高等研究センターの特任研究員としても研究にいそしまれておられる。また時には、両陛下が本学にお立ち寄りになり、学生たちから研究の話をお聴き下さることもある。

葉山の湘南国際村に本部のある総研大は、国立天文台を含む「大学共同利用機関」と呼ばれる二十近くの、日本のトップクラスの学術研究所の先生方が博士課程教育を行う、ユニークな研究大学院で、人文系から生命系、理工系までの分野がある。学長の私はと言えば、二〇〇四年から国立大学が法人化されてから、大学経営の業務が急増し、中小企業の経営者よろしく、雑多な苦労を抱え込むことになった。「すばる」での観測研究は後進に譲って、専《もっぱ》ら若い人たちのための教育研究環境の維持・整備に追われる毎日を送っている。少子化時代を迎える中で、日本の国立大学を法人化して国際水準で競争させようという、目標としてはもっともな、しかし短期の計画としては無理の大きな政策が、戦後六十年、学制百二十年の節目を迎えて、「科学技術創造立国」の掛け声と構造改革の大波のなかで、あっという間に行われてしまった。制度的に未熟なまま厳しい競争に曝《さら》されて、日本の学術研究の長期的な基礎体力は確実に低下しつつある。我が国が、そして人類が、科学技術と文化の二重螺旋《らせん》を無事に登って行くためには、もっと遠くを見据えた「ひと育て」の必要なことを痛感している。

こうした状況下にあって、大望遠鏡計画の実現に向けて命を削って奔走していた一九八〇年代に繰り返した問答が、改めて心に蘇ってくる。

「なぜ日本が造るのか」――カラヤンが指揮するベルリン・フィルハーモニーのCDが手に入れば、日本にはオーケストラは要らないのか。私たち自身が創造することに意義があるのだ。

「何故今造るのか。光が飛んで百五十億年かかるのに、十年くらい待てないのか」――今ならば日本の私たちが人類の知の地平を切り開ける。それだけの技術と経済力を日本は持ち始めている。

「この大望遠鏡は何の役に立つのか」――すぐに利益は上がらない。最新鋭のレーダーのように、国を守るのにも役立たない。しかし、我が国を「守るに値する国」、他の国国から尊敬され信頼される国にするのには、大いに役立つ。

こうした問答を想い起こしながら、科学者の個人的な好奇心や名誉心、科学者集団の大型プロジェクト争いを越えて、この計画推進の根底に在ったものは何だったのだろうか、と問い返してみる。「すばる」の技術的・科学的成果は、客観的な情報として急速に全世界に伝わり広がっていく。それはやがて、他の様々な先端科学技術に波及し、また、この小さな地球や、そこに育まれた人類のルーツやアイデンティティーを考えるためのデータベースを提供し、人類の世界観をも変えていく一助になることだろう。しかし、この大望遠鏡計画を推し進めた根元的な原動力は、こうした「新知識創出への志向」そのものよりも、「人類のために私たちが創造する」という、多くの人々が共に抱いた「人類的な自己実現への憧憬」であり、そして同時に、「人知を越えた存在への深い畏敬の念」であったのではないだろうかと、私は今、思い始めている。

二〇〇六年二月二十日

著　者

本書は一九九九年三月に文藝春秋より
刊行された作品を文庫化したものです。

数学をつくった人びと

I・II・III（全3巻）

E・T・ベル
田中勇・銀林浩訳

天才数学者の人間像が短篇小説のように鮮烈に描かれる一方、彼らが生んだ重要な概念の数々が裏キャストのように登場、全巻を通じていろいろな角度から紹介される。数学史の古典として名高い、しかも型破りな伝記物語。

解説　I巻・森毅、II巻・吉田武、III巻・秋山仁

ハヤカワ・ノンフィクション文庫
《数理を愉しむ》シリーズ